世界木材图鉴

289种木材识别与应用宝典

〔日〕河村寿昌　西川荣明　著
〔日〕小泉章夫　审校
徐怡秋　译

 化学工业出版社

·北京·

图书在版编目（CIP）数据

世界木材图鉴：289种木材识别与应用宝典／（日）
河村寿昌，（日）西川荣明著；徐怡秋译 . —北京：化
学工业出版社，2021.6（2025.3重印）
ISBN 978-7-122-38847-6

Ⅰ. ①世… Ⅱ. ①河… ②西… ③徐… Ⅲ. ①木材识
别-世界-图谱 Ⅳ. ①S781.1-64

中国版本图书馆CIP数据核字（2021）第057466号

责任编辑：孙晓梅　　　　　　　　　　　装帧设计：王晓宇
责任校对：张雨彤

出版发行：化学工业出版社（北京市东城区青年湖南街13号　邮政编码100011）
印　　装：中煤（北京）印务有限公司
710mm×1000mm　1/16　印张19　字数530千字　2025年3月北京第1版第5次印刷

购书咨询：010-64518888　　　　　　　　售后服务：010-64518899
网　　址：http://www.cip.com.cn
凡购买本书，如有缺损质量问题，本社销售中心负责调换。

定　　价：168.00元　　　　　　　　　　　　　版权所有　违者必究

前言

本书为增补修订版。原书于 2014 年 5 月出版，其中收录了 235 种木材，作为一本全新类型的木材图鉴，深受业界好评。

增补修订版中，又添加了槲树、悬铃木等 54 种木材，图文并茂，全面呈现 289 种木材的特性。木材样品均选用日本知名木工艺师河村寿昌先生用木工旋床制作的木盒工艺品。本书将根据制作者与木材从业者的亲身经验，按照不同树种，简明易懂地介绍每种木材的特性。

本书的主要特点如下。

1. 收录的木材种类多达 289 种

本书收录的木材种类共计 289 种，从世界上最重、最硬的沙漠铁木，到世界上最轻的轻木，所选木材特征多样、用途广泛。其中，还特别选取了一些鲜为人知的杂木。另外，本书还刊载了 11 种被称为"神代木"（神代木，即阴沉木，是一种常年深埋于地下的半炭化的木头，属于罕见的稀有树木，被誉为植物界的"木乃伊"）的木材。

2. 配图展现木材加工曲面

本书中配的图片均为木工艺师用木工旋床制作的木盒工艺品，图片的摄影精美，能完整清晰地呈现木材的纹理、色泽以及细小的导管等细节。目前，市面上木材相关的书籍大多使用平面图片，而本书全部选用曲面图片，呈现效果更直观。每种木材配 4 张图片，包括木材纹理、木盒全貌及细节展示等。

3. 根据真实体验介绍木材硬度等材质特性

本书以简明易懂的方式介绍每种木材的硬度、加工难易度、纹理、颜色、气味等特征。不仅有经验丰富（曾加工过 300 余种木材）的木工艺师亲自讲述操作感受，更收录了众多木材从业者与研究者的真实感想或研究成果，希望能为木材加工、室内装修、木材销售等木业相关人士提供一些有益信息。

4. 用具象化的词汇描述木材的颜色与气味

在描述木材的颜色与气味时，尽量选用便于联想的具象化词汇。例如，"仿佛鲜嫩香蕉一样的黄色""杏仁豆腐般的味

道"等。

5. 标注准确的木材名、最新的学名及科名

在木材行业中，对木材的称呼相当混乱，常常会混用俗称和植物学名。本书尽可能全面地整理了木材的各种名称，并与其学名一起进行准确标注。其中，阔叶树的学名与科名以最新的APG系统 [APG系统（或称 APG 分类法）指被子植物系统发育研究组（Angiosperm Phylogeny Group）以分支分类学和分子系统学为研究方法提出的被子植物新分类系统] 为命名依据。

6. 木盒工艺作品集赏鉴

本书不仅是一本木材图鉴，同时还收录了大约300个不同木质、不同色彩的木盒工艺品的图片，可供各位赏鉴。

如前所述，本书以木工艺师河村寿昌先生的亲身体验为编写基础，再由西川荣明先生将木材相关从业者、木工匠人及木材研究者的采访内容与相关研究报告等进行提炼汇总。此外，还邀请北海道大学农学部森林科学系木材工学研究室的小泉章

夫教授担任本书的审校工作。

"木材"一词看上去十分简单，但每种木材都有各自不同的特性，使用方法也多种多样。本书共展示了289种不同的木材，每一种木材都表情丰富、极具个性，敬请品鉴！

西川荣明

目录
contents

Column/ 专栏

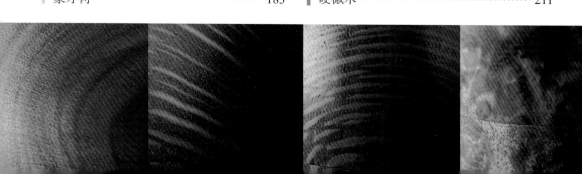

其他木材 ·········· 246

神代木 …………… 269

如何阅读本书

（凡例）

本书中的树种按所属的科进行分类，按科名首字母排序。树种名称优先选择学名及其作为木材时的常用称呼。

【别名】

主要指简称或在某些特定区域的称呼。

市场俗称是指木材公司命名的称呼，或业界人士之间的通用称呼（多为促销用名称）。

【学名】

阔叶树依据 APG 系统命名。

【科名】

阔叶树依据 APG 系统命名。〔 〕内为原科名。关于散孔材与环孔材，详见 P.275。

【产地】

树木生长的国家和地区。

【相对密度】

本书中的相对密度指气干相对密度[1]，日文中用"比重"。数值主要参考以下文献（出版信息请参照文末参考文献）：

《木材大百科（木の大百科）》《原色木材图鉴（原色木材大図鑑）》《世界木材图鉴（世界木材図鑑）》《世

---

[1] 气干相对密度：air-dried wood relative density，指气干材的重量与同体积水的重量之比。是表示木材硬度或强度的标准之一，数值越大，木材越重，数值越小，木材越轻。

※ 内文的基本格式

界木材 200 种（世界の木材 200 種）》《热带经济林木（熱帯の有用樹種）》《南洋木材（南洋材）》《北美木材（北米の木材）》《世界木材彩色图鉴（WORLD WOODS IN COLOUR）》《美洲商用木材（THE COMMERCIAL WOODS OF AMERICA）》《木材（WOOD）》。

像"0.45*"这样带有"*"标记的数值，均为2014 年 2 月在北海道大学农学部森林科学系木材工学研究室测定的数值。带有"**"标记的则为 2018 年 9月测定的数值。

【硬度】

硬度按照河村寿昌进行木工旋床加工时的感受划分为 1 ～ 10 级。10 级为最硬。硬度主要用于反映加工时的纤维阻力，以及对含有二氧化硅或石灰的木材进行加工时的难度等，因此，可能无法与相对密度数值一一对应。

【说明文字】

● 说明文字中会出现一些独特的表达方式，含义如下。

"砂纸打磨效果佳"→用砂纸打磨时，能够有效削平木料。

"感受到纤维"→刀刃可以明显感受到木材纤维细胞的强度。

"刀刃锋利"→为了让刀刃容易削入木料，必须保证刀刃研磨到位。

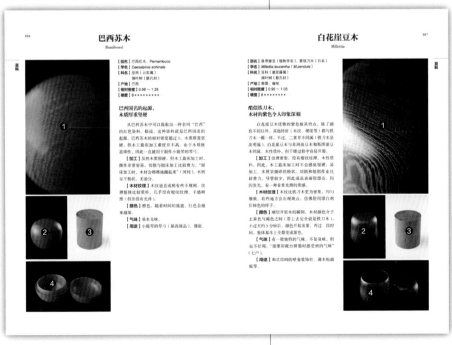

- 双引号内的文字为木工匠人或木材从业者在接受西川荣明采访时所表达的感受。对于河村先生比较带有主观色彩的感受，会特别标注"（河村）"字样。此外，文中列出名字的专家还有以下 3 位，他们主要在木材的颜色、气味等方面提供了宝贵的意见。

小岛尚（木工匠人，曾就职于大型涂料公司，熟稔木材的色彩）

七户千绘（The St Monica 品牌创始人，芳疗师，药剂师，木育专家[1]）

莲尾知子（Wood Art HAS 创始人，木镶嵌工艺师）

【图片】
❶ 河村寿昌制作的木盒工艺品表面
❷ 木盒全景
❸ 加工成木盒前的粗坯
❹ 打开盒盖后的全景

【木盒概要】
- 纵向取材法（从树桩上横切一段木材，去除髓心后纵向取出木料。木料的上端就是原木的上端。山中漆器[2] 基本上都是采用纵向取材法。具体做法请参照插图。）

- 河村先生利用木工旋盘、使用相同刀刃制作出粗坯，再用同一把刨刀及同一个木工旋床进行旋削加工。

- 最后进行透明涂装（透明色）。粗坯无需涂装。

- 木盒尺寸并非统一规格，形状各异，直径在 35 ～ 50 毫米不等。

纵向取材法

从树桩上横向砍下一块圆形木料→去除髓心后纵向取出木料，制成粗坯→用木工旋床旋削成木盒

---

1 木育专家：是日本北海道政府于 2010 年开启的认证项目，截止到 2020 年 1 月，已经有 270 人通过该认证。木育旨在指导人们如何从孩童时期开始正确接触、使用树木，与树木和谐共生。

---

2 山中漆器：石川县加贺市山中温泉地区生产的漆器。起源于 16 世纪，1975 年被指定为日本国家传统工艺品。

※ 内文的其他格式

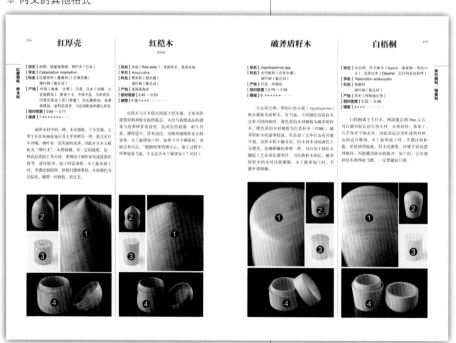

野茉莉

【别名】日本雪铃树、野花楸

【学名】*Styrax japonicus*(*Cyrta japonica*)

【科名】安息香科（安息香属）
阔叶树（散孔材）

【产地】中国（北自秦岭和黄河以南，东起山东、福建，西至云南东北部和四川东部，南至广东和广西北部）、日本（北海道南部、本州、四国、九州、冲绳）、朝鲜

【相对密度】0.63**

【硬度】5 * * * * * * * * * *

木材本身非常普通，木性平实，但因用途特殊而备受珍视

　　野茉莉没有明显的优点，也没有明显的缺点，它木性平实，各方面都恰到好处。野茉莉的树形不大，因此很难获取大型木材，但硬度适中，材质坚韧，不易开裂，边角不易缺损（很容易取角），易加工，因此，在日常生活中用途广泛，是一种非常易于使用的木材。总的来说，它比较适合做坯体，不宜表露在外。"野茉莉很适合加工后再进行着色"（河村）。最能展现它特性的用途是用来制作伞轴（和伞的重要零件，开关伞时受力很大）。在日本，从古至今，野茉莉一直被广泛用于日常生活之中。

　　【加工】野茉莉硬度适中，很少出现逆纹，木性平实，因此加工起来非常方便。木工旋床加工时，手感轻快顺滑，但表面容易起毛。涂完漆进行最后加工时，刀刃一定要锋利，否则成品容易发黑（因为漆会渗进木材之中）。无油分，砂纸打磨效果佳。

　　【木材纹理】纹理致密。年轮不是很清晰。

　　【颜色】奶油色。心材与边材的区别不明显。

　　【气味】几乎无味。

　　【用途】伞轴、玩具（陀螺、剑玉[1]等）、漆器的坯体、各种日用器具。

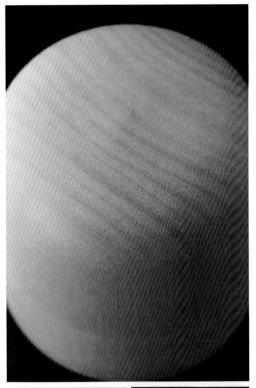

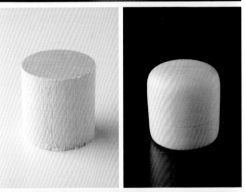

安息香科

---

1 剑玉：一种传统的日本民间游戏，主要运用手腕的巧劲将木球插进木棒尖端。

阿拉斯加扁柏

Alaska cypress，Alaska cedar

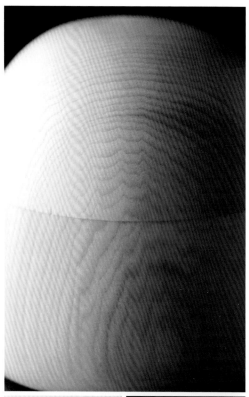

【别名】黄扁柏（Yellow cypress，Yellow cedar）、努特卡扁柏（Nootka cypress，Nootka cedar）

【学名】*Chamaecyparis nootkatensis*

【科名】柏科（扁柏属）
　　　　针叶树

【产地】阿拉斯加南部至加拿大太平洋沿岸、美国俄勒冈州

【相对密度】0.50

【硬度】3＊＊＊＊＊＊＊＊＊＊

※ 比日本柳杉硬，硬度接近连香树。

易加工，木质较硬的针叶树

由于颜色、气味等特征类似罗汉柏，因此在日本也被称为"美国罗汉柏"。在针叶树中，属于木质较硬的，有韧性，抗冲击性强。耐久性也不错。易加工，适合初次加工针叶材的新手。

【加工】易加工。不过，如果刀刃不够锋利，木材表面容易起毛刺。感觉不到油分，砂纸打磨效果佳。"成品表面十分光滑，完全不像是用针叶树做的。旋削过程也很顺利，简直让人不敢相信这是针叶树。边角不易缺损"（河村）。

【木材纹理】纹理细致密集。木纹平实。

【颜色】明亮的奶油色。稍稍偏黄。

【气味】气味浓郁。"很像从超市买回的袋装豆芽菜开封时的味道"（河村）。

【用途】建筑材料（也用于神社、寺庙、佛阁等的地基或柱子等）、门窗隔扇。

北美乔柏

【别名】红崖柏、西部红柏（Western red cedar）、西部侧柏、北美红桧

【学名】*Thuja plicata*

【科名】柏科（崖柏属）
针叶树

【产地】北美太平洋沿岸

【相对密度】0.32 ～ 0.42

【硬度】2＊＊＊＊＊＊＊＊＊＊

多用于门窗隔扇
是日本进口量较大的优良建筑材料

　　北美乔柏在日本被称为"美国柳杉"，但它并非柳杉属，而是崖柏属，是日本香柏的同类。木纹通直均匀，易加工，适合用作建筑材料。明治时代初期开始进口到日本，作为秋田产日本柳杉的代用材。如今，日本北美乔柏的进口量仍然很大。在中国的国家标准《中国主要进口木材名称》（GB/T 18513—2001）中，北美乔柏被称为"红崖柏"。北美乔柏的耐久性、耐水性都很强，在美国多被用于修建屋顶，也常用于木质露台与栅栏。

　　【加工】与其他针叶树相比，只要刀刃足够锋利（切实研磨好刀刃），木工旋床加工的操作还算简单。旋削时虽然没有嘎吱嘎吱的感觉，但仍能稍微感受到纤维。"木屑像小针一样尖尖的，进入口鼻后会被扎到"（河村）。无油分，砂纸打磨效果佳。切削与刨削作业都很容易。

　　【木材纹理】年轮清晰，年轮较窄（纹理密集）。木纹通直均匀，没有个体差异。

　　【颜色】浅土黄色，略带一丝红色。

　　【气味】有一股淡淡的日本柳杉的气味。

　　【用途】建筑材料、门窗隔扇、天花板、木露台。

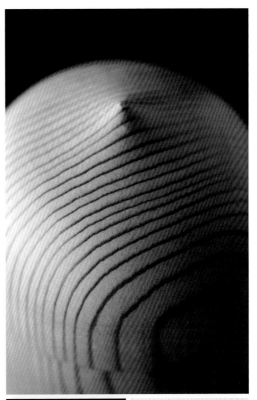

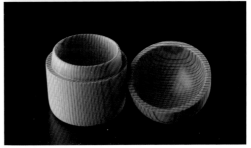

侧柏

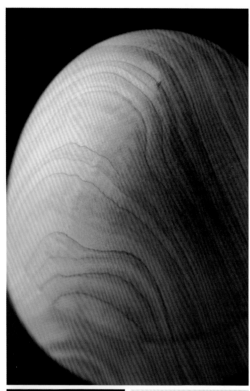

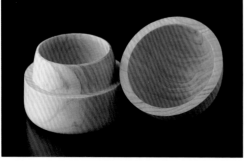

【别名】黄柏、香柏、扁柏、扁桧、香树、香柯树、和
白檀（日本）

※ 在日本，与侧柏不同属的杜松（刺柏属）也叫"和
白檀"。

【学名】*Platycladus orientalis*

【科名】柏科（侧柏属）
针叶树

【产地】原产中国，除青海、新疆外，全国各地均有分
布。朝鲜、日本也有栽培

【相对密度】0.60[**]

【硬度】3 强 ＊＊＊＊＊＊＊＊＊＊

在针叶树中属于旋削加工比较容易的木材，气味浓郁，在日本又称"和白檀"

　　侧柏气味浓郁，在日本又称"和白檀"，但与白檀（檀香）的气味并不相同。在针叶树中，侧柏与东北红豆杉的硬度相同（东北红豆杉的硬度也为3强），比较容易加工。侧柏很少被当成木材使用，它主要用于园林绿化，也常被用来修建树篱（因为侧柏生长缓慢，耐修剪）。侧柏枝叶的形状很像儿童摊开手掌的样子，所以在日语里，侧柏也被称为"儿手柏"。

　　【加工】油分适量，虽然是针叶树，但与东北红豆杉一样，很适合进行木工旋床加工。不过，侧柏的纤维更容易被破坏，木材表面容易起毛，因此在加工时，要比加工东北红豆杉更注意刀刃的方向与锋利程度。

　　【木材纹理】年轮清晰。

　　【颜色】边材颜色发白，心材为黄色，略有些发红（这种颜色可能是由于侧柏油分较多造成的）。随着时间的流逝，木材颜色会越来越深。

　　【气味】有一股酸味，有点像薄荷的味道。

　　【用途】常用于园林绿化、树篱。作为木材使用时，可用于建筑、器具、家具、农具、文具、棺木等。

杜松

【别名】中国：刚桧、崩松、棒儿松、软叶杜松
　　　　日本：鼠刺、榁、和白檀
※ 与杜松不同属的侧柏（侧柏属）在日本的别名也叫
"和白檀"。

【学名】*Juniperus rigida*

【科名】柏科（刺柏属）
　　　　针叶树

【产地】中国（黑龙江、吉林、辽宁、内蒙古、河北北
　　　　部、山西、陕西、甘肃及宁夏等省区）、日本
　　　　（本州、四国、九州）、朝鲜

【相对密度】0.52**

【硬度】4 弱 ＊＊＊＊＊＊＊＊＊＊

心材与边材区别明显，
香味独特，日语别名"和白檀"

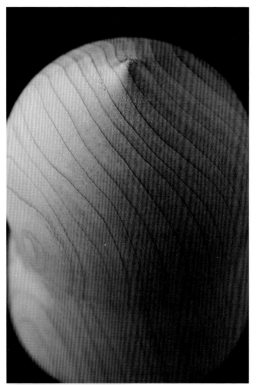

在日本，杜松别名"鼠刺"，因为人们经常把带着杜松叶子（叶尖呈针状）的小树枝放在老鼠经常出没的洞口或通道上，防止老鼠跑来跑去。虽然在针叶树中，杜松的木质偏硬，但感觉上比罗汉松和竹柏要软。松脂较多，耐久性与耐水性都很强。杜松有一股非常清爽的气味，经常被用来仿白檀（檀香），因为白檀也有一股独特的香味。

【加工】由于油分较多，刀感很好。不过，如果刀刃不够锋利（没有切实研磨好刀刃），表面容易起毛。"杜松比罗汉松好旋。刀刃走起来很顺畅"（河村）。

【木材纹理】纹理致密，极富光泽。在针叶树中，属于纹理相当细致的。

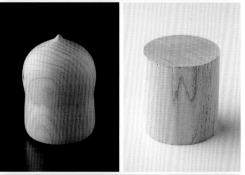

【颜色】心材为黄褐色，带有明亮的白色。边材为白色，略带明黄色。心材与边材的区别十分明显。用作和式房间的壁龛装饰柱（日语写作"床柱"）时，可以充分利用这种色彩差异。

【气味】有股淡淡的压片糖（汽水糖）味道，气味很清爽。

【用途】室内装修材料，建筑材料。在日本，常被用作和式房间的壁龛装饰柱，有时被用作和风建筑里的特殊造型木。过去，由于耐水性能好，常被用于房屋地基和船具。在日本，用作佛像雕刻材料时，商用名为"和白檀"。

罗汉柏

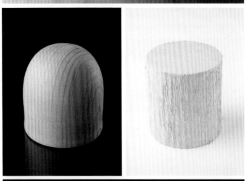

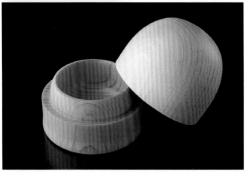

【别名】蜈蚣柏、翌桧（日本）、桧翌桧（日本）

【学名】*Thujopsis dolabrata*（翌桧）

　　　　T.dolabrata var.*hondai*（桧翌桧）

【科名】柏科（罗汉柏属）

　　　　针叶树

【产地】原产日本，主要分布在本州、四国、九州。中国青岛、庐山、井冈山、南京、上海、杭州、福州、武汉等地均有引种

【相对密度】0.37 ～ 0.52

【硬度】3＊＊＊＊＊＊＊＊＊＊

耐久性与耐水性极强，材质优异的木材

　　在日本木材市场上，翌桧与它的变种桧翌桧统称为罗汉柏，市场上销售的罗汉柏几乎全是这两种木材混在一起的。桧翌桧主要生长在日本北海道南部至本州北部地区。日本能登地区的桧翌桧又被称为"阿天"。青森县附近的桧翌桧则被称为"青森罗汉柏"，十分有名。罗汉柏纹理致密，木纹通直，耐久性强，因此用途十分广泛。尤其是耐水性强，多被用于建筑地基或浴室。此外，罗汉柏中还含有桧木醇，具有抗菌功效，因此耐久性能非常优异。罗汉柏属于木曾五木之一。

　　【加工】木工旋床加工时，纤维阻力适中，在针叶树中，属于比较容易旋削的木材。几乎感觉不到油分，砂纸打磨效果佳。切削与刨削作业都很容易。

　　【木材纹理】年轮模糊。木纹通直，纹理密集。

　　【颜色】偏黄的奶油色。木材整体的黄色比较突出。

　　【气味】有一股浓郁的桧木醇味。"气味比日本扁柏还像日本扁柏"（河村）。

　　【用途】建筑材料（地基、地板搁栅、梁柱等）、浴室用材、土木工程材料（桥梁等）、轮岛涂[1]的胎体。

---

1 轮岛涂：日本石川县轮岛市生产的漆器，是日本著名的传统工艺品。

美国扁柏

柏科

【**别名**】波特奥福德扁柏（Port Orford cedar）[1]、罗森扁柏（Lawson false cypress）[2]

【**学名**】*Chamaecyparis lawsoniana*

【**科名**】柏科（扁柏属）
针叶树

【**产地**】美国俄勒冈州至加利福尼亚州

【**相对密度**】0.46 ～ 0.48

【**硬度**】2 * * * * * * * * * *

可以获取较长的木材
材质类似日本扁柏

整体上，美国扁柏与日本扁柏的材质十分相似，在日本常被用作日本扁柏的代用材。在针叶树中，纹理属于比较光滑的。耐久性强。个体差异较小。树高能够达到 60m，属于大径木，可以获取较长的木材。

【**加工**】易加工。木工旋床加工时，阻力很小，手感非常轻快。不过，由于硬度只有 2，刀刃必须保持锋利（切实研磨好刀刃）。多少能感觉到一些油分，但砂纸打磨仍有一定的效果。

【**木材纹理**】木纹通直，纹理密集。

【**颜色**】偏黄的奶油色。心材与边材几乎没有区别。

【**气味**】与日本扁柏气味相同，但味道更浓。

【**用途**】单块面板的大型台面、建筑材料、门窗隔扇、日本扁柏的代用材。

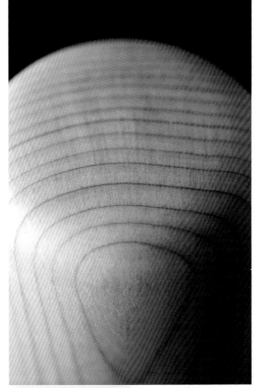

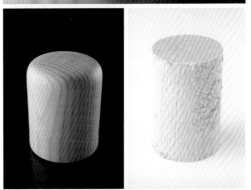

---

1 Port Orford 是位于美国俄勒冈州的海岸小镇，是本树种最早的发现地。
2 Lawson 指"罗森家庭育苗场（Lawson and Son Nursery）"，本树种最早在该育苗场培养。

日本扁柏

柏科

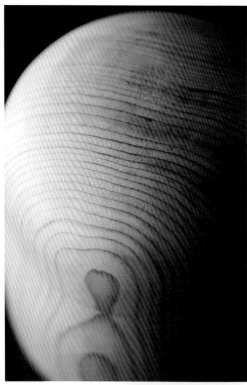

【学名】*Chamaecyparis obtusa*
【科名】柏科（扁柏属）
　　　　针叶树
【产地】原产日本，分布在本州（福岛县以南）、四国、九州（至屋久岛一带）。中国青岛、南京、上海、庐山、河南鸡公山、杭州、广州及台湾等地引种栽培
【相对密度】0.34～0.54
【硬度】2～3＊＊＊＊＊＊＊＊＊＊

用途广泛的优良木材，日本产针叶树的代表

在日本，日本扁柏是最高级别的建筑材料。木材属于人工林材还是天然林材、主要生长在什么地区等因素都会造成日本扁柏在硬度与纹理上的个体差异。成品表面非常漂亮，极富光泽。耐久性与耐水性都很强。"日本扁柏的确称得上是优良木材。切开后，它的硬度会一点点增强。有韧性。就是耐水性能略逊于日本花柏"（制桶匠人）。与中国产的台湾扁柏的区别在于，台湾扁柏的气味更浓，油分更多，年轮更细。

【加工】切削与刨削作业都很容易。木工旋床加工难度较大。人工林材（硬度2）的生长速度较快，木质较软，质感比较接近日本柳杉，旋削困难。如果是晚材较硬的木料，如日本木曾地区的天然林材（硬度3），只要刀刃足够锋利，就能顺利操作。由于木材含有油分，不宜用砂纸打磨，因此最后一道工序不能偷懒。

【木材纹理】存在个体差异。年轮较细。木曾地区的日本扁柏天然林材纹理细致。

【颜色】心材为白色，略有些发黄。边材附近有时会出现一些粉白色的条纹，十分优雅。纹理致密的木曾地区的日本扁柏天然林材，黄色感较强，纹理较粗的木材则接近肤色，并略带一丝粉红色。边材几乎均为白色。

【气味】有一股日本扁柏特有的浓郁香味。

【用途】建筑材料、泡澡桶、木雕（佛像等）。

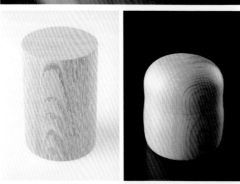

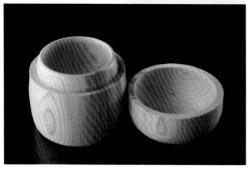

日本花柏

柏科

【学名】*Chamaecyparis pisifera*
【科名】柏科（扁柏属）
　　　针叶树
【产地】原产日本，分布于日本本州（岩手县一带以南）、九州（北部），中国青岛、庐山、南京、上海、杭州等地引种栽培
【相对密度】0.28～0.40
【硬度】1＊＊＊＊＊＊＊＊＊＊

耐水性很强，
多用于水桶制作

　　木曾五木之一。木质非常软，硬度甚至还不如日本扁柏。相对密度数值较低，在日本产针叶树木材中，属于最轻最软的。日本花柏最大的特点在于耐水性能良好，也很容易被劈成板材，因此，是制作水桶的绝佳材料。"日本花柏最适合用来做泡澡的浴桶。不过，很多人更喜欢用日本扁柏，因为日本扁柏的颜色更白一些。另外，日本花柏没有异味，用来做盛米饭或寿司的木桶也不错"（制桶匠人）。

　　【加工】不适合用木工旋床加工。"旋削时感觉就像在旋一团软绵绵的纤维束。除了轻木以外，没有比它更软的木材。简直比毛泡桐或刺桐还难旋，切口很容易变得凹凸不平"（河村）。切削与刨削作业比较容易，不过由于木质较软，削的时候要注意切口。木纹通直，劈裂性较强，很容易劈开。

　　【木材纹理】木纹通直。木理纹路较粗。

　　【颜色】比较偏黄的奶油色，同时略带一丝红色。与日本扁柏十分相似，不过，颜色更深一些。

　　【气味】基本无味。

　　【用途】浴桶、浴室材料、门窗隔扇、天花板、饭桶、鱼糕板[1]。

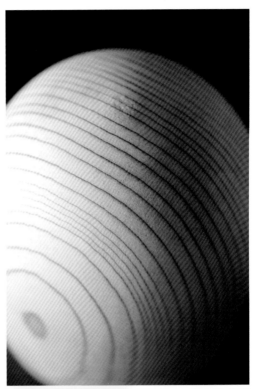

---

1 鱼糕板：鱼糕是一种常见的食物。将鱼肉捣碎磨成糊状后，置于木板上成型，然后经过蒸、烤等工序制成。保存时通常连同木板一起保存。鱼糕板，即为盛载鱼糕的木板。

日本香柏

【别名】黑桧

【学名】*Thuja standishii*

【科名】柏科（崖柏属）
针叶树

【产地】原产日本，主要分布于本州（北部至中部，主要位于中部山岳地带）、四国，是日本特有树种。中国庐山、南京、青岛、杭州及浙江南部山地有引种栽培

【相对密度】0.30 ～ 0.42

【硬度】2 * * * * * * * * * *

常被用于制造门窗隔扇，日本木曾五木之一

与北美乔柏同属，是日本的木曾五木之一。主产地位于日本本州的中部山岳地带，由于蓄积量有限，很少作为木材在市场上流通。收缩率很低，几乎不会变形。一直被用于制作日式房间的拉门或隔扇。略带一丝神代日本柳杉的韵味。

【加工】虽然木工旋床加工难度较大，但横切面很少凹凸不平。整体材质较软，但年轮部分较硬，旋起来咔哧咔哧的。"我感觉这个木材用木工旋床加工的难度与毛泡桐差不多。与日本冷杉和日本花柏比起来，还是更容易旋削一些"（河村）。无油分，砂纸打磨效果佳。切削与刨削作业都很容易。

【木材纹理】年轮比较窄，但清晰可见。木纹通直，纹理致密。

【颜色】心材为较暗的焦褐色。随着时间的流逝，颜色会逐渐发黑。边材为淡奶油色。心材与边材的边界十分清楚。

【气味】几乎无味。

【用途】建筑材料（天花板等）、门窗隔扇、仿神代日本柳杉。

台湾扁柏

【学名】*Chamaecyparis taiwanensis*（*C.obtusa* var. *formosana*）

【科名】柏科（扁柏属）
　　　　针叶树

【产地】中国台湾

【相对密度】0.48

【硬度】3＊＊＊＊＊＊＊＊＊＊

特征是香气浓郁，
可以裁切出宽尺寸的优良木材

　　台湾扁柏属于大径木，可以获取大型木材。日本从明治时期开始大量进口台湾扁柏，多用于修建寺庙和神社。台湾扁柏的年轮细致，成品十分美观。木材中富含油分（桧木醇），耐久性强。桧木醇是日本学者于1936年从台湾扁柏中提炼出的物质。日本扁柏中只含有极少量的桧木醇。

　　【加工】切削与刨削作业都很容易。木工旋床加工时，在针叶树中也属于比较容易旋削的木材。不过，刀刃一定要保持锋利（切实研磨好刀刃）。油分较多，不宜用砂纸打磨。

　　【木材纹理】木纹通直细致（与木曾天然日本扁柏相同）。木材表面极富光泽。

　　【颜色】偏黄的奶油色。比日本扁柏颜色深。

　　【气味】有一股浓浓的水果香味。桧木醇气味浓厚。"切削木料时香味很浓，香气弥漫整个空间"（河村）。

　　【用途】建筑材料、木雕、泡澡桶。

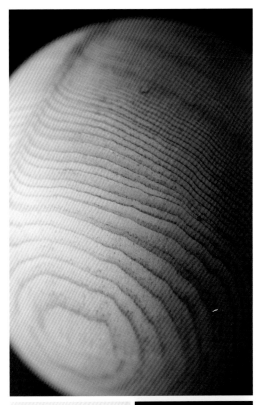

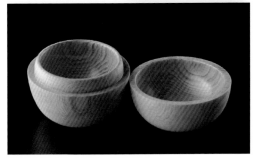

圆柏

【别名】桧、刺柏、红心柏、珍珠柏
【学名】*Juniperus chinensis*
【科名】柏科（圆柏属）
　　　　针叶树
【产地】中国（西藏、内蒙古乌拉山、河北、山西、山东、江苏、浙江、福建、安徽、江西、河南、陕西南部、甘肃南部、四川、湖北西部、湖南、贵州、广东、广西北部及云南等地）、日本（本州、四国、九州、冲绳）、朝鲜
【相对密度】0.65
【硬度】3＊＊＊＊＊＊＊＊＊＊

一种优雅的粉色木材，气味类似日本扁柏

　　圆柏的横切面呈南瓜状锯齿轮廓。心材为鲜艳的粉色，边材颜色发白，切开木料时，会发现心材与边材形成优美的红白图案。由于圆柏的树枝会从四面八方长出，因此木材上的节子较多。流通量很小。"第一次见到圆柏木时，我大吃一惊。没想到日本竟然也有这么美的木料。光是看着就很养眼，我特别喜欢用圆柏木制作东西"（河村）。

　　【加工】即便是同一块木料，不同部位的加工难易度也不一样。有些地方旋削手感平滑顺畅，有些地方布满纤维、节子众多，很不好操作。手感差别极大。

　　【木材纹理】年轮较窄，纹理错综复杂。横切面会出现较细的辐射条纹。

　　【颜色】刚切开原木时，心材为鲜艳的粉色。几周后，颜色开始发暗，逐渐变成棕色。边材颜色发白。

　　【气味】与日本扁柏的气味很像。"圆柏的气味比日本扁柏还像日本扁柏，特别好闻。就像把铅笔放在鼻子下面时的那种味道"（河村）。

　　【用途】建筑材料，家具材料。在日本，常被用作和式房间的壁龛装饰柱。风化木（利用南瓜状的横切面），铅笔杆（过去有少量木材被用来制作铅笔）。

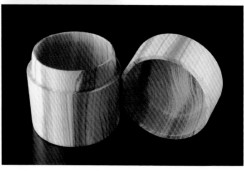

北美红杉

Redwood

柏科

【别名】红杉（Sequoia）、长叶世界爷、加州红木
【学名】*Sequoia sempervirens*
【科名】柏科〔杉科〕（北美红杉属）
　　　　针叶树
【产地】美国加利福尼亚州至俄勒冈州一带
【相对密度】0.42
【硬度】3＊＊＊＊＊＊＊＊＊＊

适合加工，耐久性强，高耸入云的针叶树

　　北美红杉属于大径木，树高100m，直径能达到4m以上，是世界上最高的树种之一。与同样以树形高大而闻名的巨杉（*Sequoiadendron giganteum*，巨杉属）并不同属。耐水性、抗白蚁性、耐久性都很强。年轮之间的间距较窄，木纹通直，易加工。可以获取大型木材，用途广泛，备受喜爱。

　　【加工】易加工。在针叶树中，属于木工旋床加工非常方便的树种。感觉不到逆纹，几乎没有油分。砂纸打磨有一定的效果，但有时会造成早材已被磨掉、晚材依旧保留的"凹凸纹理"效果。需注意尖刺。

　　【木材纹理】木纹通直、清晰。"我曾尝试用北美红杉来表现树木丛生的远景，或是猫头鹰飞翔的背景。我觉得它很有动感，有一种流动的感觉"（木镶嵌工艺师莲尾）。

　　【颜色】心材为红棕色。边材为乳白色。

　　【气味】有一丝淡淡的气味。

　　【用途】建筑材料、室外用材、薄木贴面板、工艺品（利用树瘤花纹）、乐器（吉他等）。

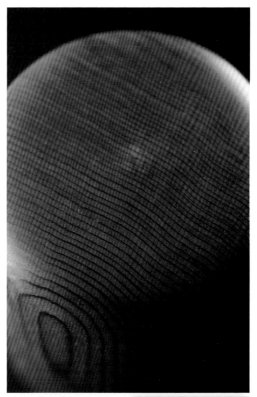

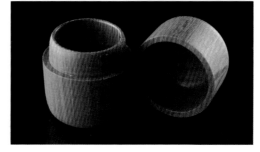

日本柳杉

【别名】孔雀松

【学名】*Cryptomeria japonica*

【科名】柏科〔杉科〕(柳杉属)
针叶树

【产地】原产日本，分布于北海道南部至九州。中国山东、上海、江苏、浙江、江西、湖南、湖北等地引种栽培

【相对密度】0.30～0.45

【硬度】2＊＊＊＊＊＊＊＊＊＊

与日本人渊源极深，自古以来就被广泛应用

日本柳杉是日本产针叶树的代表。在日本，自古以来就被用作建筑材料等，用途广泛。现在市场上出售的大部分为人工林木材。在针叶树中，属于木质较软的树种。在日本各地都有著名的木材产地(秋田、吉野、北山等)，不过，木材的材质会因地区而异。例如，年轮的粗细、油分的多寡等。干燥比较容易。

【加工】日本柳杉不太适合进行木工旋床或旋盘加工。由于晚材与早材之间的木质非常软，纤维很容易遭到破坏，因此木工旋床加工难度较大。刀刃必须保持足够锋利（切实研磨好刀刃）。年轮部分较硬，旋起来咔哧咔哧的，需要倾斜刀刃，让过年轮部分。切削与刨削作业都很容易。

【木材纹理】纹理通直、清晰。有时会出现竹叶交错般的锯齿状花纹。

【颜色】心材的颜色介于偏黄的红褐色与深红褐色之间。边材颜色发白，与心材的区别十分明显。

【气味】有一股杉树特有的味道。

【用途】建筑材料、门窗隔扇、天花板、酒桶。

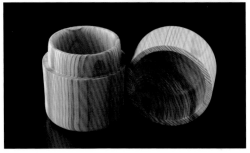

屋久杉

【学名】*Cryptomeria japonica*
【科名】柏科〔杉科〕（柳杉属）
　　　　针叶树
【产地】日本屋久岛
【相对密度】0.38 ～ 0.40
【硬度】2＊＊＊＊＊＊＊＊＊＊

存在感十足，
日本最大的树木

　　屋久杉是指生长在屋久岛海拔 500m 以上的山地，且树龄超过 1000 年的日本柳杉（树龄不满 1000 年的称为"小杉"）。目前，日本政府已禁止砍伐屋久杉，只有因自然因素倒下的树木（被称为"土埋木"）才能成为商业用材。屋久杉的材质特点包括纹理细致、会出现竹叶交错般的锯齿状花纹、松脂较多等，尤其是年轮与花纹图案，非常具有存在感。另外，由于松脂较多，干燥过程缓慢，开裂现象比较严重。

　　【加工】易加工。由于纹理比较密集，木工旋床加工时，比日本柳杉更容易旋削。木纹间距较窄，因此感觉不到纤维，手感非常顺滑。油分较多，根本无法使用砂纸打磨。只能用锋利的刀刃（切实研磨好刀刃）进行加工。

　　【木材纹理】有竹叶交错般的锯齿状花纹。只有年轮细致的木材表面才会出现这种花纹。纹理细致。松脂较厚的地方会形成松脂球。

　　【颜色】红褐色。松脂较多的地方褐色会更明显。

　　【气味】有一股老树特有的、浓郁的杉树味道。油分较多的木材会有一股牛奶味。

　　【用途】面板、需要展示瘤纹纹理的建筑材料、木工艺品。

柚木
Teak

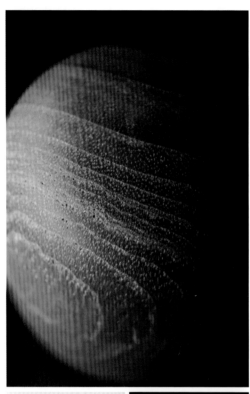

【学名】*Tectona grandis*
【科名】唇形科〔马鞭草科〕（柚木属）
　　　　阔叶树（环孔材）
【产地】缅甸（顶级木材）、越南、泰国、印度尼西亚等
【相对密度】0.65
【硬度】4＊＊＊＊＊＊＊＊＊＊

世界各地都在使用，
易加工的优良木材

　　柚木是世界三大名木之一。木质不硬不软，易加工。油分较多，耐水性、耐磨性都很强。目前市场上流通的柚木大多为人工林材，由于实现了大面积的人工造林，木材供应比较稳定。

　　【加工】易加工。感觉不到逆纹。油分较多，但并不影响砂纸打磨的效果。木屑比较润泽，但仍偏粉状。树脂比较干爽，不黏腻。在极少数情况下，柚木天然林材里会含有二氧化硅（无定形的二氧化硅，silica），需特别注意。

　　【木材纹理】天然林材的木纹密集，富含油分。人工林材的木纹粗糙，木材表面干巴巴的。导管较大。年轮清晰。

　　【颜色】土黄色。随着时间的流逝，颜色会变得稍深一些，色彩更加素雅（由于油分氧化的缘故）。有人会用金褐色来形容柚木的颜色，但确切地说，它并不是金色的。"在槐木柱上搭配柚木装饰，颜色会非常协调"（高级木材商店店员）。

　　【气味】有一股独特的油酸味。

　　【用途】家具、室内装修材料、高级地板、船的甲板。

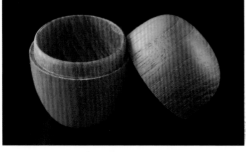

糙叶树

【别名】沙朴、牛筋树、糙皮树
【学名】*Aphananthe aspera*
【科名】大麻科〔榆科〕（糙叶树属）
　　　　阔叶树（散孔材）
【产地】中国（山西、山东、江苏、安徽、浙江、江
　　　　西、福建、台湾、湖南、湖北、广东、广西、
　　　　四川东南部、贵州和云南东南部）、日本（本
　　　　州的关东地区以南、四国、九州、冲绳）、朝
　　　　鲜、越南
【相对密度】0.85**
【硬度】6*********

虽然旋削时嘎吱嘎吱的，但操作难度并不大，有韧性，硬度适中

　　木工旋床加工时，纤维的阻力、刀感、韧性、硬度等，都与春榆的质感十分接近。糙叶树自古以来就被广泛用于建筑、工具加工等多个领域。从古代遗迹的出土品中常常可以见到糙叶树制成的物品（独木舟等）。干燥过程中容易变形。"糙叶树容易反翘，干燥时一定要注意"（木材加工业者）。树叶两面都有很多硬毛，摸上去有些扎手。因此，常被用作打磨材料，在制作木坯、动物角等工艺品时，用来做最后的打磨。

　　【加工】木工旋床加工时，能够感受到导管的存在，旋起来嘎吱嘎吱的。有韧性，硬度适中，操作简单。无油分，砂纸打磨效果佳。

　　【木材纹理】年轮比较清晰。

　　【颜色】心材为黄褐色。边材为淡奶油色。心材与边材的区别不明显。

　　【气味】有一股揉捏树叶时散发出的青草味儿。

　　【用途】建筑材料、工具（斧子手柄、扁担等）。叶子主要用于工艺品的打磨。

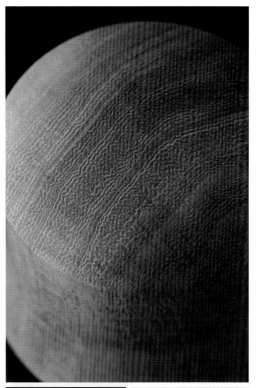

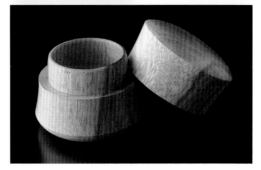

朴树

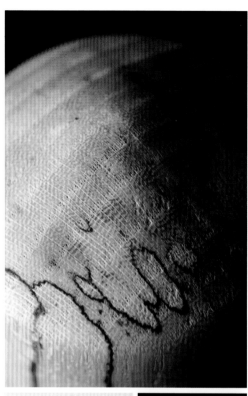

【学名】*Celtis sinensis*

【科名】大麻科〔榆科〕（朴属）
阔叶树（环孔材）

【产地】中国（山东、河南、江苏、安徽、浙江、福建、江西、湖南、湖北、四川、贵州、广西、广东、台湾）、日本（本州、四国、九州、冲绳）、越南、老挝

【相对密度】0.62

【硬度】5＊＊＊＊＊＊＊＊＊＊

硬度适中，木性平实，易加工，无需额外费心

朴树树高 20m 左右，直径能达到 1.2m，比较高大，可以获取大型木材。材质不软不硬，木性平实，易加工。个体差异很小，品质均衡。干燥过程中多少会有些变形。木材价格低廉。"我在山中木工旋床研修所进修时，朴树是用来给我们练手的木材"（河村）。

【加工】木工旋床加工时，能够感受到纤维，手感咔哧咔哧的。与旋削榆木或刺楸的感觉相同。感觉不到逆纹，即使刀刃不够锋利，也可以进行一定程度的旋削。无油分，砂纸打磨效果佳。"这种木材，就算是新手，也很少出问题。加工时无需费心"（河村）。

【木材纹理】纹理清晰。导管较大。

【颜色】象牙色，略有些发灰。比同色调的刺楸颜色更暗。心材与边材的区别不明显。

【气味】基本无味。

【用途】漆器的坯体、薪炭材、砧板、建筑材料杂料。有时会用来仿榉树，但质量较差。

具柄冬青

【别名】长梗冬青、刻脉冬青
【学名】*Ilex pedunculosa*
【科名】冬青科（冬青属）
　　　　阔叶树（散孔材）
【产地】中国（陕西南部、安徽南部、浙江、江西、福
　　　　建、台湾中西部、河南南部、湖北、湖南、广
　　　　西、四川和贵州等省区）、日本（本州的关东
　　　　地区以西、四国、九州）
【相对密度】0.80**
【硬度】6＊＊＊＊＊＊＊＊＊＊

奶油色系的木材，
成品表面十分光滑

　　具柄冬青通常是高 3m 左右的常绿灌木，因此，很难获取大型木材。木材为奶油色系，成品表面十分光滑，木质强韧，因此，常被用于制作算盘珠。在日本播州算盘[1]行业里，具柄冬青一直被称为"福良木"。木材质感与欧洲冬青（冬青科，参见 P.272）非常相似。"冬青科木材里，无论是颜色、光滑度，还是加工难易度，具柄冬青都是我最喜欢的。这款木材实在是太好用了。做出来的东西特别漂亮"（河村）。

　　【加工】木工旋床加工时，感觉不到逆纹，没有阻力，手感十分顺滑。冬青科的树木，整体都很光滑，而具柄冬青尤其光滑。加工后边角突出（很少缺损）。"木质较硬，裁切时，刀刃会感到阻力，不过加工难度不大"（木材加工业者）。

　　【木材纹理】木纹不太清晰，纹理致密。很少见到冬青科特有的网格花纹。

　　【颜色】明亮的奶油色中略带一丝绿色。比较接近象牙色。"具柄冬青与其说是灰白色，不如说是一种接近白色的奶油色。在日本产木材中，可以算是颜色最白的"（河村）。心材与边材的区别不明显。

　　【气味】几乎无味。

　　【用途】算盘珠、器具、镶嵌工艺品。

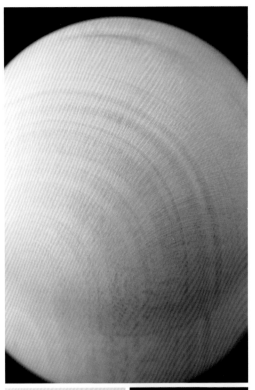

---

1 播州算盘：以日本兵库县小野市为中心生产的算盘，产量占日本国内算盘市场的 70% 左右，1976 年被指定为日本传统工艺品。

全缘冬青

【学名】*Ilex integra*
【科名】冬青科（冬青属）
　　　　阔叶树（散孔材）
【产地】中国（浙江普陀潮音洞和佛顶山）、日本（本
　　　　州东北地区南部以南、四国、九州、冲绳）、
　　　　朝鲜
【相对密度】0.80**
【硬度】7 弱 * * * * * * * * * * *

木材表面会出现网格花纹
阻力较大，加工困难

　　全缘冬青的树皮可以用来制作粘鸟胶，因此，在日语中被称为"鸟胶树"。木质厚重坚硬，干燥过程中会严重变形开裂。干燥之后，需过一段时间才能稳定下来。全缘冬青的特点是木材表面会出现网格花纹。"如果木材很重，又有网格花纹，那很可能就是全缘冬青"（河村）。质感较硬、有韧性、打磨后表面极富光泽，这些特点都非常适合制作算盘珠或念珠。

　　【加工】加工难度较大。木工旋床加工时，能够感受到纤维的强大阻力，手感比较脆。"阻力很大，感觉刀刃都被带进去了。韧性也很强。总之，就是感觉很硬。成品表面虽然比较光滑，但还是有些粗糙的感觉。不像具柄冬青表面那么漂亮。看外表可能很难想象到，用刨床进行加工时，木材会梆梆地飞起来"（河村）。

　　【木材纹理】纹理致密，但比较容易起毛。有时会出现网状（鱼鳞状）花纹（与悬铃木相同）。

　　【颜色】较暗的乳白色。心材与边材的区别不明显。

　　【气味】几乎无味。

　　【用途】算盘珠、念珠、木梳（日本黄杨的代用材）。

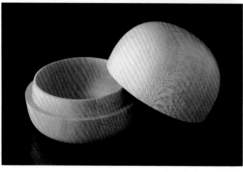

爱里古夷苏木

【别名】欧文科尔苏木（Ovangkol）
【学名】*Guibourtia ehie*
【科名】豆科
　　　　阔叶树（散孔材）
【产地】非洲中部西海岸一带（科特迪瓦、加纳等）
【相对密度】0.80
【硬度】7＊＊＊＊＊＊＊＊＊＊

气味难闻，
但木材纹理优美，极富光泽

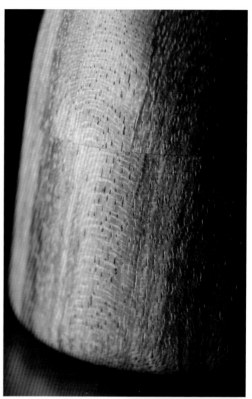

　　爱里古夷苏木与古夷苏木同属。树高30～45m，属于大径木，可以获取大型木材。木材纹理优美，常被用作贴面板。不过有股难闻的气味。涂色后，看上去很像阔叶黄檀，二者很难区分。

　　【加工】木工旋床加工时，手感比较硬，能够感受到较长的纤维，旋削比较费力。有逆纹，多少有些嘎吱嘎吱的感觉。无油分，砂纸打磨有一定的效果，但边角不容易磨掉。切削作业比较费力。成品表面十分漂亮。

　　【木材纹理】有黑色条纹。木材表面极富光泽，似乎能反光。

　　【颜色】类似神代木一般的绿色或黑褐色。

　　【气味】气味不太好闻。"爱里古夷苏木有股臭脚丫味儿"（河村）。"有股潮湿阴暗地方的木头味。有点像佛堂的味道"（七户）。

　　【用途】柜台面板（因为树形高大，可以裁切较厚的木材）、地板、薄木贴面板。

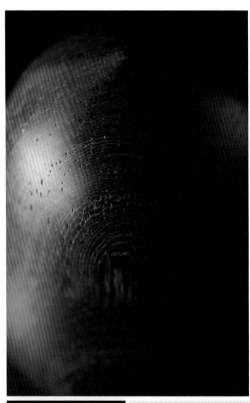

奥氏黄檀

豆科

【别名】缅甸郁金香（Burma tulipwood）、秦蝉
（Ching–chan）、塔马兰（Tamalan）
【学名】*Dalbergia oliveri*
【科名】豆科（黄檀属）
阔叶树（散孔材）
【产地】泰国、缅甸、柬埔寨
【相对密度】0.94 ～ 1.04
【硬度】9＊＊＊＊＊＊＊＊＊＊

在唐木中，优点尤其突出

奥氏黄檀属于玫瑰木，与交趾黄檀同属于红酸枝木类。它的特点包括紫红色的色彩、紧密的木纹、极少的个体差异等，是一款优良木材。木材表面的瘤纹纹理与硬度等特征，与铁刀木十分相似（感觉就像颜色变成紫红色的铁刀木）。在木材市场上，有时会与交趾黄檀混在一起销售。比交趾黄檀价格低。

【加工】虽然木质较硬，但木工旋床加工的难度并不大。切削作业比较困难。用升降圆锯进行切削时，横切面会被烧焦。木屑呈粉状。能够感觉到少许油分，砂纸打磨有一定效果，但由于木质较硬，边角很难磨掉。

【木材纹理】纹理致密。木纹与屋久杉一样细致。会出现竹笋花纹（类似将法式千层酥斜切后的图案）。逆纹较少，交错木纹不严重（这是与交趾黄檀的主要区别）。

【颜色】紫红色。少数木材与阔叶黄檀颜色十分相似，不过，可以通过重量分辨二者（奥氏黄檀更重）。

【气味】有一股微弱的芳香气味。仿佛肉桂的味道，很好闻。"木盒加工完毕后仍留有一丝香气，味道很好闻，我很喜欢"（河村）。

【用途】与交趾黄檀的用途几乎相同。和式房间的壁龛装饰柱、佛龛、镶嵌工艺品、唐木细工等。

巴西黑黄檀

【别名】 巴西玫瑰木（Brazilian rosewood）、黑檀（植物学名）、杰卡兰达（Jacaranda）

【学名】 *Dalbergia nigra*

【科名】 豆科（黄檀属）
阔叶树（散孔材）

【产地】 巴西

【相对密度】 0.85

【硬度】 6＊＊＊＊＊＊＊＊＊＊＊

豆科

色彩丰富，花纹优美，濒临灭绝的顶级木材

巴西黑黄檀才是名副其实的正宗玫瑰木。无论是木材颜色还是加工的便利程度，都属于顶级的，一直被用于制作高级家具和乐器。然而，木材资源也因此濒临枯竭。从 20 世纪 60 年代后半期开始，巴西政府已明令禁止砍伐该树，因此，目前已很难获取该木材。巴西黑黄檀的花纹多种多样，且这些花纹并非瘤纹纹理。木材的颜色也十分丰富。耐久性与防虫性优异。

【加工】 木性平实，木工旋床加工时，操作非常方便。含有较多油分。据说是所有玫瑰木中油分最多的木材。因此，不宜用砂纸打磨。

【木材纹理】 整体散布着导管。具有复杂的条纹。纹理细致。

【颜色】 红、黑、紫等多种颜色交织在一起，到处可见不规则的黑色或金褐色条纹。"仿佛微凹黄檀变成紫色后的感觉"（河村）。

【气味】 有些许烟熏味道。"很像是打开奶奶家柜子抽屉时的气味。虽然被称为玫瑰木，但不太能让人联想到玫瑰的香气"（河村）。

【用途】 家具、乐器、薄木贴面板。

巴西苏木
Brazilwood

【别名】巴西红木、Pernambuco
【学名】*Caesalpinia echinata*
【科名】豆科（云实属）
　　　　阔叶树（散孔材）
【产地】巴西
【相对密度】0.98～1.28
【硬度】9＊＊＊＊＊＊＊＊＊＊

巴西国名的起源，
木质厚重坚硬

　　从巴西苏木中可以提取出一种名叫"巴西"的红色染料，据说，这种染料就是巴西国名的起源。巴西苏木的相对密度超过 1，木质厚重坚硬，但木工旋床加工难度并不高。由于木质极富弹性，因此一直被用于制作小提琴的琴弓。

　　【加工】虽然木质很硬，但木工旋床加工时，操作非常容易。切削与刨床加工比较费力。"刨床加工时，木材会梆梆地蹦起来"（河村）。木屑呈干粉状。无油分。

　　【木材纹理】木纹通直或稍有些不规则。纹理整体比较质朴，几乎没有瘤纹纹理。手感顺滑（但并没有光泽）。

　　【颜色】橙色。随着时间的流逝，红色会越来越深。

　　【气味】基本无味。

　　【用途】小提琴的琴弓（最高级品）、镶嵌工艺品。

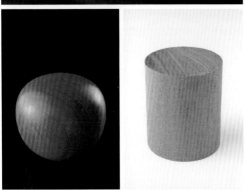

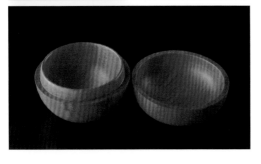

白花崖豆木

Millettia

豆科

【别名】垂序崖豆（植物学名）、紫铁刀木（日本）
【学名】*Millettia leucantha*（*M.pendula*）
【科名】豆科（崖豆藤属）
　　　　阔叶树（散孔材）
【产地】泰国、缅甸
【相对密度】0.95～1.03
【硬度】8＊＊＊＊＊＊＊＊＊＊

酷似铁刀木，
木材的紫色令人印象深刻

　　白花崖豆木优雅的紫色极具特点。除了颜色不同以外，其他特征（木纹、硬度等）都与铁刀木一模一样。不过，二者并不同属（铁刀木是决明属）。白花崖豆木与非洲崖豆木和斯图崖豆木同属。木性质朴，但干燥过程中容易开裂。

　　【加工】纹理密集，没有瘤纹纹理，木性质朴，因此，木工旋床加工时不会感觉很硬，易加工。木屑呈细碎的粉状。切削和刨削作业比较费力。导管较少，因此成品表面很漂亮，闪闪发光。有一种非常光滑的质感。

　　【木材纹理】木纹比铁刀木更为密集，均匀细致。有些地方会出现斑点，仿佛使用漂白剂后掉色的样子。

　　【颜色】刚切开原木的瞬间，木材颜色介于土黄色与褐色之间（看上去完全就是铁刀木），不过大约5分钟后，颜色开始发紫，再过一段时间，整体基本上全都变成紫色。

　　【气味】有一股独特的气味。不是臭味，但也不好闻。"很像用砚台研墨时感受到的气味"（七户）。

　　【用途】和式房间的壁龛装饰柱、薄木贴面板等。

伯利兹黄檀

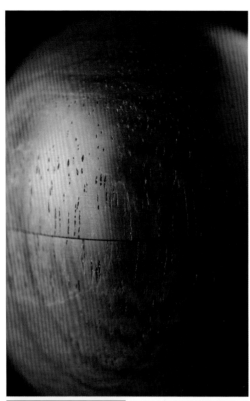

【别名】洪都拉斯玫瑰木（Honduras rosewood）
【学名】*Dalbergia stevensonii*
【科名】豆科（黄檀属）
　　　　阔叶树（散孔材）
【产地】洪都拉斯
【相对密度】0.90 ～ 1.09
【硬度】9＊＊＊＊＊＊＊＊＊＊

木质非常硬，
但却意外地好加工

在玫瑰木中，伯利兹黄檀材质厚重坚硬，但加工却非常方便。木材会开裂，不过考虑到它的硬度为9，开裂现象还不算严重。干燥后比较稳定。刀感与硬度酷似奥氏黄檀。独特的气味是伯利兹黄檀的一大特征。

【加工】伯利兹黄檀只是单纯的硬，并没有其他容易影响加工的因素（有逆纹、含有石灰等），因此，木工旋床加工时，手感出人意料地轻快。不过，切削和刨床加工有些费力。不太有油分。"在玫瑰木中，旋削手感最硬。刨床加工时，木材会梆梆地蹦起来"（河村）。

【木材纹理】木纹通直，或呈微微的波浪状。木材表面会出现优雅的图案。具有交错木纹。

【颜色】底色为含有紫色的胭脂色，夹杂着黑色图案。

【气味】有一股刺鼻的独特气味。"有点类似肉桂的味道"（河村）。

【用途】高级家具、乐器、薄木贴面板等。

翅荚香槐

※ 翅荚香槐在日语中叫做"藤木"，不过，它与人们在藤架上观赏的日本紫藤 / 多花紫藤（*Wisteria floribunda*、豆科紫藤属）不同属。

【学名】*Cladrastis platycarpa*

【科名】豆科（香槐属）
阔叶树（散孔材）

【产地】中国（江苏、浙江、湖南、广东、广西、贵州、云南）、日本（本州的福岛县以南、四国、对马）

【相对密度】0.71*

【硬度】6 ＊＊＊＊＊＊＊＊＊＊

木材呈明亮的黄白色，加工性好，具备多种优良木材要素却尚未被发掘

翅荚香槐树高 20m 左右，树干通直生长（直径 60cm 左右）。大多长在山地，但并非群生，因此不太引人注目。木材硬度适中，具备多种优良木材要素。然而，却很少在市场上流通，几乎不为人所知。翅荚香槐的导管较大，但手感非常光滑。心材容易生虫。"我觉得翅荚香槐的木材表面有一点反光。好像木材里面会发光。非常漂亮"（河村）。

【加工】加工非常方便。木工旋床加工时，手感轻快顺滑。无油分，砂纸打磨效果佳。

【木材纹理】年轮清晰可见。木材的颜色与纹理等外观感觉很像帕拉芸香（黄心木）。

【颜色】心材与边材没有区别，整体为明亮的黄白色。黄色比较深。色彩均匀。

【气味】基本无味。

【用途】室内装修材料、家具（衣柜的前板等）、土木工程材料、小物件。

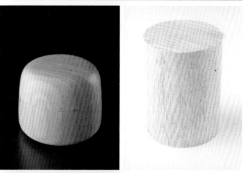

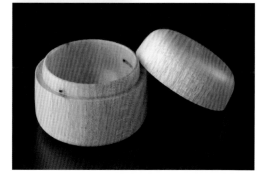

刺槐

【别名】洋槐
【学名】*Robinia pseudoacacia*
【科名】豆科（刺槐属）
　　　　阔叶树（环孔材）
【产地】原产北美，17 世纪传入欧洲及非洲。中国于
　　　　18 世纪末从欧洲引入青岛栽培，现中国各地
　　　　广泛栽植
【相对密度】0.77
【硬度】7＊＊＊＊＊＊＊＊＊＊

木材的绿褐色极具特点，
木质坚硬，有韧性

　　刺槐是从北美地区引入中国的，是很常见的行道树。虽然成长速度很快，但材质坚硬，有韧性。木材颜色为绿褐色，极具特点。由于这种颜色的木材极为稀少，所以非常宝贵。

　　【加工】加工难度很大。木工旋床加工时，手感咔哧咔哧的，不太好操作。木雕和其他手动工具的加工都十分困难。无油分，砂纸打磨效果佳。有些木料里含有石灰，需特别注意。"我曾经遇到过两次，旋着旋着碰上石灰，结果刀一下子就断了"（河村）。

　　【木材纹理】仿佛粗糙版的毛叶怀槐。年轮非常粗。

　　【颜色】心材为绿褐色，边材为黄白色。心材与边材的区别十分明显。

　　【气味】基本无味。

　　【用途】木工艺品（桑和毛叶怀槐的代用材）。刺槐花是上等的蜂蜜蜜源。在北美地区，刺槐曾被用于马车的车轮和车轴、造船用的木钉、枕木等。

刺桐

【别名】梯梧

【学名】*Erythrina variegata*

【科名】豆科（刺桐属）
阔叶树（散孔材）

【产地】原产印度。中国（台湾、福建、广东、广西等
省区）、日本（冲绳、小笠原群岛）、马来西亚、
印度尼西亚、柬埔寨、老挝、越南亦有分布

【相对密度】0.21

【硬度】1＊＊＊＊＊＊＊＊＊＊

与毛泡桐一样轻，
是日本产木材中最轻的

　　刺桐是中国泉州市、益阳市、通化市市花，是日本冲绳县的县花。它的木质十分疏松，感觉像是用浮石做的。刺桐的木材非常轻软，在全世界的木材中，比刺桐轻的只有轻木。在日本冲绳地区，人们常用刺桐来制作琉球漆器的坯体。先将木料用木工旋床旋好，然后对木纹粗糙的部分进行砂莳地[1]处理，强化坯体。之所以选择刺桐来制作坯体，是因为当地人认为它干燥效果好，不易开裂变形，不过有时候，刺桐的变形会比想象中严重。

　　【加工】木质过软，木工旋床加工难度极大。木材质感就像一堆吸管聚集在一起，如果刀刃不够锋利（没有切实研磨好刀刃），表面会变得凹凸不平。无油分，砂纸打磨效果佳。但要注意，如果打磨过度，形状可能会走样。"裁切过程难度不大，不过，如果是种在庭院里的刺桐，树干上可能会钉有钉子，加工时一定要小心"（冲绳的木材加工业者）。

　　【木材纹理】年轮很不清晰。有时会出现瘤纹纹理。木材表面有很多像人的毛孔一样的黑纹。

　　【颜色】米色的底色中混杂着很多黑条或黑点。

　　【气味】基本无味。

　　【用途】琉球漆器的坯体、雕刻用材。

---

1 砂莳地：一种漆器涂装技术。先在坯体表面涂一层薄漆，趁着漆还没干，往上面撒一层砂粉，然后烘干。

葱叶状铁木豆

Pau rosa

※ 市场俗称：大叶红檀
【学名】*Swartzia fistuloides*
【科名】豆科（铁木豆属）
　　　　阔叶树（散孔材）
【产地】赤道附近的非洲中西部国家（喀麦隆、刚果、
　　　　科特迪瓦、加纳等）
【相对密度】0.74
【硬度】7 ＊＊＊＊＊＊＊＊＊＊

木材的桃红色十分优美，
交趾黄檀的代用材

　　葱叶状铁木豆常被用作交趾黄檀的代用材，用于制作佛龛。由于与马达加斯加铁木豆（*Swartzia madagascariensis*）同属，且材质十分相似，因此常常被混淆。葱叶状铁木豆的木材虽然带有飞白（没有光泽），但桃褐色的木纹十分漂亮。属于大径木，可以获取大型木材（比筒状非洲楝更大）。干燥比较困难，干燥时容易开裂。干燥后比较稳定。

　　【加工】加工时，阻力较小。无油分，木工旋床加工的手感非常轻快。木屑呈粉状。操作时会被呛到，喉咙里很不舒服。虽然木质较硬，但砂纸打磨有一定的效果，只是边角很难磨掉。

　　【木材纹理】纹理十分细致。木纹酷似交趾黄檀，有时会出现交错纹理。有波痕条纹（Ripple marks）。

　　【颜色】多种桃色混合在一起形成的优美色彩。"葱叶状铁木豆并非粉色，而是那种桃红的感觉"（河村）。整体看起来是一种亚光感的桃褐色，带有飞白。其中，还混杂着红色、橙色、桃色、棕色、焦褐色等多种色彩。

　　【气味】气味很淡，但十分独特。"像是一种干燥后的豆子的味道。不是炒豆子的味道"（河村）

　　【用途】交趾黄檀的代用材（和式房间的壁龛装饰柱、佛龛、念珠等）。

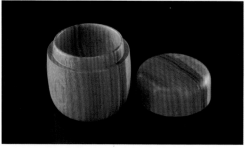

大理石豆木

【别名】大理石木（Marblewood）、斑纹檀或云纹檀
　　　　（Angelim rajado）
【学名】*Marmaroxylon racemosum*
【科名】豆科（大理石豆属）
　　　　阔叶树（散孔材）
【产地】南美（圭亚那）
【相对密度】0.99～1.03
【硬度】9*********＊

木质干枯，
仿佛在削竹片的感觉

　　在美国等地，大理石豆木主要是旋木（wood turning，旋削加工、木工旋盘加工）用材，而在日本市场上，很少流通。通常会把大理石豆木与安达曼群岛（印度洋上）出产的安达曼乌木（*Diospyros marmorata*）统称为"大理石木"。澳大利亚产的编条相思木（*Acacia bakeri*）也被称为"大理石木"。此外，日本木材公司还会把东南亚产的一种榄仁树属的带树瘤花纹的木材（参见 P.174）也称为"大理石木"，要注意区分。大理石豆木木质较硬，但削起来感觉很干枯。干燥比较困难，容易出现细小裂纹。

　　【加工】加工难度较大。有一种削竹片的感觉。木工旋床加工时，感觉嘎吱嘎吱的，好像在旋一块毫无韧性的纤维团。如果刀刃不够锋利（没有切实研磨好刀刃），很容易被木质纤维挂住。

　　【木材纹理】有很多不规律的蛇纹图案。

　　【颜色】"时尚的米色。夹杂着一些豆沙色的不规则线条，很有流动感"（小岛）。

　　【气味】"特别臭！"（河村）。

　　【用途】在美国主要是旋木用材（装饰品、木雕）。

大美木豆

【别名】阿萨弥拉（Assamela）、
　　　　阿夫莫西亚（Afrormosia）
※市场俗称：非洲柚木 (African teak)
【学名】*Pericopsis elata*
【科名】豆科（美木豆属）
　　　　阔叶树（散孔材）
【产地】西非
【相对密度】0.69
【硬度】6＊＊＊＊＊＊＊＊＊＊＊

以前多为柚木的代用材，
如今木材资源已濒临枯竭

　　由于大美木豆的颜色与柚木十分相似，所以建筑行业把它当做柚木的代用材。市场上也会把它称为"非洲柚木"，不过，它与柚木并非同一树种，大美木豆属于豆科，而柚木属于唇形科。目前大美木豆的木材资源比柚木更为稀少，在世界自然保护联盟濒危物种红色名录中处于濒危（EN）等级。大美木豆属于大径木，树高45m左右。

　　【加工】虽然木质较硬，但易加工，木工旋床加工时，手感十分轻快。硬度较高，用砂纸打磨时，很难磨掉边角。用锯子和手工刨操作比较费力。用带锯切割时，木片容易受损。木工旋床加工时，会有很多细小的木粉飘散，容易打喷嚏。成品表面的光泽十分优美。

　　【木材纹理】具有交错木纹。容易出现带状花纹（交错木纹的象征）。无论从哪个方向加工都会出现逆纹。使用木工刨时，要注意动作不要太快，刨得不要太深，否则容易造成纤维反翘。

　　【颜色】木材中带有一丝绿色，随着时间的流逝，颜色逐渐变成黑褐色。

　　【气味】有一股淡淡的芳香。是一种比较独特的甜味。"感觉就像阳光照射下微微干涸的土地与杂草的味道，很好闻"（七户）。

　　【用途】室内装修材料（柚木的代用材）。

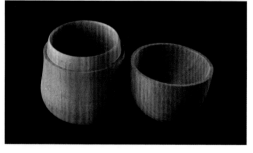

东非黑黄檀

【**别名**】乌木黄檀、非洲黑木黄檀、非洲黑木
(African blackwood)、Grenadilla
【**学名**】*Dalbergia melanoxylon*
【**科名**】豆科（黄檀属）
阔叶树（散孔材）
【**产地**】东非
【**相对密度**】1.20
【**硬度**】9 * * * * * * * * * *

交趾黄檀的同类，
但外形酷似乌木

东非黑黄檀的外形酷似乌木，因此被木材经销商称为"非洲乌木"，但其实东非黑黄檀与交趾黄檀同属，属于黄檀属，而乌木属于柿属，二者不是一类。市场流通量较大。切开后很少开裂，成品率很高。

【**加工**】虽然木质较硬，但易加工，木工旋床加工时手感顺滑。加工过程中，会不时感觉有一些较硬的部位。切削或刨削作业都比较费力。

【**木材纹理**】横切面为纯黑色，完全看不出木纹。侧面仿佛反光材料一样，木材里面好像在发光（里面似乎是透明的）。与乌木十分相似，单看一块木料，二者几乎完全相同，很难分辨。

【**颜色**】心材为黑色，很像浓缩咖啡的颜色。边材为象牙色。削出来的木屑为深紫色。

【**气味**】"有一股淡淡的药草味"（七户）。

【**用途**】乐器（钢琴的黑键、吉他的指板、单簧管、竖笛等）、念珠，横切面为凹凸围边的圆形，横切后可做成花架。

非洲崖豆木
Wenge

【别名】非洲鸡翅木、非洲黑鸡翅
【学名】*Millettia laurentii*
【科名】豆科（崖豆藤属）
　　　　阔叶树（散孔材）
【产地】非洲中部（扎伊尔、喀麦隆等）
【相对密度】0.88
【硬度】8＊＊＊＊＊＊＊＊＊＊＊

木质较硬，
旋起来嘎吱嘎吱的

　　非洲崖豆木的材质与铁刀木（产于东南亚，三大唐木[1]之一）十分相似，有时会被当做铁刀木的代用材。比铁刀木略硬。容易与斯图崖豆木混淆。硬度质感类似风车木（硬度10）。质感仿佛一块坚硬的纤维团，因此木工旋床加工难度较大。抗冲击性、耐久性都很强。

　　【加工】用锯子切削不太费力，但木工旋床加工时，感觉嘎吱嘎吱的，仿佛在削一块纤维团（槟榔木也有同样的感觉），加工难度较大。就像在横切一排坚硬的吸管。可能由于木材中含有硅元素，旋削过程中，刀刃颜色会变白，对刀刃有钝化效果（无法切割）。

　　【木材纹理】黑色与棕色的条纹对比明显，纹理清晰。

　　【颜色】由黑色与棕色组成的亚光巧克力色。"有很多闪电般的咖啡色Z形花纹，粗细大约1mm"（小岛）。

　　【气味】基本无味。

　　【用途】地板、家具、室内装修材料、薄木贴面板、单块面板的大型台面、面板。

---

1 唐木：是指乌木、交趾黄檀、铁刀木、檀香紫檀、印度紫檀等从热带地区进口到日本的高级木材。由于最早经由中国传入日本，所以被称为"唐木"。其中乌木（日文称黑檀）、交趾黄檀（日文称紫檀）和铁刀木又被称为"三大唐木"。

非洲紫檀

Padauk

【别名】邵氏紫檀、索氏紫檀、索约紫檀
【学名】_Pterocarpus soyauxii_
【科名】豆科（紫檀属）
　　　　阔叶树（散孔材）
【产地】中西非（喀麦隆、尼日利亚等热带雨林地区）
【相对密度】0.65～0.85
【硬度】5 * * * * * * * * * *

豆科

木材易加工，
鲜艳的红色令人印象深刻

　　非洲紫檀是印度紫檀的同类。在进口的大径木中，属于材质较软的，易加工，木性质朴。耐久性强。除了颜色以外，其他特征几乎均与印度紫檀相同。鲜艳的红色令人印象深刻。

　　【加工】无论是木工旋床加工还是切削作业，都很容易。"木工旋床加工时，会感觉材质略软。旋削没有阻力。不过，细碎的红色粉末四处飞散，整个工作服都会变成红色"（河村）。无油分，砂纸打磨效果佳。

　　【木材纹理】四处密布导管。具有交错木纹。径切面上会出现带状花纹。

　　【颜色】心材为鲜艳的红色。红色深浅不一，红砖色与深红色交杂在一起，色彩搭配十分优雅。随着时间的流逝，红色逐渐变为焦褐色，而且颜色会越来越深，最终变成黑褐色。"用非洲紫檀的红色来表现人物嘴唇，会令人物脸色更好看"（木镶嵌工艺师莲尾）。

　　【气味】有一股甜味。"我觉得比印度紫檀更甜"（河村）。

　　【用途】矮桌、带曲边的台面（可以充分利用边材的白色与心材的红色打造红白双色效果，曲边用白色部分）、马林巴等打击乐器、刀具等的手柄。

古夷苏木

Bubinga

【学名】*Guibourtia* spp.（*G.demeuseil* 德米古夷苏木等）

【科名】豆科

阔叶树（散孔材）

【产地】中西非

【相对密度】0.80～0.96

【硬度】8＊＊＊＊＊＊＊＊＊＊＊

有多种多样的瘤纹纹理，色彩优美的非洲大径木

古夷苏木是硬木中最大级别的大径木（有的树直径超过 2m），可以获取大型木材。古夷苏木的特点在于硬度、木材的红色以及独特的花纹。作为非洲木材，古夷苏木的价格一直比较低廉，购买容易，不过，近年来，进口量开始逐渐减少。

【加工】木性质朴，虽然木质较硬，但木工旋床加工非常方便。木屑呈粉末状。切削和刨床作业稍有些费力。"板材容易弹起来，刨床加工时，木材会梆梆地蹦起来"（河村）。

【木材纹理】木纹大致是直的，不过，会出现较大的同心圆花纹、泡状花纹（Quilted）等多种多样的瘤纹纹理。

【颜色】比较明亮的豆沙色。虽然总体呈红色，但个体差异非常明显。即使过一段时间，也只会出现少许褪色。"古夷苏木有种红棕色的感觉。可以用来表现女性的头发"（木镶嵌工艺师莲尾）。

【气味】原木有少许臭味，但干燥后几乎无味。

【用途】单块面板的大型台面、桌子面板、大鼓的鼓身（由于榉树树径较小，因此常用古夷苏木来代替）、薄木贴面板、地板。

槐

※ 注意不要与毛叶怀槐混淆。

【别名】国槐、槐树、豆槐

【学名】*Styphnolobium japonicum*（*Sophora japonica*）

【科名】豆科（槐属）

　　　　阔叶树（环孔材）

【产地】原产中国。日本、朝鲜、越南也有分布，欧洲、美洲各国均有引种

【相对密度】0.64**

【硬度】5＊＊＊＊＊＊＊＊＊＊

原产中国，常用作行道树，很少作为木材流通，但用途广泛

　　槐原产中国，它的学名中，种加词是"*japonicum*"，在拉丁语中，这是一个中性名词，意思是"日本的"。这是因为命名者误以为槐的原产地为日本。在日本的木材市场上，被称为"槐"的木材，大部分不是原产中国的槐，而是长在日本的毛叶怀槐（豆科马鞍树属，参见P.045）。槐的硬度比毛叶怀槐更软一些。"毛叶怀槐整体感觉比较硬，材质坚韧、致密。而槐的阻力小，感觉比较柔和，旋削手感十分轻快"（河村）。

　　【加工】加工极为方便。无油分，砂纸打磨效果佳。

　　【木材纹理】木理纹路较粗。年轮清晰。

　　【颜色】心材为焦褐色，略带一些土黄色。比毛叶怀槐颜色稍浅，欠缺一丝高级感。边材与毛叶怀槐一样，同属于偏黄的白色系。

　　【气味】几乎无味。

　　【用途】日本木材市场上被称为"槐"的木材几乎全部都是毛叶怀槐。原产中国的槐硬度适中，易加工，理应有很多用途，但目前尚未被充分利用。适合木工旋床加工或木雕。

交趾黄檀

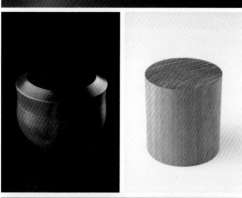

【别名】本紫檀（日本）

【学名】*Dalbergia cochinchinensis*

【科名】豆科（黄檀属）

　　　　阔叶树（散孔材）

【产地】泰国、缅甸、柬埔寨、马来西亚、越南等

【相对密度】1.09

【硬度】9**********＊

自古以来就被广泛使用，厚重坚硬的高级木材

　　交趾黄檀在日本被称为"本紫檀"，是三大唐木之一（另外两个是乌木与铁刀木）。它比乌木略硬，强度几乎与风车木没有差别。在日本，根据木材进口的年份与颜色，交趾黄檀又可分为以下三类：

　　● 古渡交趾黄檀：深紫色（比紫心木颜色深，接近赛州黄檀），会反光，颜色颇具高级感。日本正仓院皇室珍藏品的用材。

　　● 中渡交趾黄檀（如图）：深棕色，颇具韵味。

　　● 新渡交趾黄檀：橙色比较突出。

　　【加工】木质较硬，又有逆纹，加工难度较大。操作时需谨慎。感觉不到油分，砂纸打磨有一定的效果，但不能偷工减料，否则容易影响效果。成品表面非常光滑。

　　【木材纹理】木纹为条纹状。具有交错木纹，逆纹较多。与交趾黄檀同属的阔叶黄檀几乎没有逆纹。

　　【颜色】通常是接近橙色的棕色，大多给人明亮的感觉。

　　【气味】"加工过程中，能闻到一股刺鼻的酸味，是交趾黄檀特有的味道。加工完毕后，没有明显的气味"（河村）。

　　【用途】佛龛、和式房间的壁龛装饰柱、唐木细工、念珠、三味线¹的琴杆、琵琶、高级餐筷、高级家具。

---

1 三味线：日本传统弦乐器，形状类似中国的二胡。

交趾黄檀

军刀豆

Morado

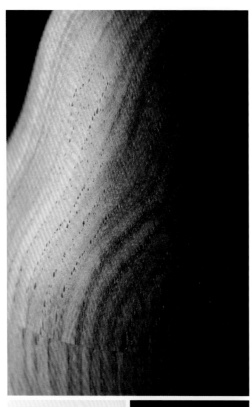

【别名】卡维纳（Caviuna）

耶岛细纹木（Pau Ferro）

※ 市场俗称：玻利维亚玫瑰木、桑托斯玫瑰木、紫木

【学名】*Machaerium* spp.（*M.scleroxylon*/ 硬木军刀豆等）

【科名】豆科

阔叶树（散孔材）

【产地】南美洲北部（主要生长于巴西和玻利维亚）

【相对密度】0.75～0.87

【硬度】8 * * * * * * * * * * * *

耐久性强，
木材浅紫色，类似玫瑰木

　　军刀豆木的浓烈气味与木纹状态酷似玫瑰木（尤其像赛州黄檀，但气味不同），但它们并不同属。军刀豆木的特点在于木材的浅紫色（紫藤色）。木质较硬，强度高，耐久性强。在乐器行业里常被称为耶岛细纹木或玻利维亚玫瑰木。

　　【加工】木质较硬，但木工旋床加工非常方便。木屑呈细粉状。砂纸打磨有一定的效果，但由于木质较硬，如果长时间打磨同一处，砂纸可能会烧焦。切削和刨削作业比较费力。"刨床加工时，木材会梆梆地蹦起来"（河村）。

　　【木材纹理】木纹致密清晰。具有交错木纹。

　　【颜色】虽然是紫色系，但属于浅紫色，比较接近紫藤色（浅浅的豆沙色）。

　　【气味】有一股酸味。气味比较强烈。

　　【用途】地板、贴面板、和式房间的壁龛装饰柱、乐器（吉他指板等）。

阔叶黄檀

【别名】印度玫瑰木（Indian rosewood）
【学名】*Dalbergia latifolia*
【科名】豆科（黄檀属）
　　　　阔叶树（散孔材）
【产地】印度
【相对密度】0.85
【硬度】6＊＊＊＊＊＊＊＊＊＊

豆科

高级木材玫瑰木的代表

　　玫瑰木是豆科黄檀属树木中，多少带点玫瑰香味且纹理优美的木材的总称（有些木材闻起来不像玫瑰香味）。大多属于高级木材。阔叶黄檀就是其中的代表。木质不算特别硬，不易开裂。

　　【加工】没有逆纹，木工旋床加工非常方便。"导管中会含有石灰，因此刀刃可能会变钝（无法切割），并导致木材一片白色"（河村）。不太能感觉到油分，但很难用砂纸打磨。木粉四处飞散，不是特别细碎，但也不像榉树那么粗糙，质感比较接近日本七叶树。切削作业比较困难。

　　【木材纹理】导管整体比较分散，年轮模糊。具有交错木纹。

　　【颜色】心材为优雅的紫红色（深紫色）。边材为黄白色系。

　　【气味】有一股淡淡的甜味。"旋削时闻到的不是玫瑰香，而是一股煮红豆的味道"（河村）。

　　【用途】乐器（吉他的指板、背板、侧板等）、小刀或菜刀手柄（因为耐水性强、色彩高级）、薄木贴面板、唐木细工。

马达加斯加铁木豆

Pau rosa

※ 市场俗称：小叶红檀

【学名】*Swartzia madagascariensis*

【科名】豆科（铁木豆属）
阔叶树（散孔材）

【产地】非洲东南部（坦桑尼亚等）

【相对密度】0.94

【硬度】7 * * * * * * * * ＊ ＊ ＊

富含油分，
红色、橙色系的木材色彩十分鲜艳

与葱叶状铁木豆的硬度十分相似，容易被混淆，不过由于马达加斯加铁木豆的油分较多，二者还是具有一定差异（颜色、气味等）。容易因昼夜温差等原因干裂，但由于比葱叶状铁木豆油分多，所以开裂并不严重。经常被用作交趾黄檀的代用材。

【加工】比较容易加工。"木工旋床加工时，感觉稍微有点硬，旋起来嘎嘎响，但操作并不困难"（河村）。木屑呈粉状，不过由于富含油分，木粉不容易飞散，不会被呛到。

【木材纹理】径切面为平行状木纹。有波痕条纹（Ripple mark）。

【颜色】红褐色，比较接近红色。看上去比葱叶状铁木豆更为明亮。底色为红色与橙色，由于油分较多，红色显得格外鲜艳（颜色十分润泽，而葱叶状铁木豆有一种亚光感）。

【气味】有一股油分氧化后的气味。可能由于含油太多，有一种木犀榄的味道。

【用途】交趾黄檀的代用材（和式房间的壁龛装饰柱等）、薄木贴面板。

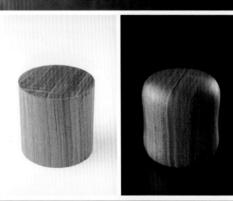

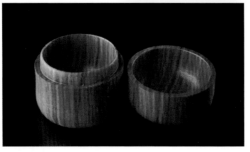

毛叶怀槐

【学名】*Maackia amurensis* var.*buergeri*
【科名】豆科（马鞍树属）
　　　　阔叶树（环孔材）
【产地】俄罗斯、朝鲜、日本（北海道、本州中部地区以北）
【相对密度】0.54～0.70
【硬度】5＊＊＊＊＊＊＊＊＊＊

色泽光亮，颜色优雅，
与桑木极为相似的优良木材

　　日本木材市场上被称为"槐"的木材大多是毛叶怀槐。毛叶怀槐树高 15m，胸高直径大约 75cm，很难获取大型木材。植物学上所指的槐（*Styphnolobium japonicum*）原产中国，树高能长到 20m 左右，但很少用作木材（大多用于行道树等）。毛叶怀槐的木材材质类似桑树，色泽光亮，质地坚硬。木材颜色属于暗色系，在日本的木材中比较罕见，因而在日本用途广泛，广受喜爱。质地坚韧，不易开裂，耐久性强。

　　【加工】木工旋床加工时，可以感受到木材导管与纤维，旋削时咔哧咔哧的。也能感受到木材韧性。成品表面色泽光亮（与桑木相同）。虽然切削作业有些费力，但很容易进行雕刻，适用于木雕。

　　【木材纹理】成长速度缓慢，因此年轮很窄。木理纹路较粗。

　　【颜色】心材为比较接近土黄色的焦褐色。随着时间的流逝，颜色会逐渐加深。边材属于白色系，略有些发黄。心材与边材的颜色对比极富韵味，用于高级和式房间的壁龛装饰柱时，效果极佳。

　　【气味】加工过程中，会闻到一丝淡淡的苦味。

　　【用途】室内装修材料（和式房间的壁龛装饰柱、壁龛地板框等）、家具、乐器（三味线的琴筒等）、木工艺品。

缅茄木

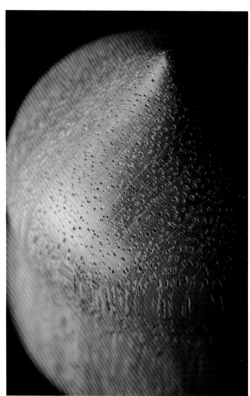

【别名】Afzelia、Apa、Doussié 等
【学名】*Afzelia* spp.
（*A.bipindensis*/ 喀麦隆缅茄、*A.pachyloba*/ 厚叶缅茄等）
【科名】豆科（缅茄属）
阔叶树（散孔材）
【产地】赤道附近的热带非洲各国（科特迪瓦、喀麦隆、尼日利亚等）
【相对密度】0.62 ~ 0.95
【硬度】6 强 ＊＊＊＊＊＊＊＊＊＊

耐久性强，抗虫蛀，多用于室外建筑

缅茄木是指生长在热带非洲一带的缅茄属木材的统称。缅茄木在不同国家的称呼不同。尼日利亚称之为 Apa，利比里亚称之为 Afzelia，在喀麦隆，则常称之为 Doussié。在日本木材市场上销售时的常用名为"Apa""Afzelia"。缅茄木耐久性、耐水性都很强，而且抗白蚁性强，因此常被用作户外建筑材料，如木质露台、寺院神社的门柱等。相对密度值的幅度较大，因此，木材硬度的差异也比较大。

【加工】虽然有一些逆纹，但加工难度并不大。木工旋床加工时，能感受到纤维的影响，但旋削手感非常轻快。有一定的硬度。"旋起来感觉比印度紫檀略硬一些"（河村）。无油分，砂纸打磨效果佳。

【木材纹理】通常纹理通直质朴，但偶尔也会出现交错木纹。导管较大。

【颜色】介于橙色与红棕色之间（很像印度紫檀的颜色被稀释后的感觉）。给人一种非常明亮的印象。

【气味】基本无味。

【用途】室外建筑材料（结构材料、门、窗框、木质露台、木栅栏等）。

绒毛黄檀

【别名】郁金香木（Tulipwood）、巴西郁金香木
（Pazillan tulipwood）、粉木（Pinkwood）

【学名】*Dalbergia frutescens*

【科名】豆科（黄檀属）
　　　　阔叶树（散孔材）

【产地】巴西东北部地区

【相对密度】0.96

【硬度】9**********

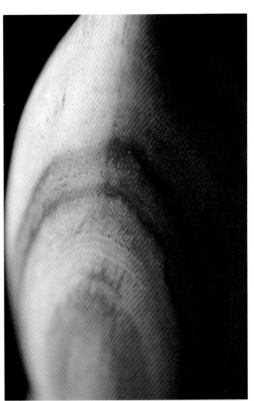

豆科

特点在于多种不同的红色与玫瑰般的香气

　　绒毛黄檀是黄檀属的一种玫瑰木，与交趾黄檀同属于红酸枝木类。硬度与导管触感等特点与乌木比较相似。有一股酸甜味，非常好闻。木质厚重坚硬。原木易开裂，自然干燥十分困难。由于树径较小，很难获取大型木材。在欧洲，被称为"木中宝石"。

　　【加工】木质较硬，但木工旋床加工时，手感比较轻快。木屑为粉状。成品表面很漂亮，极富光泽。

　　【木材纹理】具有交错木纹，纹理不规则。

　　【颜色】整体为红色，表现为深红、浅红、粉红等多种不同的红色。

　　【气味】有一股酸甜味，很好闻。"我觉得绒毛黄檀的味道是所有木材中最好闻的。就像在闻玫瑰花一样，我非常喜欢。不过，这种味道只有在加工时能闻到，加工完毕后气味就会消失"（河村）。

　　【用途】乐器（马林巴琴的琴键等）、念珠、镶嵌工艺品、饰品、首饰盒（贵族使用的装饰工艺品）、18世纪法国洛可可式家具和英国乔治式家具的板材。

赛州黄檀

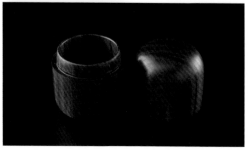

【别名】国王木（Kingwood）、
紫罗兰木（Violet wood）

【学名】*Dalbergia cearensis*

【科名】豆科（黄檀属）
阔叶树（散孔材）

【产地】巴西

【相对密度】1.00**

【硬度】8＊＊＊＊＊＊＊＊＊＊☆☆

木质较硬，但易加工，气味芳香，交趾黄檀的同类

赛州黄檀与交趾黄檀在国标《红木》中都属于黄檀属红酸枝木类。树径较小，很难获取大型木材。相对密度为1.00，木质厚重坚硬，但只要刀刃足够锋利，加工难度并不大。耐久性很强，纹理美观，材质优良，有一股王者风范，与"国王木"的别称很相称。气味能让人联想到玫瑰的香味。

【加工】虽然木质较硬，但只要刀刃足够锋利，旋削难度并不大。多少能感觉到一些油分，不过不影响砂纸打磨的效果。粉状木屑在加工过程中会飞散到空中，气味比较强烈。

【木材纹理】年轮模糊。纹理致密，十分光滑。

【颜色】褐色的底色中带有一丝紫罗兰色，因此又被称为紫罗兰木。上面交杂着黑色条纹。

【气味】香味扑鼻。"赛州黄檀才是真正的玫瑰木气味，与玫瑰的香气非常接近"（河村）。

【用途】乐器（木管乐器等）、刀具等的手柄、寄木细工、镶嵌工艺品、古董家具的修补材料、高级餐筷。

沙漠铁木
Desert Ironwood

【别名】油次黑豆
【学名】 *Olneya tesota*
【科名】豆科
        阔叶树（散孔材）
【产地】索诺拉沙漠（美国亚利桑那州至墨西哥北部地区）
【相对密度】0.86～1.20
【硬度】10＊＊＊＊＊＊＊＊＊＊

被埋在沙漠中的木材，硬如化石

沙漠铁木常年被埋在沙漠中，仿佛化石一样坚硬。虽然类似"神代木"，但材质并不相同，沙漠铁木基本上已经石化。通常，沙漠铁木都是以原木状态被掩埋，边材部分依旧得以保留。木质比愈疮木更硬。木材表面不用打磨就十分光滑。开裂现象严重，因此很难获取大型木材。与东南亚出产的坤甸铁樟木（*Eusideroxylon zwageri*）等铁木（Ironwood）截然不同。

【加工】虽然沙漠铁木坚硬到让人感觉像石头或金属，但仍旧可以用木工旋床等进行旋削加工。使用研磨锋利的刀刃旋削，感觉嘎吱嘎吱的。木屑呈粉末状。无油分。成品表面如同打磨过的石块一样光滑，极富光泽。打蜡后，完全看不出是木制品。

【木材纹理】年轮比较混乱。

【颜色】木材底色介于棕色与焦褐色之间，夹杂着黑色的年轮及花纹。

【气味】气味不太好闻。"有一股半干的抹布放了一阵之后的味道"（河村）。

【用途】最高级的小刀或菜刀的手柄。

豆科

山皂荚

【别名】山皂角、皂荚树、皂角树、悬刀树、荚果树、乌犀树、鸡栖子、日本皂荚

【学名】*Gleditsia japonica*

【科名】豆科（皂荚属）
阔叶树（环孔材）

【产地】中国（辽宁、河北、山东、河南、江苏、安徽、浙江、江西、湖南）、日本（本州、四国、九州）、朝鲜

【相对密度】0.66**

【硬度】5强★★★★★★★★★★

知名度虽不高，但无论木材还是种子，使用历史都很久远

　　山皂荚的硬度与加工时的手感均与楝十分相似。它有一股独特的酸味，木材为浅黄色，略有些发红，很有特色。材质耐久性很强，过去常被用于制作驮鞍或水井边上的挡板。山皂荚的种子是肥皂的绝佳代用品。山皂荚的特征是树干上有很多粗壮的尖刺。

　　【加工】木工旋床加工时，能够感受到纤维，旋起来咔哧咔哧的。"旋削手感与它的韧性十分匹配。刀刃不会被带偏。与楝一样，虽然碰到导管时会感到很硬，但旋削难度并不大"（河村）。在环孔材中，属于加工后很少出现边角缺损的木材。

　　【木材纹理】木纹相当清晰。木理纹路较粗。

　　【颜色】心材为淡黄色，略有些发红。边材颜色发白。心材与边材的区别十分明显。

　　【气味】有一股酸味。"山皂荚的味道好像某种果实，酸酸的"（河村）。

　　【用途】建筑材料、各种器具、寄木细工、驮鞍、井边挡板。山皂荚中的种子富含皂苷，可以用来代替肥皂。

索诺克凌（阔叶黄檀）

Sonokeling

※ 市场俗称：印尼玫瑰木

【学名】*Dalbergia latifolia*

【科名】豆科（黄檀属）
阔叶树（散孔材）

【产地】印度尼西亚

【相对密度】0.85

【硬度】6＊＊＊＊＊＊＊＊＊＊

豆科

在玫瑰木中属于材质较软的，色彩很不均匀

索诺克凌是将印度产的阔叶黄檀（印度玫瑰木）在印度尼西亚人工造林后培植出的树种。印尼高温多雨，因此树木生长速度非常快。由于索诺克凌属于人工造林树种，供给稳定，因此比其他玫瑰木价格都要低廉。常作为印度玫瑰木的代用品，市场上销售的玫瑰木中经常掺杂着索诺克凌。索诺克凌色彩优美，易加工。有一股独特的气味。

【加工】在玫瑰木中属于木质较软的。没有逆纹，易加工。木材含有油分，但加工过程中不太能感觉到。

【木材纹理】由于成长速度快，木材纹理较粗。

【颜色】基本上为红棕色，略带一丝浅紫色或绿色。比印度玫瑰木（均匀的紫红色）颜色浅，色彩极不均匀。由于颜色极富层次感，有时会产生非常有意思的效果，比如变成渐变色。

【气味】比印度玫瑰木的味道浓。"很像做豆馅时，加糖煮红小豆的味道。还有一点淡淡的肉桂味儿"（河村）。

【用途】玫瑰木和黑胡桃木的一般用途。高级家具、贴面板、地板、乐器（吉他的背板、侧板等）、工艺品等。

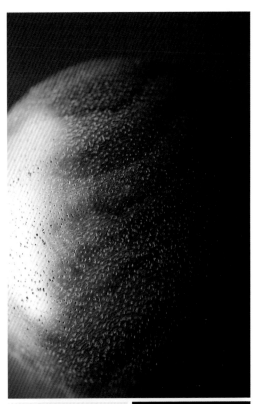

台湾相思

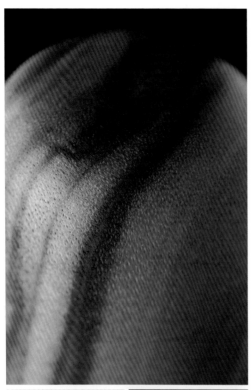

【别名】相思树、台湾柳、相思仔
【学名】*Acacia confusa*
【科名】豆科（金合欢属）
　　　　阔叶树（散孔材）
【产地】原产中国（台湾、福建、广东、广西、云南）
　　　　和菲律宾，日本冲绳、印度尼西亚、斐济也有
　　　　分布
【相对密度】0.75
【硬度】6＊＊＊＊＊＊＊＊＊＊

木材颜色较深，
树名十分动人

　　在中国台湾和日本冲绳，台湾相思常被用作行道树。生长迅速，耐干旱，是中国华南地区荒山造林、水土保持和沿海防护林的重要树种。最早传入日本冲绳时主要用作防风林。木材颜色较深，相对密度值较高，木质厚重坚硬。

　　【加工】虽有少量逆纹，但木性平实。木工旋床加工时，能够感受到纤维比较突出，但旋削手感十分轻快，感觉不到阻力。成品表面容易起毛。无油分，砂纸打磨效果佳。切削或刨削作业有一定难度。"台湾相思很硬，加工起来比较费力"（日本冲绳当地的木匠）。

　　【木材纹理】纤维突出，木材表面不太光滑。

　　【颜色】心材为焦褐色，边材为奶油色，心材与边材的区别十分明显。

　　【气味】有一股淡淡的苦味，类似焦糊味。"旋削时，能闻到一丝淡淡的药味儿"（河村）。

　　【用途】坑木、木柴、家具、小工艺品（钥匙扣、鸟哨等）。树皮中可以提取单宁与橡胶。

檀香紫檀

Red sanders

【别名】小叶紫檀
【学名】*Pterocarpus santalinus*
【科名】豆科（紫檀属）
　　　　阔叶树（散孔材）
【产地】印度、斯里兰卡
【相对密度】1.05～1.26
【硬度】9＊＊＊＊＊＊＊＊＊＊

豆科

木材的深红色令人印象深刻，木质厚重，气味甘甜的高级名木

檀香紫檀的硬度、香气、鲜艳而富有质感的红色等都极具特色。过去曾用檀香紫檀制作染料，并出口到欧洲。由此造成大量砍伐而导致资源枯竭，现在已被严禁砍伐。

【加工】木质厚重坚硬，但木性质朴，木工旋床加工非常方便。切削作业稍有些费力。有逆纹。有一定的油分，但并不影响砂纸打磨效果。不过，使用带式磨床时可能会烧焦。

【木材纹理】通体红色，看不出木纹，但纹理非常密集。与铁刀木一样，横切面上会出现模糊的木纹。具有交错木纹。有波浪状皱缩条纹。

【颜色】深红色（红色浓郁）。

【气味】有一股甜味，气味虽不强烈，但十分好闻。"檀香紫檀的气味与绒毛黄檀一样好闻。加工过程中，四周一直弥漫着一股香气。不过一段时间后，气味就会消失。做成带盖的物品后，会有一丝气味残留"（河村）。

【用途】三味线（高级品）的琴杆、唐木细工、镶嵌工艺品、念珠、高级家具。

铁刀木

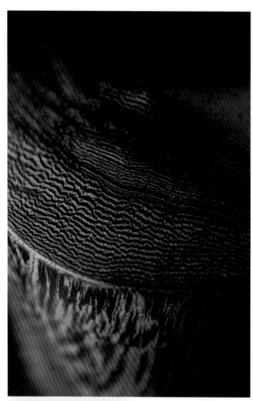

【学名】*Senna siamea*（*Cassia siamea*）
【科名】豆科（决明属）
　　　阔叶树（散孔材）
【产地】东南亚、印度西岸地区
【相对密度】0.69～0.83
【硬度】8＊＊＊＊＊＊＊＊＊＊

木质坚硬抗压，外观优美，
日本三大唐木之一

　　铁刀木与白花崖豆木（P.027）和非洲崖豆木（P.036）不同属，但市场上经常把它们混在一起销售。特别是非洲崖豆木，性质与铁刀木十分相似。铁刀木与乌木（日本称黑檀）、交趾黄檀（日本称紫檀）并称为三大唐木。材质个体差异小，木质均匀。干燥比较困难。耐久性强。

　　【加工】虽然材质很硬，但木工旋床加工难度不大。不过，切削作业有些困难。有些木材导管中含有石灰，对刀刃有钝化效果。成品表面漂亮而有光泽。木质纤维比较密集。无油分。由于年轮比较细致，边缘很少缺损。木屑非常细碎。

　　【木材纹理】除了年轮以外，还有一些模糊的交错木纹（造型独特的细致木纹）。

　　【颜色】焦褐色的底色中夹杂着黑色条纹。"远远看上去，很像纯巧克力的那种褐色"（小岛）。

　　【气味】几乎无味。如果木纹相同，但能明显感觉到气味，那很可能是白花崖豆木。

　　【用途】和式房间的壁龛装饰柱、榫卯结构的木制品、高级家具、镶嵌工艺品。

微凹黄檀
Cocobolo

【学名】*Dalbergia retusa*
【科名】豆科（黄檀属）
　　　　阔叶树（散孔材）
【产地】美洲中部太平洋沿岸（墨西哥、哥斯达黎加、
　　　　哥伦比亚等）
【相对密度】1.10
【硬度】8＊＊＊＊＊＊＊＊＊＊

优点众多，
富含油分的优良木材

　　微凹黄檀与中美洲出产的交趾黄檀同属于红酸枝木类。色彩优美，极富光泽，木材表面会出现深色条纹和眼珠一样的图案，油分较多，耐久性强，虽然木质较硬，但加工非常方便，优点众多。

　　【加工】相对密度在1左右，木质厚重坚硬，但无论是旋削、切削还是刨削，操作都十分方便（必须使用锋利的刀刃）。油分较多，木工旋床加工时手感松脆，不过，粘着性不太好。木屑为细粉状，容易引发皮炎，造成皮肤瘙痒，因此，加工时需特别注意。

　　【木材纹理】纹理密集，整体布满黑色条纹或斑纹。

　　【颜色】刚加工完的木料颜色发白，一接触到空气，立刻变为橙色。这时的木材色彩最为优美。几天后，颜色开始变为黑红色，色彩越来越素雅。边材为纯白色，旋木爱好者非常喜欢这种白色。

　　【气味】有股刺鼻的臭味。"微凹黄檀的气味很不好闻，有股强烈的酸味"（河村）。

　　【用途】餐刀等餐具的手柄（因为油分较多，耐久性、耐水性都很强）、镶嵌工艺品、乐器、旋盘或木工旋床加工品。

夏威夷寇阿相思

Hawaiian koa

豆科

【别名】寇阿树、寇阿相思树
【学名】*Acacia koa*
【科名】豆科（金合欢属）
　　　　阔叶树（散孔材）
【产地】夏威夷
【相对密度】0.67
【硬度】6＊＊＊＊＊＊＊＊＊＊

夏威夷固有种，
有波浪状皱缩条纹，易加工

　　夏威夷寇阿相思的木材颜色十分迷人，表面有波浪状皱缩条纹，造型优美。易加工。缺点是容易开裂。虽然相对密度不大，但材质致密坚硬。硬度存在个体差异。比较硬的木材大多颜色发黑，有强烈的光泽感。比较软的木材则颜色较浅，光泽度较弱。夏威夷寇阿相思是夏威夷的固有种，常被用于制作尤克里里。由于木材资源已濒临枯竭，目前只有被风吹倒的树木才被允许作为木材使用。

　　【加工】木性质朴，无论是切削还是木工旋床加工，操作都很容易。无油分，木屑呈粉状。砂纸打磨有一定的效果，但由于材质较硬，边角不容易磨掉。

　　【木材纹理】褐色的底色上有很多黑色条纹（金合欢属木材的特征）。会出现波浪状皱缩条纹。瘤纹纹理的效果将影响木材等级的判定。

　　【颜色】比较明亮的红棕色。

　　【气味】几乎无味。

　　【用途】尤克里里、高级家具、工艺品。

小鞋木豆

【别名】斑马木（Zebrawood）、大斑马木、斑木树
（Zebrano）、金刚纳（Zingana，加蓬共和国
等地的称呼）、乌金木
【学名】*Microberlinia brazzavillensis*
【科名】豆科（斑马木属）
阔叶树（散孔材）
【产地】西非（喀麦隆、加蓬、刚果等）
【相对密度】0.74
【硬度】7 * * * * * * * * * * *

豆科

斑马纹图案引人注目，逆纹较多

　　小鞋木豆的木材表面有很多斑马纹图案，因而也叫斑马木。逆纹较多，加工时需注意。小鞋木豆属于大径木，树高45m，胸高直径1.5m左右，可以获取大型木材。它与赛鞋木豆（也叫小斑马木，参见P.253）生长地区相同，材质类似，因此容易混淆，不过二者并不同属。可以通过木材纹理区分二者：赛鞋木豆的斑马纹比较模糊，而小鞋木豆的斑马纹图案十分清晰。

　　【加工】逆纹严重，加工难度较大。无论是木工旋床加工，还是刨削作业，都必须注意逆纹。加工时能够感受到纤维阻力。木屑呈粉状。

　　【木材纹理】木材表面有很多平行细线，仿佛斑马条纹。具有交错木纹。

　　【颜色】象牙色的底色中夹杂着焦褐色与黄白色条纹。

　　【气味】有些木料会有一股银杏的味道。"有时小鞋木豆有股臭味，好像呕吐物的味道"（河村）。

　　【用途】家具、薄木贴面板、面板、单块面板的大型台面。

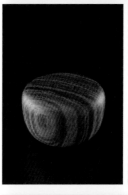

印度紫檀

【别名】紫檀（植物学名）、纳拉树（Narra）、安波那木（Amboyna）、黄柏木、青龙木、花榈木

【学名】*Pterocarpus indicus*

【科名】豆科（紫檀属）
阔叶树（散孔材）

【产地】东南亚（菲律宾等）、太平洋群岛（新几内亚、所罗门群岛等）

【相对密度】0.84**

【硬度】5 ＊＊＊＊＊＊＊＊＊＊

在日本属于高级唐木

在日本，印度紫檀属于高级别的"唐木"，树径粗大，胸高直径超过1m，可以获取大型木材。在日语中，印度紫檀与木瓜都叫"花梨"，但木瓜属于蔷薇科，二者是完全不同的树种。不同环境下的印度紫檀，木质会发生变化，色彩与木材纹理均存在个体差异。整体来讲，加工很方便。木材表面会出现各种各样的瘤纹纹理，是家具制造与房屋装修的高级材料。泰国和缅甸出产的大果紫檀（*Pterocarpus macrocarpus*）与印度紫檀同属紫檀属，二者在世界自然保护联盟濒危物种红色名录中均处于濒危（EN）等级。

【加工】易加工。木工旋床加工时，手感轻快，操作方便。木屑为细粉状。多少能感觉到一些油分，不过不影响砂纸打磨的效果。

【木材纹理】整体遍布导管，很难看清楚年轮。具有交错木纹。

【颜色】略带黄色的浅红色～红色浓郁的棕红色（红砖的颜色）。个体差异较大。

【气味】有一股十分强烈的味道，气味独特，不太好闻。

【用途】家具、桌面面板、单块面板的大型台面、和式房间的壁龛装饰柱、唐木细工。

印度紫檀瘿

【别名】黄柏木瘿、安波那木瘿（Amboyna burl）
【学名】*Pterocarpus indicus*（印度紫檀的学名）
【科名】豆科（紫檀属）
　　　　阔叶树（散孔材）
【产地】东南亚（菲律宾等）、太平洋群岛（新几内亚、
　　　　所罗门群岛等）
【相对密度】0.77**
【硬度】5＊＊＊＊＊＊＊＊＊＊

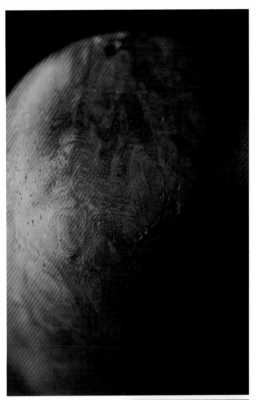

在瘿木中属于旋削加工比较轻松的

　　只有树径粗大的印度紫檀才会长出树瘤
（瘿）。木材表面会出现树瘤花纹，很像显微镜
放大后的阿米巴虫。虽然是树瘤，但材质较软，
旋削加工十分容易。

　　【加工】与其他树木的树瘤相比，旋削算是
比较轻松的。有些木材油分非常多（不宜用砂纸
打磨），有些几乎不含油分（砂纸打磨效果佳）。

　　【木材纹理】有树瘤花纹。

　　【颜色】略带黄色的浅红色～红色浓郁的棕
红色（红砖的颜色）。个体差异较大。

　　【气味】油分较多的木材有一股类似柑橘的
柑橘系味道。油分较少的木材有一股印度紫檀
的臭味，不太好闻。

　　【用途】桌子或茶几的面板、乐器、渔网的
手柄。

豆科

印茄木

Merbau

【别名】波萝格、太平洋铁木

【学名】*Intsia palembanica*（帕利印茄）
　　　　Intsia bijuga（印茄）

【科名】豆科（印茄属）
　　　　阔叶树（散孔材）

【产地】东南亚、新几内亚等太平洋地区，马达加斯加

【相对密度】0.74 ～ 0.90

【硬度】6＊＊＊＊＊＊＊＊＊＊

主要用于对强度和耐久性要求比较高的领域

　　印茄木虽然木材质地比较厚重，但易加工、耐久性强。抗白蚁性强，因此常被用于结构材料和桥梁等。导管中积聚着很多黄色物质，有时也会出现在木材表面，十分醒目。"看上去就像沾了很多黄色的粉笔末。这是将印茄木与其他木材区分开的一个重要标志"（河村）。

　　【加工】裁切和加工都很方便。由于纤维质较多，木工旋床加工时感觉咔哧咔哧的。没有逆纹，也感觉不到油分，砂纸打磨效果佳。"旋削时要小心，注意不要让盒盖边缘出现缺损"（河村）。

　　【木材纹理】具有交错木纹。纤维较粗，导管较大。

　　【颜色】偏红的焦褐色。随着时间的流逝，颜色会逐渐加深。

　　【气味】几乎无味。

　　【用途】对耐久性与强度要求比较高的用途。建筑材料、结构材料、地基、地板等。

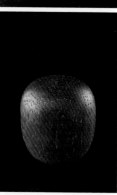

尤卡坦阔变豆

Granadillo

【别名】南美白酸枝、中美洲白酸枝、墨西哥白酸枝
【学名】_Platymiscium yucatanum_
【科名】豆科（阔变豆属）
　　　　阔叶树（散孔材）
【产地】墨西哥
【相对密度】0.79
【硬度】8＊＊＊＊＊＊＊＊＊＊＊

中南美产木材，
常被用作交趾黄檀等唐木的代用材

　　尤卡坦阔变豆是制作吉他部件和佛龛等的重要材料。可能由于木材中油分较多，在逆纹较多的木材中，木性比较质朴。木质较硬，但木性平实，易加工，应用广泛。"尤卡坦阔变豆的材质与檀香紫檀十分接近"（河村）。

　　【加工】虽然木质较硬，又有很多逆纹，但加工难度并不大。木屑呈粉末状。富含油分，所以木粉比较润泽。木工旋床加工时，手感比较轻快。不宜用砂纸打磨。

　　【木材纹理】四处密布导管，年轮模糊。纹理致密。

　　【颜色】心材为棕褐色（豆沙色）。心材与边材的区别十分明显。

　　【气味】几乎无味，但闻起来总感觉有股淡淡的甜香。

　　【用途】乐器（吉他的背板、侧板或指板、竖笛等）、佛龛、和式房间的壁龛装饰柱、高级餐筷、交趾黄檀或檀香紫檀的代用材。

雨树
Rain tree

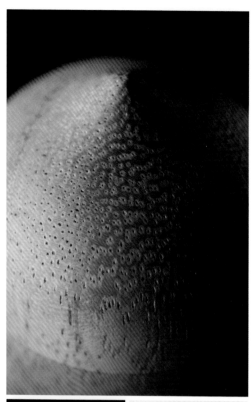

【别名】雨豆树、猴荚木（Monkey pod）、美国合欢木（日本名）

【学名】*Samanea saman*（*Albizia saman*）

【科名】豆科（雨树属）
阔叶树（散孔材）

【产地】原产地在中美洲至南美洲北部，东南亚有人工林

【相对密度】0.53～0.61

【硬度】4＊＊＊＊＊＊＊＊＊＊

日本电视广告中的知名树木，木质偏软，材质普通

日立的电视广告"这是什么树……"里，那棵有名的大树就是雨树。雨树属于大径木，可以获取大型木材，但木材本身并没有厚重坚硬的感觉。导管很大。天然干燥耗时较长，但收缩率很低。耐久性不错。

【加工】具有交错木纹，但加工比较方便。木工旋床加工时，手感虽不算轻快，但也不费力。旋削感觉与偏软的榉树类似。加工时容易起毛。无油分，砂纸打磨效果佳。

【木材纹理】较大的导管遍布木材整体。纹理复杂交错。木理纹路较粗。

【颜色】心材为焦褐色。边材为黄白色。心材与边材的区别十分明显。

【气味】基本无味。

【用途】建筑材料、单块面板的大型台面、圆形桌面板、小工艺品。

紫心木
Purpleheart

【别名】紫心苏木、紫罗兰木
【学名】_Peltogyne_ spp.（_P.pubescens/_ 毛紫心苏木等）
【科名】豆科（紫心木属）
　　　　阔叶树（散孔材）
【产地】中美洲至南美洲中部（墨西哥到巴西）
【相对密度】0.80～1.00
【硬度】6～7＊＊＊＊＊＊＊＊＊＊＊

20 几种紫色木材的总称

　　紫心木并非某一种树的名字，它是生长在中美洲至巴西一带的紫色系紫心木属树木的总称。这些树木有20多种，不同种类的树木颜色与硬度会有所差异。购买紫心木时，一定要清楚这一点。耐久性与防虫性都很强。

　　【加工】个体差异比较明显。紫色系木材在进行木工旋床加工时虽然能感受到纤维，但手感比较轻快，树脂较少，砂纸打磨效果佳。而深紫色的木材进行木工旋床加工时感觉嘎吱嘎吱的，树脂较多，不宜用砂纸打磨。

　　【木材纹理】几乎看不出年轮。名叫紫心木的木材种类较多，通过手感就能辨别出木纹的差异。手感比较粗糙的木材导管较大，手感比较光滑的木材导管较小。

　　【颜色】大致分为三类：①纯正的紫色或略带粉色的牡丹色；②较深的紫色（如图）；③深紫色。

　　【气味】"木工旋床加工时，有一股尘土味。干燥后基本无味"（河村）。

　　【用途】装饰材料、乐器（吉他的指板等）、镶嵌工艺品、台球杆。

豆科

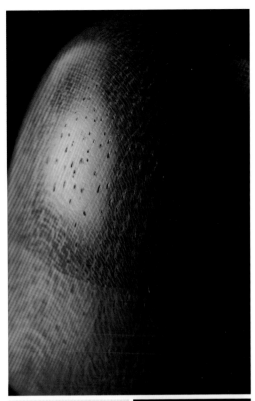

064

什么是玫瑰木？

— 有些木材并没有玫瑰香味 —

阔叶黄檀

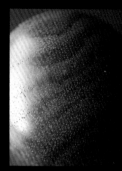

索诺克凌（阔叶黄檀）

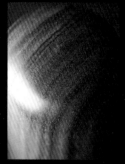

赛州黄檀

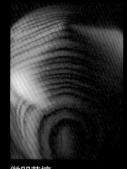

微凹黄檀

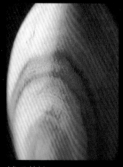

绒毛黄檀

奥氏黄檀

交趾黄檀

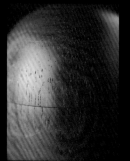

伯利兹黄檀

玫瑰木很难加以定义。通常我们认为，玫瑰木是那些多少具有一些玫瑰香气且色彩比较鲜艳（棕色、红色、紫色等底色中夹杂着黑色条纹）的木材总称。玫瑰木最初是指豆科黄檀属（*Dalbergia*）的巴西黑黄檀和阔叶黄檀，以及与它们同属的其他十几种木材。本书中收录的玫瑰木包括东非黑黄檀、赛州黄檀、微凹黄檀、索诺克凌（阔叶黄檀）、绒毛黄檀、奥氏黄檀、交趾黄檀、伯利兹黄檀等。

广义上来讲，玫瑰木也包括豆科紫檀属（*Pterocarpus*）的非洲紫檀和印度紫檀、豆科铁木豆属（*Swartzia*）的马达加斯加铁木豆和葱叶状铁木豆等。

从上述所有木材中均能感受到某种气味，但并不一定都是玫瑰的香气。虽然一些西方文献在解释何为玫瑰木时，也出现过"rose-like fragrance"（有一股玫瑰香气）的记载，但据河村先生的感受，"阔叶黄檀有一股煮红豆时的气味，而巴西黑黄檀则有一股打开长期未使用的柜子时的味道"。切削绒毛黄檀时，最能感觉到玫瑰的香气。另外，赛州黄檀也散发着玫瑰香。

玫瑰木的硬度差别也比较大（硬度 6～9）。只有优美的颜色与高级的质感算是所有玫瑰木的共同特点。目前，玫瑰木的流通量普遍都在减少，只有人工造林的索诺克凌（阔叶黄檀）比较容易购买。

树状欧石南

Tree heath 、Briar、Brier

【别名】树形欧石南、白欧石南（White heath）
【学名】*Erica arborea*
【科名】杜鹃花科（欧石南属）
　　　　阔叶树（散孔材）
【产地】地中海沿岸
【相对密度】0.74*
【硬度】8＊＊＊＊＊＊＊＊＊＊＊

木质较硬，瘤纹纹理图案优美，最高级的烟斗材料

　　树状欧石南的根部（Briar root）可以用来制作最高级的烟斗，价格高昂。木质极硬，耐久性强，不易燃。木材表面会出现极富魅力的树瘤花纹。树瘤部分不易开裂。有人认为 Briar root 指的是玫瑰的根部，这种说法是错误的。

　　【加工】木工旋床加工时，整体感觉比较硬，不过瘤纹纹理部分并不会感觉到阻力，没有嘎吱嘎吱的纤维感。无油分，砂纸打磨效果佳（材质较硬，注意手法要轻）。成品表面十分光滑。光泽很美。

　　【木材纹理】由于是树木的根部，纹理复杂交错。

　　【颜色】明亮的红棕色。

　　【气味】基本无味。

　　【用途】最高级的烟斗。从 19 世纪开始就一直在使用。

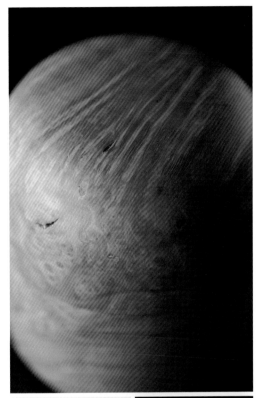

沉香橄榄木

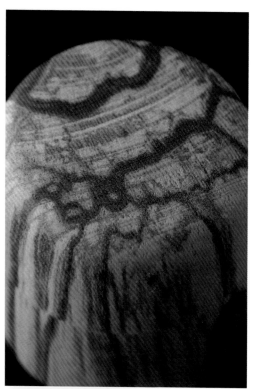

【别名】圣檀木（Palo sant）、圣木/秘鲁圣木（Holy wood）

【学名】*Bursera graveolens*

【科名】橄榄科（裂榄属）
阔叶树（散孔材）

【产地】中美洲、南美洲北部

【相对密度】0.57**

【硬度】3* * * * * * * * * *

富含油分，
材质非常柔软的阔叶树

与蒺藜科的萨米维腊木（参见 P.086）属于不同树种。二者商品名都是"Palo sant"，容易被混淆，需注意分辨。"Palo sant"在西班牙语里的意思是"神圣的树"。橄榄科的沉香橄榄木的木材与树枝都散发着浓郁的香味，富含油分。因此，一直是提取香料与精油的重要原料。在日本的芳香用品行业里，沉香橄榄木非常有名。树脂与树皮均可药用。木材的质地在阔叶树中属于极其柔软的，仅次于轻木和毛泡桐。

【加工】木质较软，油分较多，因此加工难度比较大。"沉香橄榄木的树脂会紧紧黏在带锯上，很难切割。使用后，必须认真去除刀刃上的树脂"（河村）。完全不适合用砂纸打磨。

【木材纹理】油分较多的木料上容易出现花纹（因为花纹部分富含油分）。

【颜色】底色为淡黄色。油分较多的部位会有焦褐色条纹。

【气味】通常会有一股椰子味。油分较多的木料会散发出一股刺鼻的酸味。

【用途】小工艺品、香料和精油的原料。

东北红豆杉

【别名】紫杉、赤柏松

【学名】*Taxus cuspidata*

【科名】红豆杉科（红豆杉属）
　　　　针叶树

【产地】在中国，主产于吉林老爷岭、张广才岭及长白山区，山东、江苏、江西等省有栽培。日本分布于北海道至九州（除南九州地区以外）。朝鲜、俄罗斯也有分布

【相对密度】0.45～0.62

【硬度】3 强 ＊＊＊＊＊＊＊＊＊＊

色彩优雅，易加工，针叶树中的优良木材

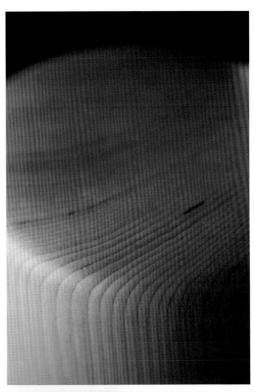

　　东北红豆杉在针叶树中算是木质较硬的树种。但无论是切削还是旋削作业，都很容易操作，成品表面非常漂亮。随着时间的流逝，木材颜色会从橙色变为较深的橙红色，色彩变化值得赏玩。干燥也不困难，且不易变形。不过，木材中有时会有矿物线，加工时如果碰到矿物线，可能会磨损刀刃，一定要当心。横切面多呈南瓜状，这也是东北红豆杉的特征之一。

　　【加工】易加工。在针叶树中，属于加工难度较低的树种，木工旋床加工时，即使新手也很容易操作。这主要是因为东北红豆杉的纹理比较密集，容易旋削，油分少，砂纸打磨效果佳，即使刀刃不够锋利，成品表面也不会显得脏乱。旋削手感十分轻快。木屑呈粉末状。

　　【木材纹理】年轮密集、均匀。纹理优美。

　　【颜色】原木刚切开或木工旋床加工刚结束时，木材呈橙色。随着时间的流逝，颜色逐渐加深，越来越素雅。"东北红豆杉的颜色有点像焦糖，是一种明亮的棕黄色"（小岛）。

　　【气味】几乎无味。

　　【用途】建筑材料（和式房间的壁龛装饰柱）、家具、工艺品、木雕（一刀雕[1]等）、曲面制品。

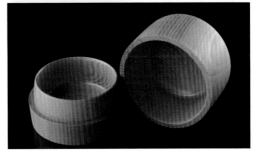

---

1 一刀雕：日本奈良的传统工艺，是木雕的一种技法，也叫奈良雕。造型粗放，能看出每一刀的痕迹。

日本榧树

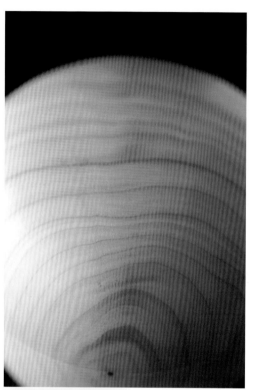

【学名】*Torreya nucifera*
【科名】红豆杉科（榧树属）
　　　　针叶树
【产地】原产日本（本州的宫城县以南、四国、九州），
　　　　中国青岛、庐山、南京、上海、杭州等地有引
　　　　种栽培
【相对密度】0.53
【硬度】3＊＊＊＊＊＊＊＊＊＊
※ 存在个体差异。

制作顶级将棋棋盘
与围棋棋盘的知名优良木材

　　在针叶树中，日本榧树属于木质较硬的树种。它的特征包括：木材的黄色十分突出、有一股浓浓的甜味、耐水性好、耐干湿变化、抗白蚁性强、有弹性等。由于油分较多，在针叶树中属于干燥比较困难的类型。日本榧树一直是制作顶级将棋棋盘与围棋棋盘的原料（最有名的是宫崎县的日向榧）。棋子落在棋盘上的声音格外动人。

　　【加工】切削与刨削作业都不费力。油分多少存在个体差异。油分少的木材在进行木工旋床加工时，必须使用锋利的刀刃，否则横切面会凹凸不平。油分多的木材不宜用砂纸打磨。

　　【木材纹理】年轮较细。木纹通直，纹理致密。

　　【颜色】黄色。随着时间的流逝，黄色会越来越深。"日本榧树的黄色十分高雅，看上去很柔和"（木镶嵌工艺师莲尾）。

　　【气味】有一股强烈的独特气味。"日本榧树有一股甜味，很像肉桂或是桂皮"（河村）。

　　【用途】顶级的将棋或围棋棋盘、佛像、盛米饭的木桶或高级饭勺（因为日本榧树的油分较多，比较防水）、镶嵌工艺品、寄木细工。

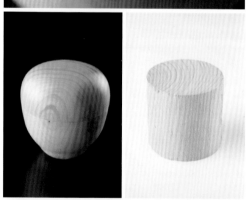

北加州黑胡桃

【别名】克拉洛胡桃 (Claro walnut)

【学名】*Juglans hindsii*（辛兹氏胡桃）
　　　　Juglans californica（加利福尼亚胡桃）

【科名】胡桃科（胡桃属）
　　　　阔叶树（散孔材）

【产地】美国西海岸地区（加利福尼亚州、俄勒冈州
　　　　等）

【相对密度】0.47*

【硬度】5＊＊＊＊＊＊＊＊＊＊

多姿多彩的瘤纹纹理，
木匠梦寐以求的优良木材

　　北加州黑胡桃是最受木匠欢迎的家具用材。英文名为"Claro walnut"，"Claro"在西班牙语里是明亮的意思。市场上销售的北加州黑胡桃主要是产于美国加利福尼亚州的辛兹氏胡桃与加利福尼亚胡桃，与黑胡桃（*Juglans nigra*）是同类。在美国加利福尼亚州附近的胡桃园里，人们为了增加果实产量，常常以辛兹氏胡桃为砧木，与胡桃（*Juglans regia*）进行嫁接。嫁接后的树木，木材表面会出现大理石图案的瘤纹纹理，非常美观，是高级汽车的内饰用材。

　　【加工】木性平实，木工旋床加工非常容易。无油分，砂纸打磨效果佳。

　　【木材纹理】木纹通直，树瘤部分会出现各种错综复杂的瘤纹纹理。

　　【颜色】鼠灰色中混杂着黑色、深绿色、紫色等不同颜色。比黑胡桃颜色略浅。

　　【气味】加工过程中有一股烤蛋糕般的甜香。加工后几乎无味。与黑胡桃的酸味截然不同。

　　【用途】家具、高级室内装修材料、薄木贴面板。

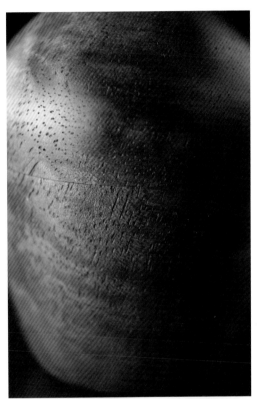

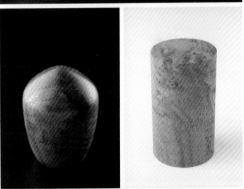

鬼胡桃

【别名】日本核桃

【学名】*Juglans mandshurica* var.*sachalinensis*
（*J.ailantifolia*）

【科名】胡桃科（胡桃属）
阔叶树（散孔材）

【产地】日本的北海道至九州

【相对密度】0.53

【硬度】4 * * * * * * * * * * *

加工性良好，
适合新手木工

平时我们所说的"日本核桃"，通常指的都是鬼胡桃。鬼胡桃不软不硬，纹理通直，用起来非常顺手。购买也很方便。木材导管较大，干燥比较容易，不易变形。韧性较强。能裁切成较大的木材，因此，可以用作面板。"我觉得鬼胡桃比黑胡桃（相对密度 0.64）更软一些"（河村）。

【加工】易加工。木工旋床加工时，不会感到嘎吱嘎吱的，旋削手感十分轻快。无油分，砂纸打磨效果佳。几乎感觉不到逆纹，新手木工也很容易操作。很适合在手工餐具工坊中使用（制作勺子、黄油刀等，最后表面涂一层核桃油）。"鬼胡桃硬度适中，无论用刨子还是刻刀，都很容易操作，感觉很舒服"（木匠）。

【木材纹理】横切面的导管较大。在散孔材里，年轮属于比较清晰的。

【颜色】颜色发暗，略带紫色（发黑的紫色）。感觉很像黑胡桃的底色被稀释后的暗褐色。色彩不均匀。

【气味】基本无味。

【用途】家具、木雕、小工艺品。

黑胡桃
Black walnut

【别名】黑核桃、美国黑胡桃、美国黑核桃
【学名】 *Juglans nigra*
【科名】胡桃科（胡桃属）
阔叶树（散孔材）
【产地】北美中部至东部
【相对密度】0.64
【硬度】4 **************

制作者与使用者
都很喜欢的优良木材

黑胡桃木属于世界三大名木之一（另外两个是柚木与桃花心木）。无论切、削、雕刻等哪种加工方式，操作都非常方便，是一款无懈可击的优良木材。有韧性，抗冲击性强，耐久性好。作为一款全能型木材，常被用于家具制造等领域。色彩浓郁，也深受使用者的喜爱。

【加工】木性质朴，木质较软，无论哪种加工都很方便。木工旋床加工时手感松脆。几乎没有逆纹，边缘不易缺损。成品表面十分漂亮。干燥过程非常容易，极少变形。不过，根部的树瘤较硬，加工难度较大（这部分常被用于制作枪托）。

【木材纹理】纹理质朴，木纹通直。偶尔也会有一些不规则的纹路，有紫色条纹。

【颜色】偏紫的焦褐色。存在个体差异。

【气味】有一股淡淡的甜味。少数木料会有一股酸味。

【用途】家具、薄木贴面板、小工艺品。

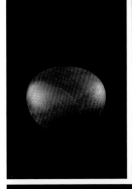

山核桃

Hickory

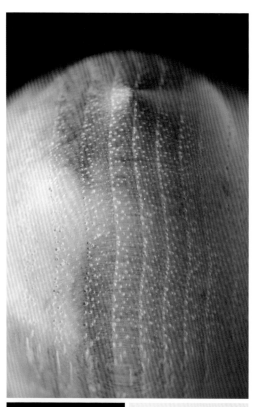

【学名】*Carya* spp.
（*C.auuatica*/ 水山核桃，*C.illinoensis*/ 薄壳山核桃，
C.glabra/ 光皮山核桃，*C.ovata*/ 鳞皮山核桃，
C.tomentosa/ 毛山核桃）
【科名】胡桃科（山核桃属）
阔叶树（环孔材）
【产地】北美（西部以外地区）
【相对密度】0.72～0.90
【硬度】6 强 ＊＊＊＊＊＊＊＊＊＊

木质较硬，有韧性
抗弯强度大

北美洲中部至东部地区，生长着十几种山核桃。其中，作为木材在市场上流通的主要有 5 种。山核桃木的硬度和韧性与美国白桦和绵毛桦十分相似。材质结实，抗冲击性强，常被用于制作体育用品或鼓槌等。也很适合曲木加工。木材蓄积量丰富。

【加工】易加工。木质较硬，有韧性。无油分，砂纸打磨效果佳。

【木材纹理】年轮周围有一圈较大的导管，因此，年轮显得十分清晰。导管的大小与木材纹理等特征与美国白桦、水曲柳、绵毛桦、象蜡树等十分相似。

【颜色】心材为米色，与象蜡树很像，绵毛桦的颜色更白一些。边材为白色系，面积较大。

【气味】基本无味。

【用途】球棒或门球杆的槌头等体育用品、美国温莎椅的曲木部分、工具手柄、鼓槌。

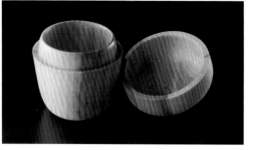

水胡桃

【学名】*Pterocarya rhoifolia*
【科名】胡桃科（枫杨属）
　　　　阔叶树（散孔材）
【产地】中国（山东省的胶州湾）、日本（北海道南部、
　　　　本州、四国、九州）
【相对密度】0.45
【硬度】3＊＊＊＊＊＊＊＊＊＊

颜色偏白，木质轻软，
与华东椴十分相似

　　水胡桃与胡桃楸不同属。它是一种木材颜色偏白、木质较软的阔叶树。模糊的年轮与纤维的触感都与华东椴十分相似。干燥很容易，不易变形。如果刀刃足够锋利，成品的质感会非常好。不过，人们对水胡桃木材的评价并不高。"我觉得水胡桃的用途可以很广泛。我们应该再多用这种木材"（河村）。

　　【加工】较软的木质与纤维的感觉都比较接近针叶树。很像材质稍硬的华东椴。木工旋床加工时，虽然能感受到纤维，但如果刀刃非常锋利，旋削手感会很轻快。由于木质较软，切削时需格外谨慎。无油分，砂纸打磨效果佳。

　　【木材纹理】年轮不是很清晰，心材与边材的区别不明显。

　　【颜色】偏白的奶油色，与华东椴很相似（华东椴更白一些）。

　　【气味】有一丝淡淡的味道，几乎闻不出来。

　　【用途】木屐、火柴棍、牙签。由于树皮很结实，常被用来搭建山间木屋的屋顶。

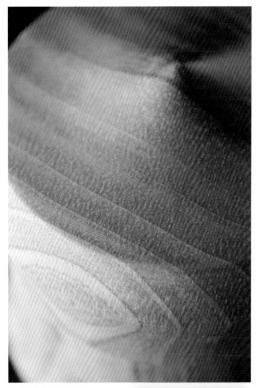

交让木

【学名】*Daphniphyllum macropodum*

【科名】虎皮楠科（虎皮楠属）
　　　　阔叶树（散孔材）

【产地】中国（云南、四川、贵州、广西、广东、台湾、湖南、湖北、江西、浙江、安徽等省区）、日本（本州东北地区南部以南、四国、九州）、朝鲜

【相对密度】0.57**

【硬度】4 强 ＊＊＊＊＊＊＊＊＊＊

硬度适中，易加工，在日本，从绳文时代起就被广泛应用

　　日本从福井县鸟滨贝塚遗迹（距今大约6000年前的绳文时代前期）的出土品中发现了很多交让木制作的工具，如石斧的手柄、弓箭等。交让木的硬度为4强，应该可以用来加工成磨制石斧的手柄。"交让木有点像日本七叶树，但硬度略高。这种木材不仅在绳文时代被广泛应用，如今也很值得推荐"（河村）。之所以会被称为"交让木"，是因为这种树在春天发芽时，老的树叶还没有脱落，嫩叶就已经开始生长，可以看到两种树叶交替的情景。

　　【加工】交让木的质感与果木十分相似。木工旋床加工时，手感轻快顺滑。不过，如果刀刃不够锋利，表面很容易起毛。"旋削时几乎感觉不到韧性或纤维的阻力"（河村）。无油分，砂纸打磨效果佳。

　　【木材纹理】年轮模糊。纹理致密。

　　【颜色】较暗的肤色。心材与边材的区别不明显。

　　【气味】"干燥后几乎无味。木工旋床加工时，有一股揉捏树叶时的青草味"（河村）。

　　【用途】器具。绳文时代被用于制作石斧手柄等。

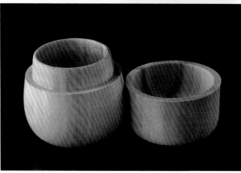

白桦

【学名】*Betula platyphylla*
【科名】桦木科（桦木属）
　　　　阔叶树（散孔材）
【产地】中国（东北、华北、河南、陕西、宁夏、甘
　　　　肃、青海、四川、云南、西藏东南部）、日
　　　　本（北海道、本州中部地区以北）、俄罗斯远东
　　　　地区及东西伯利亚、蒙古东部、朝鲜北部
【相对密度】0.58
【硬度】4 弱 ＊＊＊＊＊＊＊＊＊＊

不仅能组成知名的白桦林，
也是用途广泛的木材

　　比起木材来，大家更为熟悉的是生长在大自然中的美丽的白桦林。在桦木中，白桦的木质较软，木材表面又有很多被称为髓斑（Pith fleck）的棕色斑点及条纹，耐久性也不算强。因此，作为木材，其等级要比其他的桦木低。不过，只要干燥到位，白桦也能成为很好的木材。

　　【加工】非常好加工。木工旋床加工时，手感轻快顺滑。粉状木屑四下飞舞。无油分，砂纸打磨效果佳。"白桦比日本七叶树更容易加工。虽然硬度还不到4，但仍能感受到木材的密度"（河村）。

　　【木材纹理】几乎看不出年轮。木材纹理偏白，十分优美，但夹杂着很多疙疙瘩瘩的髓斑，看起来很像霉斑。

　　【颜色】白色系，略带一丝奶油色。心材与边材的区别不明显。

　　【气味】有一股淡淡的黄油味，这是所有桦树类木材共有的味道。

　　【用途】造纸原料、会用到树皮的器具、一次性餐筷、冰淇淋勺或冰淇淋棒、医用木棒。

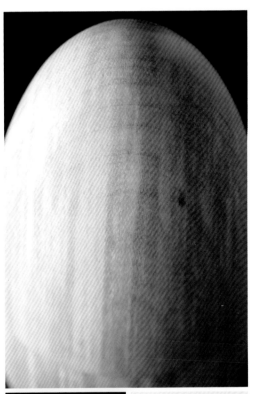

斑纹桦木

Masur birch

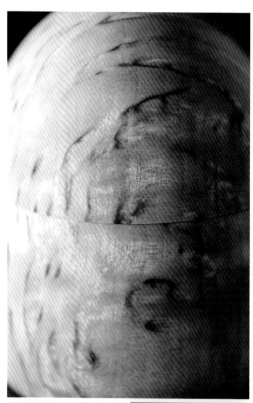

【学名】*Betula* spp.（*B.alba*/ 欧洲桦等）
【科名】桦木科（桦木属）
　　　　阔叶树（散孔材）
【产地】欧洲（北欧、俄罗斯、白俄罗斯等）
【相对密度】0.69*
【硬度】7 ✽✽✽✽✽✽✽✽✽✽

有独特的瘤纹纹理的
桦木的统称

　　斑纹桦木并非某一种树的名字，它是所有生长在欧洲的桦木中，木纹交错、瘤纹纹理复杂的木材的总称。有人认为，之所以会出现如此复杂的斑纹，是因为幼树时期，很多小虫子进入树中以后虫蛀造成的（也有人认为是遗传变异或病害导致的）。比槭木更硬，更有韧性。

　　【加工】木工旋床加工时，触感比较坚硬，感觉嘎吱嘎吱的。木质比较有韧性，旋削手感没有那么轻快。感觉不到油分。边角不易缺损。

　　【木材纹理】偏白的奶油色木材表面上有非常明显的黑斑或虫蛀痕迹。感觉很像遭受了病害。

　　【颜色】偏白的奶油色。

　　【气味】桦木共有的气味（像黄油的味道）。

　　【用途】刀具手柄、乐器、台球杆、利用斑纹装饰的小工艺品。

昌化鹅耳枥

桦木科

【学名】*Carpinus tschonoskii*
【科名】桦木科（鹅耳枥属）
　　　　阔叶树（散孔材）
【产地】中国（安徽、浙江、江西、河南、湖北、四
　　　　川、贵州、云南）、日本（本州的岩手县以南、
　　　　四国、九州）
【相对密度】0.69
【硬度】7 强＊＊＊＊＊＊＊＊＊＊
※ 硬度与真桦相同。存在个体差异。

木质致密坚硬，易变形，是一种很难处理的杂木

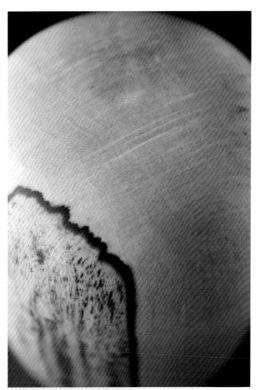

　　日本的鹅耳枥共有五种：昌化鹅耳枥、疏花鹅耳枥（*Carpinus laxiflora*）、日本鹅耳枥（*Carpinus japonica*）、千金鹅耳枥（*Carpinus cordata*）、鹅耳枥（*Carpinus turczaninovii*）。其中，除鹅耳枥外，其余四种的性质非常相似，相对密度分别为：0.69（昌化鹅耳枥）、0.70～0.82（疏花鹅耳枥）、0.75（日本鹅耳枥）、0.73（千金鹅耳枥）。因此，市场销售时统称为"鹅耳枥"。昌化鹅耳枥材质致密、有韧性、比较硬，木质纤维结构复杂，因此加工难度较大。干燥也很困难，木材容易变形（干燥后也易变形）。虽然存在个体差异，但整体来说，昌化鹅耳枥是一种很难处理的木材。

　　【加工】加工难度较大。木工旋床加工时，刀刃容易被复杂的纤维组织带偏，手感嘎吱嘎吱的。"刨床加工时，木材会梆梆地蹦起来"（河村）。由于木质太硬，用圆盘锯都很费力。

　　【木材纹理】年轮很难分辨。横切面会出现少量辐射状条纹。容易出现地图形状的黑色条纹（Spalted[1]）。

　　【颜色】暗白色，略带一丝奶油色（与锥木颜色接近）。心材与边材的区别不明显。

　　【气味】基本无味。

　　【用途】和式房间的壁龛装饰柱（带树皮）、工具手柄、薪炭材、培植香菇的原木。

1 Spalted：树木受到损伤时，伴随雨水一起侵入的细菌、真菌等形成的带状黑纹。

黄桦
Yellow birch

【别名】加拿大黄桦、北美黄桦
【学名】*Betula alleghaniensis*
【科名】桦木科（桦木属）
　　　　阔叶树（散孔材）
【产地】北美东部
【相对密度】0.70
【硬度】5 强 ＊＊＊＊＊＊＊＊＊＊

木性平实，
标准的桦木

　　黄桦具有所有桦木的基本特征，简直就是标准的桦木。材质致密，硬度适中，与色木槭属于同一级别。逆纹少。砂纸打磨效果佳。也适合进行曲面加工。抗压性强，有韧性。木工旋床加工时，只要保持刀刃锋利，成品表面非常光滑漂亮，富有光泽。

　　【加工】易加工。木工旋床加工时，手感咔哧咔哧的，能够感觉到桦木的硬度（但旋削很容易）。木屑呈粉状。油分较少，砂纸打磨效果佳。

　　【木材纹理】年轮清晰可见。纹理致密光滑。

　　【颜色】虽然木材名称中带着"黄"字，但实际颜色偏红。在光线照射下，略有些发黄。

　　【气味】基本无味。

　　【用途】家具、建筑材料、地板、薄木贴面板。

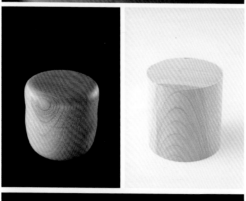

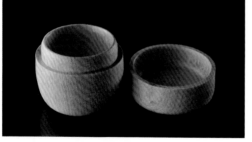

日本桤木

【别名】赤杨、水柯子
【学名】*Alnus japonica*
【科名】桦木科（桤木属）
　　　　阔叶树（散孔材）
【产地】中国（吉林、辽宁、河北、山东）、日本（北海道至九州北部）、俄罗斯远东地区、朝鲜
【相对密度】0.47 ～ 0.59
【硬度】5 ＊＊＊＊＊＊＊＊＊＊

色彩极其优雅美丽，木材常被当成杂木处理

　　日本桤木的树高能长到 15 ～ 20m，但很难获取大型木材。在日本市场上销售的日本桤木常常包括辽东桤木（*Alnus hirsuta*）在内，不过流通量非常小。总的来说，被当成了杂木。作为木材，日本桤木不具备典型特点，只是在切开原木时，能看到非常优美的橙色。

　　【加工】木工旋床加工时，感觉与日本水青冈十分相似。手感顺滑，易加工，但旋削后，纤维易起毛。操作时必须聚精会神，十分仔细，否则会影响成品表面效果。"这种木材处理起来有些棘手。在阔叶树里，属于加工难度较高的"（河村）。切削与刨削作业没有太大问题。无油分，砂纸打磨效果佳。

　　【木材纹理】年轮比较模糊。横切面上的辐射状条纹比较显眼。表面有斑纹。纹理致密。

　　【颜色】非常优雅的粉色，略带一丝橙色。"切开原木时，横切面会有一丝橙色。木材里面为粉色，略有些发白。色彩十分优雅"（河村）。

　　【气味】基本无味。

　　【用途】室内装修材料、漆器胎体、铅笔杆。

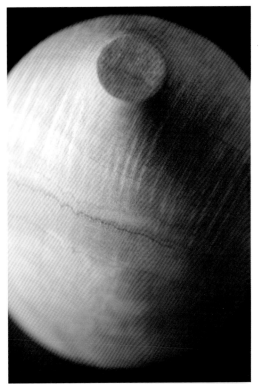

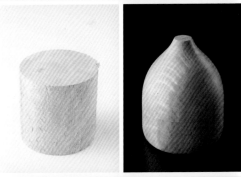

日本樱桃桦

【别名】夜粪峰榛

※ 市场俗称：水目樱（与樱花属于不同树种，但在木材行业里，常常把桦木称为樱花木）

【学名】*Betula grossa*

【科名】桦木科（桦木属）
　　　　阔叶树（散孔材）

【产地】日本的本州（岩手县以南）、四国、九州

【相对密度】0.60 ～ 0.84

【硬度】7 * * * * * * * * * *

常被用作漆器的胎体，桦木类的优良木材

　　日本樱桃桦纹理致密，木质较硬（比日本水青冈硬，比真桦软。比较接近较硬的槭树）。干燥过程中不易变形开裂，因此成品率很高。成品表面非常光滑。常被用作漆器的胎体。"日本樱桃桦光泽度很好，耐磨损，因此常被用作门槛"（土木工程公司经理）。

　　【加工】加工比较方便。操作中能够感受到桦木那种纯粹的硬度。木工旋床加工时，旋削阻力较大。"日本樱桃桦木质较硬，又有韧性，所以旋起来感觉更硬。手感咔哧咔哧的。而真桦则是嘎吱嘎吱的"（河村）。

　　【木材纹理】纹理致密。有时会出现大块波浪状皱缩条纹。

　　【颜色】心材为淡淡的粉色。边材颜色发白。心材与边材的区别比较明显。

　　【气味】几乎无味。据说树皮有一股膏药味，但木材本身并没有味道。

　　【用途】漆碗的胎体、室内装修材料、和式房间的壁龛装饰柱、地板、工具手柄。

铁木

桦木科

【学名】*Ostrya japonica*
【科名】桦木科（铁木属）
　　　　阔叶树（散孔材）
【产地】中国（河北、河南、陕西、甘肃及四川西部）、
　　　　日本（北海道中南部至九州雾岛山以北）、朝鲜
【相对密度】0.64 ～ 0.87
【硬度】5 强 ＊＊＊＊＊＊＊＊＊＊

具有桦木的特点，
色彩素雅

　　铁木的颜色与质感类似日本樱桃桦，但材质更软，也没有韧性。逆纹较少。边角不易缺损。成品表面很漂亮，极富光泽。在桦木中，流通量比较小，有时会被当成樱花木进行交易。以前，日本的优质铁木主要产自北海道。"铁木比较硬，材质致密、有光泽，纹理雅致，但又不像真桦那么硬，因此常被用作地板材料"（北海道的木材经销商）。

　　【加工】硬度适中，木工旋床加工时，手感轻快顺滑，易加工。切削与刨削作业比较困难。无油分，砂纸打磨效果佳。

　　【木材纹理】桦木的特征明显。年轮模糊。纹理致密，木质平滑。

　　【颜色】心材为偏暗的红棕色（略有些发红的焦褐色），色彩素雅。边材为灰褐色，略带一丝粉色。比其他的桦木色彩丰富。

　　【气味】基本无味。

　　【用途】家具、建筑材料、地板、木碗、雪橇、老式滑雪板。

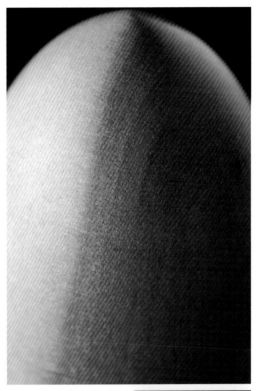

岳桦

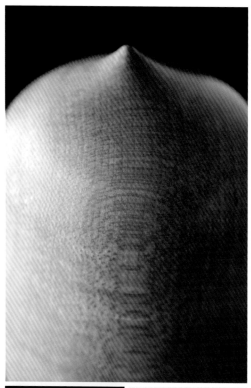

【学名】*Betula ermanii*

【科名】桦木科（桦木属）
阔叶树（散孔材）

【产地】中国（产于长白山和大、小兴安岭）、日本（北海道、本州）、俄罗斯堪察加半岛、朝鲜

【相对密度】0.65

【硬度】6＊＊＊＊＊＊＊＊＊＊

硬度适中的优良木材，
有韧性，适用范围广

岳桦纹理致密，有韧性，硬度适中，色彩雅致。木性质朴，易加工，用起来十分顺手。无论是硬度、韧性，还是加工阻力，都与色木槭十分相似。价格又不像真桦那么高，用途非常广泛。在日本木材市场上销售时，很少使用"岳桦"这个名字，一般都叫"杂桦"，或者直接叫"桦木"。"杂桦"是日本木材行业里对岳桦等桦木（原则上真桦、日本樱桃桦等除外）的统称。"虽然岳桦的价格要比真桦便宜不少，但质量非常好。对于预算有限的顾客来说，这款木材实在是再合适不过了"（家具设计师）。

【加工】易加工。木工旋床加工时，不会感到嘎吱嘎吱的，手感比较顺滑，很好操作（硬度在6~7之间的木材最适合用木工旋床加工）。切割后边角很少缺损。"与真桦一样，即使刀刃不够锋利也不影响加工效果，是一款特别好用的木材"（河村）。

【木材纹理】纹理致密。与真桦十分相似。

【颜色】略带粉色（与日本樱桃桦颜色接近）或偏白的奶油色（与色木槭颜色接近）。两种颜色都很雅致。随着时间的流逝，会逐渐变成琥珀色。

【气味】有一股淡淡的蜡味，是桦木特有的气味。

【用途】家具、室内装饰、薄木贴面板、榫卯结构的木制品。

真桦

桦木科

【别名】鹅松明桦
【学名】*Betula maximowicziana*
【科名】桦木科（桦木属）
　　　　阔叶树（散孔材）
【产地】日本的北海道、本州（中部地区以北）
【相对密度】0.50～0.78
【硬度】7强＊＊＊＊＊＊＊＊＊＊

木质较硬，纹理致密，
加工性好的质朴良材

　　真桦又名鹅松明桦，近年来，由于优良木材资源濒临枯竭，价格越来越高。木质较硬，有韧性，木性质朴平实。木材表面极富光泽，色彩雅致。在日本产木材中，属于纹理相当致密的（纹理最为致密的是蚊母树）。加工比较容易。优点众多，因此被广泛用于家具制造等众多领域。不过，干燥有时比较费力。干燥后非常稳定，不易变形。木材市场上，边材面积比较大的鹅松明桦木材被称为"目白桦"。

　　【加工】木质较硬，但切削、刨削及旋削作业的难度都不大。木工旋床加工时，感觉不到纤维，手感很顺滑，但能感受到硬度，嘎吱嘎吱的。成品表面很漂亮，极富光泽。"即使刀刃不够锋利也能完成加工，是一款特别好用的木材"（河村）。

　　【木材纹理】纹理致密均匀。年轮模糊。质感类似椴树和日本水青冈。

　　【颜色】心材为浅浅的豆沙色。在桦木中属于红色比较突出的。边材颜色发白。

　　【气味】几乎无味。裁切或加工时偶尔会闻到淡淡的蜡味儿。

　　【用途】家具、地板、乐器、薄木贴面板。

084

桦木与樱花木

— 为什么桦木又被称为樱花木？ —

【桦木类】

真桦

日本樱桃桦

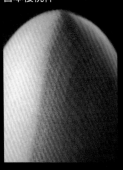

铁木

白桦

【樱花木类】

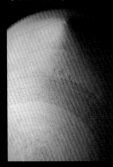

红山樱

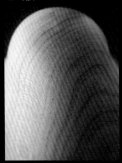

北海道稠李

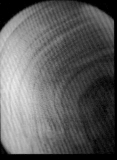

钟花樱桃

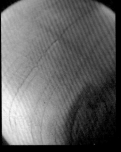

染井吉野樱

桦木属木材与樱属木材在材质、外观等方面都十分相似。因此，尽管在植物学上，它们分属于不同的科，但在木材市场上，却时常把桦木挂上樱花木的名字进行销售。尤其是日本樱桃桦（桦木科），现在已经被直接称为"水目樱"。

从材质来看，无论是硬度、纹理的致密程度、成品表面的光滑感、木纹图案，还是木工旋床加工时的手感（基本上旋削都很容易）等，桦木都更接近槭木，而非樱花木。樱花木比桦木略软。二者最相似的地方在于木材的颜色。所有樱花木颜色都偏红，这一点与大部分桦木相似。

当然也有一些例外。染井吉野樱的木材硬度在樱属木材里属于较高的，接近桦木。它的木材容易扭曲变形，很难进行木工旋床加工。而白桦的颜色属于奶油色系，比较接近槭木。

在日本，桦树在植物学上被称为"カンバ"。这个词的语源尚未确定，但有一种说法认为，它来自日本阿伊努族[1]的语言"カリンパ"。据《树与日本人》（上村武，学艺出版社）一书记载，桦树及樱花树的树皮都很好剥，又很防水，因此常被阿伊努族人用来缠绕弓箭与箭筒。这些树皮在阿伊努族语言中叫做"カリンパ"，后来演变成日语古语中的"かには"（意思是缠绕在工具上的树皮），最后又转变成"カンバ"。如

今，日本东北地区（秋田县角馆等地）的传统手工艺"樱皮细工"[2]（利用大红山樱或霞樱等制作）也被称为"桦细工"，这可能就是这种语言演变留下的痕迹（关于桦细工的由来说

色木槭

法不一）。

---

1 阿伊努族：主要居住在日本北海道的一个原住民族群。
2 樱皮细工：也称桦细工，日本的传统木工工艺，主要利用樱花树皮制作各种器具。

日本黄杨

【学名】*Buxus microphylla*
（*B.microphylla* var.*japonica*）

【科名】黄杨科（黄杨属）
阔叶树（散孔材）

【产地】原产日本，分布于本州（山形县、宫城县以
南）、四国、九州，主产地位于御藏岛、三宅
岛等伊豆群岛一带，以及鹿儿岛县指宿市附
近。中国多地均有分布

【相对密度】0.75

【硬度】8 * * * * * * * * * * *

在日本产木材中，
致密程度与光滑度都属于顶级的

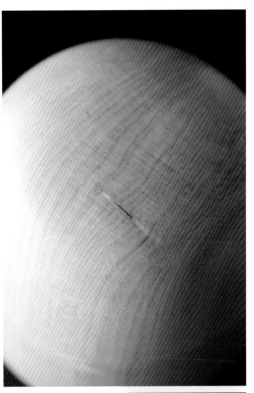

无论是致密光滑的木材纹理，还是成品表面
的光滑度，日本黄杨均在日本产木材中处于顶级
水平。木材优雅的黄色十分引人注目。"虽然木
材表面十分光滑，但涂漆时，感觉比交趾黄檀渗
得还厉害。不过，涂第二遍以后就不会再渗了"
（河村）。在日本，御藏岛出产的日本黄杨称为御
藏黄杨（主要用于制作将棋棋子），鹿儿岛县指
宿市附近出产的日本黄杨称为萨摩黄杨（主要用
于制作木梳），在日本国内非常有名。

【加工】木质很硬，但木工旋床加工时，手
感很顺滑。"感觉不到纤维或年轮的阻力，旋削
时甚至不觉得是木材，手感更像塑料。刨床加
工时，木材可能会梆梆地振动起来"（河村）。

【木材纹理】纹理非常致密。心材与边材的
区别不明显。

【颜色】优雅的黄色。心材与边材几乎没有
色差。

【气味】基本无味。

【用途】木梳、印章、将棋棋子、印刷用的
木版（用于表现比较细腻的内容）、乐器。

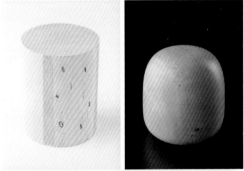

萨米维腊木

蒺藜科

【别名】圣檀木（Palo santo）、玉檀木、玉檀香、绿檀香
【学名】*Bulnesia sarmientoi*
【科名】蒺藜科
阔叶树（散孔材）
【产地】巴拉圭、阿根廷
【相对密度】0.99 ～ 1.10
【硬度】9＊＊＊＊＊＊＊＊＊＊＊

鲜艳的绿色木材，重量级的木材

萨米维腊木是世界上最重的树木之一。最近，市场上以"愈疮木"之名流通的大多是萨米维腊木。萨米维腊木与愈疮木的共同点包括：木材全部为逆纹、油分较多。区别在于颜色与气味。耐久性与防虫性都十分优异。

【加工】具有交错木纹，因此木工旋床加工时感觉嘎吱嘎吱的，有阻力。虽然操作不算特别方便，但在交错木纹较多的木材里，还算比较好处理的。尽管逆纹严重，但油分较多，因此，旋削过程中纤维不会开裂。与橄榄科的沉香橄榄木（P.066）并非同一树种，应注意分别。橄榄科的沉香橄榄木属于香木，可以提炼精油。

【木材纹理】有箭尾花纹（愈疮木的箭尾花纹更为清晰）。逆纹严重（具有交错木纹）。

【颜色】鲜艳的绿色（黄绿褐色）。具有如此鲜艳绿色的木材十分罕见。箭尾花纹的部分油分较多，氧化后绿色会更深。愈疮木为深绿色，虽然同为绿色系，但颜色多少会有些差异。

【气味】有一股淡淡的甜味，很像醋昆布（糖醋海带）的味道，十分独特。

【用途】高级家具、念珠。

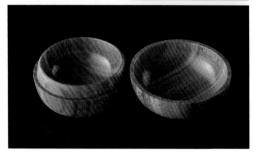

愈疮木
Lignum vitae

【学名】*Guaiacum offcinale*

【科名】蒺藜科（愈疮木属）
　　　　阔叶树（散孔材）

【产地】中美洲、加勒比海沿岸地区、南美洲北部

【相对密度】1.20 ～ 1.35

【硬度】9 * * * * * * * * * *

相对密度最高的树种之一，
超坚固，非常有名

　　作为世界上最重最硬的树木之一（与蛇桑同等级别），愈疮木的知名度很高。它耐久性强，富含油分，因此常被用于制作船舶的轴承等，用途广泛。质感与萨米维腊木十分相似，比萨米维腊木略硬，但并没有达到风车木的硬度。

　　【加工】木质很硬，又有逆纹，因此加工难度较大。木工旋床加工时，必须避开刀锋。切削时需使用金属加工设备。

　　【木材纹理】木纹致密均匀。具有交错木纹，有箭尾花纹（曲面上很少出现花纹）。心材与边材的区别十分明显。愈疮木有一个很少见的特征，它可以沿着径切面剥离（萨米维腊木不会出现这种情况）。

　　【颜色】心材为深绿色（橄榄绿），边材介于黄色与白色之间。

　　【气味】有一股甜味。不过，萨米维腊木的气味更浓。

　　【用途】以前一直被用来制作船舶艉轴的轴承、滑轮等。在日本，会以"绿檀"为名制作念珠或绿檀细工。树液可药用（这也是愈疮木一名的由来）。

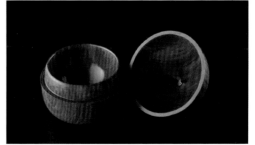

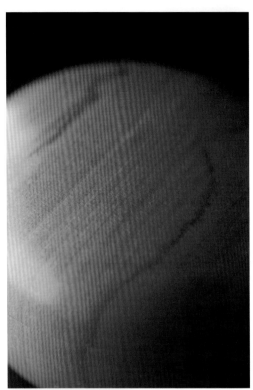

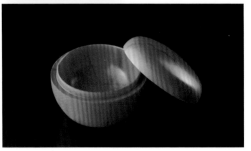

红盾籽木

Peroba rosa

【学名】*Aspidosperma polyneuron*（*A.peroba*）
【科名】夹竹桃科（白坚木属）
　　　　阔叶树（散孔材）
【产地】巴西、阿根廷
【相对密度】0.75
【硬度】6＊＊＊＊＊＊＊＊＊＊

木材表面十分光滑，易加工

红盾籽木虽然木质较硬，但逆纹少，易加工。基本没有导管，木质十分光滑。成品表面光滑漂亮。与破斧盾籽木（P.255）同属，但二者无论颜色还是气味，都有明显区别。破斧盾籽木为黄色系，旋削时，几乎感觉不到木屑的苦味。

【加工】虽然材质较硬，但木工旋床加工非常方便，操作不费力（与日本黄杨和山茶的感觉很像）。感觉不到纤维，边角不易缺损。成品表面漂亮光滑。木屑呈粉状，入口有苦味（味道像药一样苦，类似苦树的感觉）。

【木材纹理】绝大部分木材木纹通直，不过也有一些会带有不规则纹理，个体差异较大。基本没有导管，木质十分光滑。

【颜色】橙色。中间夹杂着黑绿色的条纹。

【气味】"一上木工旋床，马上就能感觉到苦味"（河村）。加工完毕后基本无味。

【用途】主要用于建筑、家具、贴面板等，用途广泛。

小脉夹竹桃
Jelutong

【别名】南洋桐、南洋夹竹桃
【学名】*Dyera costulata*
【科名】夹竹桃科（大糖胶树属）
　　　　阔叶树（散孔材）
【产地】马来半岛、婆罗洲岛（加里曼丹岛）
【相对密度】0.46
【硬度】3 * * * * * * * * * *

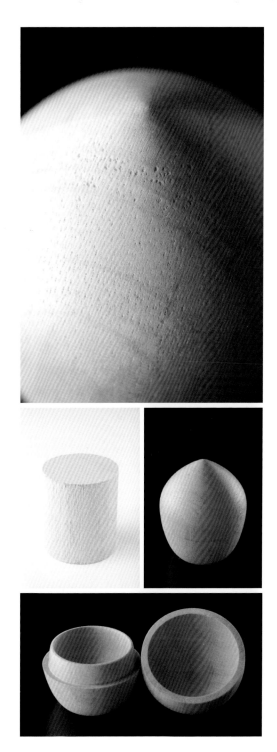

材质较软，
适合制作鸟类雕塑

　　小脉夹竹桃材质较软，木材表面十分明亮，木质均匀，纹理不明显。非常适合制作雕刻加工品，尤其是鸟类雕塑。耐久性较差，容易被白蚁蛀蚀。小脉夹竹桃的树液一直是制作口香糖的原料。

　　【加工】易加工（但必须使用锋利的刀刃）。木工旋床加工时手感非常松脆，旋削起来势头很快，木屑纷飞。比起旋削来，更适合雕刻。边角极少缺损。比较适合木工新手。材质基本没有个体差异。

　　【木材纹理】木质均匀，纹理比较模糊。"我很喜欢纹理模糊这一点。在表现鸟类羽毛时，可以先用磨床精心打造出流线造型，然后再按照自己的想象去完成细节"（鸟类雕刻工艺师）

　　【颜色】接近白色的黄色。象牙色。心材与边材的区别不明显。

　　【气味】基本无味。

　　【用途】雕刻、鸟类雕刻、木模、模型、胶合板的芯材。树液是制作口香糖的原料。

蚊母树

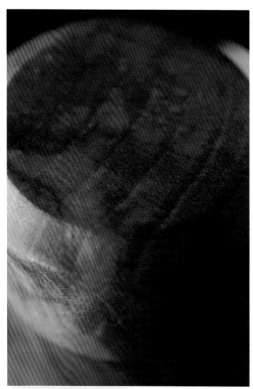

【别名】叶笛树[1]、米心树

【学名】*Distylium racemosum*

【科名】金缕梅科（蚊母树属）
阔叶树（散孔材）

【产地】中国（广东、福建、台湾、浙江、海南）、日本（本州南部、四国、九州、冲绳）、朝鲜

【相对密度】0.90 ～ 1.00

【硬度】9 ＊＊＊＊＊＊＊＊＊＊※

※ 比栎木硬（除乌冈栎外）。

易变形，加工难度大，是硬度很高的硬木

蚊母树硬度很高，属于最重、最硬的木材之一。由于硬度太高，很难进行加工。干燥过程中收缩率很高，极易变形。干燥后也可能开裂。"有些带盖的木盒，在加工完毕后仍会开裂"（河村）。耐久性很强，抗白蚁性强。常被用作交趾黄檀或乌木的仿用材。

【加工】硬度太高，很难加工。木工旋床加工时，一直是嘎吱嘎吱的感觉。由于纤维密集，成品表面非常漂亮。

【木材纹理】年轮密集，有一种致密的感觉。

【颜色】原木刚切开时，色彩为稍有些褪色的焦褐色，略带一丝粉紫色，感觉十分柔和。随着时间的流逝，颜色逐渐加深，并逐渐变回焦褐色。

【气味】基本无味。

【用途】木刀、和式房间的壁龛装饰柱、三味线或冲绳三线的琴杆。有时会被用作交趾黄檀或乌木的仿用材。

---

1 叶笛树：蚊母树的叶片上会形成巨大的虫瘿，可以像吹笛子一样吹响，因而得名。

金松

【别名】日本金松
【学名】*Sciadopitys verticillata*
【科名】金松科（金松属）
　　　　针叶树
【产地】原产日本，分布于日本的本州（福岛县以南）、
　　　　四国和九州，多见于木曾地区与高野山一带，
　　　　大多生长在山脊处。中国青岛、庐山、南京、
　　　　上海、杭州、武汉等地有栽培
【相对密度】0.35 ~ 0.50
【硬度】3 * * * * * * * * * *

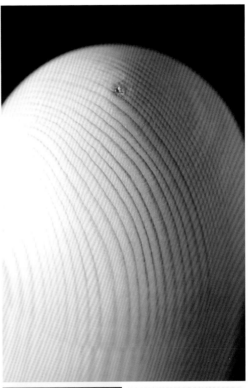

耐水性强，在针叶树中属于
旋削加工比较方便的树种

　　金松是日本特有的树种（1科1属1种），树高 30 ~ 40m，胸高直径能达到 1m 左右。在日本，金松属于木曾五木[※]之一。悠仁亲王[1]使用的徽印（日本皇室成员的标志徽章，主要用于日常用品上）即金松。金松纹理密集，木纹通直。在针叶树中，属于比较容易加工的树种，不用特别费力，就能做出非常好的效果。比日本扁柏的耐水性能好，因此，常被用来制作泡澡桶或盛米饭的木桶。金松生长缓慢，数量很少，因此，很少在木材市场上流通。

　　【加工】易加工。木工旋床加工时，能够强烈地感受到纤维，旋削手感非常轻快，在针叶树中属于比较好旋的树种。几乎感觉不到油分，砂纸打磨有一定的效果，不过，最好不要使用砂纸，因为可能会变成"凹凸纹理"的效果。"金松的旋削感觉与纹理密集的日本扁柏或罗汉柏差不多。即使不用砂纸打磨，成品表面也很整齐，省去打磨的工序也无妨"（河村）。

　　【木材纹理】年轮较细。纹理密集。
　　【颜色】心材为奶油色。边材颜色发白。
　　【气味】气味清爽，令人心情舒畅。与松树和柏树的味道都不一样。"金松有一股水果味，感觉好像柠檬或薄荷"（河村）。

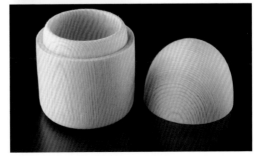

　　【用途】高级建筑材料、水桶或泡澡桶（因为耐水性能好）。

1 悠仁亲王：日本皇室成员。是秋筱宫文仁亲王与秋筱宫文仁亲王妃纪子的第三个孩子，出生于 2006 年 9 月 6 日，是继其父亲秋筱宫文仁亲王于 1965 年出生后 41 年来日本皇室的第一名男丁。

※ 木曾五木：木曾谷位于日本长野县，古时候属于尾张藩领地。这里 95% 为林地，其中"日本扁柏""日本花柏""金松""日本香柏""罗汉柏"五种优质树种并称为木曾五木，江户时代一直被严禁砍伐。

黄槿

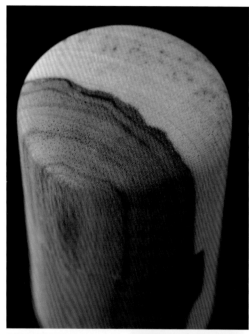

【别名】海麻、右纳
【学名】*Hibiscus tiliaceus*
【科名】锦葵科（木槿属）
　　　　阔叶树（散孔材）
【产地】中国（台湾、广东和福建）、日本（种子岛至冲绳、小笠原群岛）、越南、柬埔寨、老挝、缅甸、印度、印度尼西亚、马来西亚及菲律宾等
【相对密度】0.42**
【硬度】4 弱 ＊＊＊＊＊＊＊＊＊＊

木材与花朵均色彩艳丽，成品表面极为光滑

　　黄槿有两个特点：一是心材附近会出现独特的绿色系色调，非常优美；二是成品表面极为光滑。木材没有韧性，加工手感比相对密度数值更软。木工旋床加工时，感觉类似日本厚朴。不过比日本厚朴（硬度4）还要再软一些。边材部分容易生虫。黄槿（与木槿同属）主要生长在亚热带、热带地区，大多靠近海岸或河畔。黄槿花的颜色介于浅黄色与橙色之间，与心材一样，美丽的色彩令人印象深刻。日本的佳子内亲王¹使用的徽印是黄槿。

　　【加工】木工旋床加工时，如果刀刃足够锋利，旋削手感十分轻快。如果刀刃不够锋利（没有切实研磨好刀刃），表面容易起毛，涂漆后，成品会变得一片乌黑。日本厚朴也会出现同样的问题，但黄槿更为严重。

　　【木材纹理】纹理细致。年轮不太清晰。

　　【颜色】心材为鲜艳的草色（随着时间的流逝，颜色多少会变深）。边材为偏黄的奶油色。心材与边材的区别十分明显。"黄槿边材部分的面积比较大。边材率能达到一半以上。因此，心材的色彩显得格外醒目。确实非常鲜艳。每次拿到黄槿，我都想做好多好多东西"（河村）。

　　【气味】几乎无味。

　　【用途】渔网的浮木。海岸边上经常会种植黄槿，作为防风、防潮林。

1 佳子内亲王：即佳子公主，1994年12月29日出生，日本皇族，秋筱宫文仁亲王和秋筱宫文仁亲王妃纪子的次女，明仁天皇的孙女。

轻木

Balsa

【别名】百色木、巴沙木
【学名】*Ochroma lagopus*（*O.pyramidale*、*O.bicolor*）
【科名】锦葵科（轻木属）
　　　　阔叶树（散孔材）
【产地】中美洲至南美洲北部（墨西哥南部、厄瓜多
　　　　尔、巴西等）、加勒比海地区（古巴等），印
　　　　度及印度尼西亚等地也有人工造林
【相对密度】0.08 ～ 0.25
【硬度】1＊＊＊＊＊＊＊＊＊＊

加工难度意外地大，
轻量木材的代表

　　轻木是世界上最轻的树。它的生长速度很快，年轮极不清晰。由于材质过软，机械加工难度较大。不过由于质量很轻，可用于多个领域。轻木属树木只有轻木 1 种。从中美洲到南美洲生长的轻木，作为木材时均以"巴沙木"的名称流通。

　　【加工】加工难度较大。木工旋床加工时，必须切实研磨好刀刃，以减少阻力。如果刀刃不够锋利，木材表面会凹凸不平。用小刀等进行手工加工比较方便。"轻木是我最不想用木工旋床进行加工的木材之一。另外还有日本冷杉与日本花柏"（河村）。

　　【木材纹理】年轮模糊。木材表面有很多斑点。

　　【颜色】乳白色。心材与边材的区别不明显。

　　【气味】基本无味。

　　【用途】加工材料、模型、声音或振动的绝缘材料。

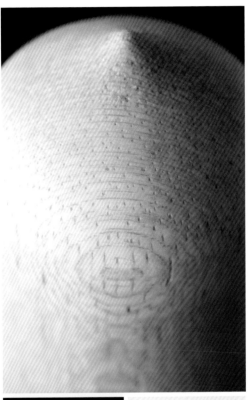

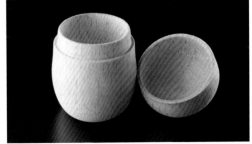

梧桐

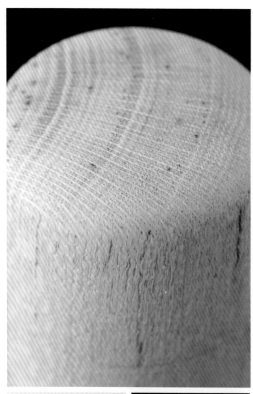

【别名】青桐

【学名】*Firmiana simplex*

【科名】锦葵科（梧桐属）
　　　　阔叶树（环孔材）

【产地】原产中国，在中国华北到海南的广大地区均有分布。日本的伊豆半岛、纪伊半岛、四国、九州南部、奄美群岛、冲绳也有分布

【相对密度】0.51**

【硬度】4 强 ＊＊＊＊＊＊＊＊＊＊

与毛泡桐并非同类，树皮为青绿色，加工方便

梧桐树叶很大，与毛泡桐（泡桐科泡桐属）十分相似，但并非同一树种。年幼时，树皮为青绿色，因此也被称为"青桐"。木质比毛泡桐硬（毛泡桐的硬度为 1）。不易开裂，但收缩率较高。耐久性较差，不易长期保存。与毛泡桐的共同点是耐火性较强。"旋削到 6cm 厚的时候，木材最容易反翘。不过，彻底干燥后，反翘情况会有所改善"（木材加工业者）。

【加工】无论是木工旋床加工，还是切削作业，操作都很方便。木工旋床加工时，几乎没有阻力，感觉脆生生的。削下来的木屑呈粉状，颗粒较大。几乎感觉不到油分，砂纸打磨效果佳。

【木材纹理】横切面会出现辐射状条纹。径切面和弦切面会出现网格状条纹。整体感觉与刺桐比较接近。

【颜色】心材为黄色，略带黄绿色。边材颜色发白，与心材的区别不明显。

【气味】几乎无味。

【用途】造纸原料、古琴等乐器、建筑材料杂料。常见的行道树。"梧桐生长速度快，可以获取大型木材。颜色少见，网格状条纹造型独特，是一款很不错的木材。我觉得应该重新对它的木材价值进行评估。一直被当作杂木实在太可惜了。我希望大家可以更多地利用梧桐"（河村）。

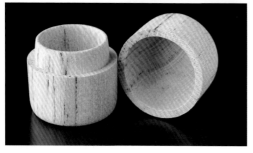

华东椴

【学名】*Tilia japonica*
【科名】锦葵科〔椴树科〕（椴树属）
　　　　阔叶树（散孔材）
【产地】中国的山东、安徽、江苏、浙江，日本的北海
　　　　道（木材主产地）至九州
【相对密度】0.37 ～ 0.61
【硬度】3＊＊＊＊＊＊＊＊＊＊

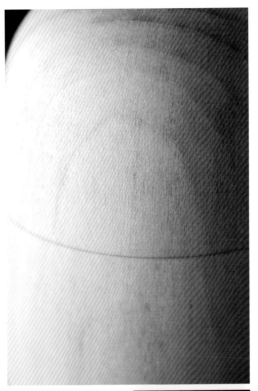

木性平实，颜色偏白，多用于胶合板

　　华东椴可以裁切成比较大型的木材。木质轻柔。纹理间距均匀，木性平实。干燥很容易，不易开裂。颜色偏白，用途广泛。多被用于制作胶合板。在日本的木材市场上流通的华东椴里通常混有大叶菩提树（*Tilia maximowicziana*）。前者也被称为红椴，后者则被称为青椴。青椴的木材颜色稍浅。

　　【加工】切削或雕刻作业都很容易。木工旋床加工时，如果刀刃足够锋利，手感会十分轻快，但旋削难度较大。无油分，砂纸打磨效果佳。"木质较软，走刀很快。由于没有明显的纹理，人们在欣赏作品时，会直接关注到作品的形状。因此，使用华东椴时，一定要集中精力，不能有片刻松懈"（木雕师）。

　　【木材纹理】年轮不是很清晰。纹理致密。

　　【颜色】暗白色，略带一丝奶油色。

　　【气味】味道类似桦木。"旋削时，会闻到一股淡淡的黄油味儿"（河村）。

　　【用途】胶合板、涂装制品的胎体、雕刻。树皮可制布或搓绳。

苦树

【别名】苦木
【学名】*Picrasma quassioides*
【科名】苦木科（苦木属）
　　　　阔叶树（环孔材）
【产地】产中国黄河流域及其以南各省区。分布于印度北部、不丹、尼泊尔、朝鲜和日本
【相对密度】0.55 ～ 0.70
【硬度】5＊＊＊＊＊＊＊＊＊＊

可用于制作寄木细工或木镶嵌工艺品，温暖的黄色令人印象深刻

苦树的两大特征是：优美的黄色与切削原木时的苦味。木材硬度与纹理等与刺楸非常相似（仿佛就是颜色更黄一些的刺楸）。硬度适中，易加工。干燥过程中很少变形。树高 10 ～ 15m，直径 40cm 左右，由于无法获取大型木材，很少在木材市场上流通。

【加工】木工旋床加工时，能够感受到纤维，稍微有点嘎吱嘎吱的感觉，但旋削手感十分轻快。无油分，砂纸打磨效果佳。"我感觉比旋削榉树时的阻力要小一些。手感与刺楸差不多。虽然与漆同属黄色系，但明显要比漆硬，质感也完全不同"（河村）。

【木材纹理】年轮清晰。纹理密集，间距均匀。

【颜色】心材为浅黄色，边材为白色，略有些发黄。心材与边材分界线附近的区域，稍显橙色。"苦树是真正的黄色，有一种非常温暖的感觉，而漆则是柠檬般的黄色，很有光泽感"（木镶嵌工艺师莲尾）。

【气味】"旋削原木时，嘴里会感到一股苦味"（河村）。干燥后基本无味。

【用途】寄木细工、镶嵌工艺品、小工艺品。

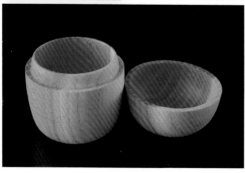

连香树

【学名】*Cercidiphyllum japonicum*

【科名】连香树科（连香树属）
　　　　阔叶树（散孔材）

【产地】中国（山西西南部、河南、陕西、甘肃、安
　　　　徽、浙江、江西、湖北、四川）、日本（北海
　　　　道至九州）

【相对密度】0.50

【硬度】4＊＊＊＊＊＊＊＊＊＊

可以获取大型木材，
适合制作木雕

　　在阔叶树中，连香树的木质属于比较柔软
的，木性质朴。由于直径较大，可以获取大型
木材，而且易加工，自古以来就被广泛用于雕
刻等众多领域。质感与美洲椴（Basswood，北
美出产）十分相似，但比美洲椴略硬，密度也
更高。在日语中，连香树也被称为"桂"，出产
于日本北海道日高地区等地的连香树，由于木
材颜色绯红，色彩十分优美，也被称为"绯桂"，
属于优质木材。而颜色较浅的连香树则被称为
"青桂"，等级低于"绯桂"。

　　【加工】易加工。不过，由于材质较软，木
工旋床加工时，刀刃必须保持锋利。否则，横
切面上容易起毛，涂漆后，成品会变得一片乌
黑。成品表面比较光滑，光泽度较好。"用凿子
凿起来很顺手，削完的感觉也不错。木材纹理
十分简单，不会碍事"（木雕家）。

　　【木材纹理】纹理密集。看上去与银杏木的
纹理十分相似，不过连香树的纹理更为致密。

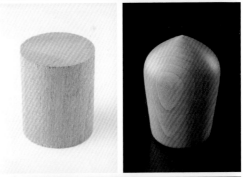

　　【颜色】偏黄的奶油色。不过，"绯桂"木
材颜色发红，个体差异较大。

　　【气味】基本无味（树叶的味道很好闻）。

　　【用途】木雕、佛像、镰仓雕[1]、家具、普及
版的将棋棋盘或围棋棋盘。

---

1 镰仓雕：一种雕刻漆器，图案多为花草植物，是日本的传统
工艺品，据说是从镰仓时代逐渐发展起来的。

大叶桃花心木

【别名】洪都拉斯桃花心木（Honduras mahogany）、美洲桃花心木（American Mahogany）

【学名】*Swietenia macrophylla*

【科名】棟科（桃花心木属）
阔叶树（散孔材）

【产地】中美洲、南美洲北部

【相对密度】0.50～0.60

【硬度】4 * * * * * * * * * *

具备所有优良木材的条件，最有代表性的名木之一

桃花心木是世界三大名木之一。现在说到桃花心木，基本上指的都是大叶桃花心木。它属于大径木，可以获取大型木材。木性质朴，好处理，无论哪种加工方法，操作都很方便。耐久性强。干燥比较快，极少变形。色彩优美。具备所有优良木材的条件，自古以来就被广泛用于多个领域。是一种可以直接反映木工手艺的高低的木材。

【加工】硬度适中，木性平实，无论是木工旋床加工还是切削作业，操作都很方便。边角不易缺损。无油分，木屑呈粉状飞散。

【木材纹理】纹理素雅。大部分木纹通直，不过也有一些交错木纹，会出现带状花纹（径切面上会出现深浅不一的条纹图案）。

【颜色】带有明亮红色的棕色，随着时间的流逝，颜色逐渐变为金褐色，色彩更加素雅、有韵味。

【气味】基本无味。

【用途】高级家具、室内装修材料、木雕、乐器（吉他的琴颈等）。

楝

【别名】苦楝、楝树、紫花树、森树
【学名】*Melia azedarach*
【科名】楝科（楝属）
　　　　阔叶树（环孔材）
【产地】中国（产黄河以南各省区，较常见）、日本（本州的伊豆半岛以西、四国、九州、冲绳）
【相对密度】0.55～0.65
【硬度】5强＊＊＊＊＊＊＊＊＊＊

木材表面有优美的红色花纹，常被误认为檀香

楝树高25～30m，直径能达到1m，属于大径木。木材颜色偏红，十分透亮，上漆后与榉树十分相似。旋削时感觉很硬，手感很像春榆。导管较大（接近日本栗）。

【加工】易加工。木工旋床加工时，能够感受到纤维，旋起来嘎吱嘎吱的。无油分，砂纸打磨效果佳。

【木材纹理】年轮周围有一圈较大的导管，因此，年轮显得十分清晰。因为是大径木，所以很容易出现瘤纹纹理。

【颜色】心材为红棕色。比榉树的红色深（但不如香椿红）。有很多颜色反差明显的条纹，色彩不均匀。边材部分较窄，颜色发白，与心材的区别十分明显。

【气味】基本无味（容易与之混淆的檀香则有一股独特的气味）。

【用途】建筑装饰材料、家具、镶嵌工艺品、寄木细工、乐器材料（琵琶等）、仿榉树。

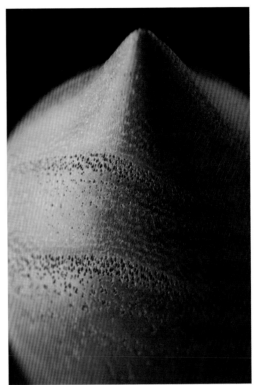

筒状非洲楝

Sapele，Sapelli

※ 市场俗称：沙比利桃花心木（与桃花心木不同属）
【学名】*Entandrophragma cylindricum*
【科名】楝科（天马楝属）
　　　　阔叶树（散孔材）
【产地】非洲中部（科特迪瓦、尼日利亚、喀麦隆、坦桑尼亚等）
【相对密度】0.62
【硬度】4 * * * * * * * * * * *

木材表面有多种瘤纹纹理，桃花心木的代用品

　　筒状非洲楝与桃花心木的材质非常相似，可以做它的代用品。原产热带雨林，在阔叶树中，属于木质较软的，易加工。树高在 45m 以上，胸高直径能达到 1m 以上，属于大径木，可以开出比较厚的木料，是重要的建筑材料。"我曾将筒状非洲楝卖给一家顶级酒店用作室内装修材料"（进口木材经销商）。

　　【加工】逆纹严重，但木工旋床加工的手感非常松脆，操作轻松。木屑为粉状。"筒状非洲楝的粉末特别呛，我有点吃不消"（河村）。刨削作业比较费力。

　　【木材纹理】木纹细致。交错纹理十分清晰。有多种瘤纹纹理，如带状花纹、泡状花纹（Blisterd、Quilted）、小提琴状花纹（Fiddleback）等。

　　【颜色】刚加工完毕时为棕色。随着时间的流逝，颜色越来越深，最终变成焦褐色。

　　【气味】几乎无味。

　　【用途】建筑材料、高级柜台面板、乐器（吉他部件等）、薄木贴面板、唐工细木。

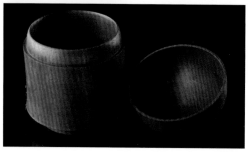

驼峰楝

Guarea、Bosse

※ 市场俗称：非洲樱桃木（俗称樱桃木，但并非樱桃木）

【学名】*Guarea cedrata*（白驼峰楝）
　　　　Guarea thompsonii（黑驼峰楝）

【科名】楝科（驼峰楝属）
　　　　阔叶树（散孔材）

【产地】中非西部（尼日利亚等）

【相对密度】0.60[**]

【硬度】5 * * * * * * * * * *

大径木，可以裁切各种型号的木材
木性平实的外国木材

　　驼峰楝生长于中非西部的几内亚湾一带，属于大径木。有些树形高大的驼峰楝树高近 50 米，直径能达到 1.5m 左右。硬度 5，能达到外国木材的硬度基准。干燥过程中容易开裂，干燥比较困难，不过干燥后会稳定下来。耐久性强。常被用于制作单块面板的大型台面或柜台桌面。

　　【加工】加工非常方便。具有交错木纹，但加工时并不会受到影响。成品表面十分光滑。"加工面并不是那种光滑的感觉，也不是那种滑溜溜的感觉。摸上去很干爽"（河村）。

　　【木材纹理】容易出现瘤纹纹理（无论数量多少，几乎每块木材都有一些）。具有交错木纹。

　　【颜色】心材为红褐色，红色较深。边材颜色发白。

　　【气味】有一股淡淡的水果香气。"气味酷似洋椿，是那种柑橘系的清爽味道"（河村）。

　　【用途】家具、桌面面板、单块面板的大型台面、室内装修材料。

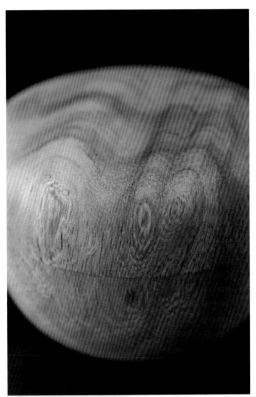

香椿

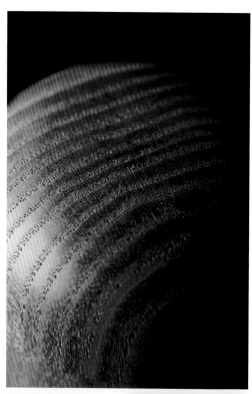

【学名】*Toona sinensis*（*Cedrela sinensis*）
【科名】棟科（香椿属）
　　　　阔叶树（环孔材）
【产地】原产中国，分布于华北、华东、中部、南部和西南部各省区。朝鲜、日本本州以南气候温暖的地区也有分布
【相对密度】0.53
【硬度】5＊＊＊＊＊＊＊＊＊＊

木材的红色十分鲜艳，易加工，木性质朴

　　香椿原产中国，日本自室町时代或江户时代开始就在本州以南气候比较温暖的地区广泛种植。香椿为乔木，树高 30m，直径能达到 80cm，树干通直。导管较大，木材质感与棟十分相似（比棟略软），但其木材的红色比棟突出。易加工，干燥过程中容易开裂。耐久性和耐水性都很强。香椿是一款很好的木材，不过，市场流通量比较小。

【加工】易加工。木工旋床加工时，虽然能够感受到纤维，不过手感非常轻快。无油分，砂纸打磨效果佳。成品表面很漂亮。

【木材纹理】纹理简单、清晰。没有瘤纹纹理。心材与边材的区别十分明显。

【颜色】鲜艳的红褐色。比棟的红色更为突出。

【气味】基本无味。

【用途】家具、乐器、木工艺品。

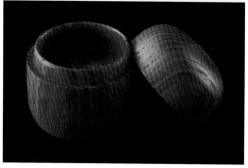

洋椿

【别名】西班牙柏木（Spanish cedar）、南美香椿、烟洋椿
【学名】*Cedrela odorata*
【科名】棟科（洋椿属）
　　　　阔叶树（散孔材）
【产地】中南美
【相对密度】0.43 ～ 0.45
【硬度】4 * * * * * * * * * *

别名中带"柏木"字样的阔叶树

　　洋椿在木材市场的常用名为西班牙柏木，虽然名字中带"柏木"，但它并非针叶树，而是阔叶树，而且它的产地也不是西班牙，而是中南美地区，那里曾是西班牙的殖民地，而它的木材外观与香味又与柏木十分相似，因而得名。常用的市场商用名为"Cedro"。木性质朴平实，与桃花心木的特征十分相似。耐久性、防虫性都很强。干燥很简单。由于洋椿有一股独特的香味，因此一直被用于制作雪茄盒。不过，目前市场流通量正在不断减少。

　　【加工】感觉不到逆纹，易加工。木工旋床加工时，手感轻快，感觉较软。旋削质感与桃花心木非常接近。无油分，砂纸打磨效果佳。

　　【木材纹理】年轮清晰。木理纹路较粗。

　　【颜色】心材为浅棕色，略带一丝橙色。边材为黄白色，面积较小。

　　【气味】有股独特的清爽香味。"有柑橘系的味道"（河村）。

　　【用途】雪茄盒、薄木贴面板、乐器（吉他的琴颈等）。在中南美地区，还被用于家具制造等多种用途。

柳安木

Lauan

白柳安木

东南亚出产的杂木，主要用于制作胶合板

　　柳安木并不单指一种树。它泛指一系列生长于东南亚地区的杂木，主要包括龙脑香科下的白柳安属（*Pentacme*）、柳安属（*Parashorea*）以及娑罗双属（*Shorea*）的树木（原本是对菲律宾产木材的称呼）。柳安木这个名称下其实包含很多树种，如塞拉亚木（Seraya）、梅兰蒂木（Meranti）、登吉红柳安（*Shorea polysperma*）、柳安木等，仅娑罗双属就有接近200种。木材颜色与硬度均存在个体差异。二战后，日本开始从菲律宾大量进口柳安木，后来，又从加里曼丹岛北部的沙巴地区和砂拉越地区分别进口了塞拉亚木及梅兰蒂木。现在日本已不再进口原木，而只进口板材。柳安木主要用于制作胶合板，虽然缺乏个性，但极易加工，因此在建筑材料领域与家具行业应用甚广。根据木材颜色的差异，柳安木主要可以分为白柳安木和红柳安木两大类。

白柳安木

【别名】白柳安（White lauan）、白娑罗双（White meranti）、白塞拉亚（White seraya）

【学名】*Pentacme* spp.
　　　　Shorea spp.
　　　　Parashorea spp.

【科名】龙脑香科
　　　　阔叶树（散孔材）

【产地】东南亚（菲律宾、马来西亚、印度尼西亚等）

【相对密度】0.46～0.68

【硬度】4弱＊＊＊＊＊＊＊＊＊＊

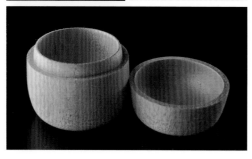

　　【加工】木工旋床加工时，手感非常轻快，操作容易（旋削感觉与小脉夹竹桃类似）。用带锯切削时，木材边缘的纤维很容易被削掉，操作需谨慎。加工过程中，木屑大量飞散，必须戴好口罩。"木屑呈粉状，但感觉就像一堆细刺的集合。常常会扎到手指。加工过程中，喉咙会感到很不舒服，有时会被呛到"（河村）。木材中可能含有无定形的二氧化硅，对刀刃有钝化效果，需特别注意。

【木材纹理】整体遍布导管，年轮模糊。具有交错木纹。木纹看起来很粗糙，但用手摸上去却十分光滑。

【颜色】灰白色。不过，个体间会有差异。

【气味】原木状态下，有些木料会有微弱的气味。干燥后基本无味。

【用途】胶合板、建筑材料、室内装修材料、家具。

红柳安木

【别名】红柳安（Red lauan）、红娑罗双（Red meranti）、红塞拉亚（Red seraya）

【学名】*Shorea* spp.

【科名】龙脑香科
阔叶树（散孔材）

【产地】东南亚（菲律宾、马来西亚、印度尼西亚等）

【相对密度】0.45 ～ 0.70

【硬度】4 弱 ＊＊＊＊＊＊＊＊＊＊

【加工】加工时会出现细碎的木粉，但不会像白柳安木那样四下飞散。

【木材纹理】与白柳安木相同。

【颜色】偏红的奶油色。存在个体差异。

【气味】基本无味。

【用途】胶合板、建筑材料。

红柳安木

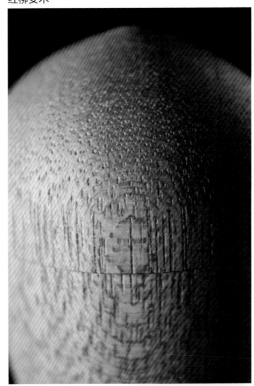

罗汉松

【别名】罗汉杉、土杉
【学名】*Podocarpus macrophyllus*
【科名】罗汉松科（罗汉松属）
　　　　针叶树
【产地】中国（江苏、浙江、福建、安徽、江西、湖南、四川、云南、贵州、广西、广东等省区）、日本（本州的关东地区南部以西、四国、九州、冲绳）
【相对密度】0.48 ～ 0.65
【硬度】4＊＊＊＊＊＊＊＊＊＊

重量与硬度
完全不像针叶树

　　罗汉松木纹光滑，材质厚重坚硬，完全颠覆了人们对针叶树的印象。树高 20m 以上，直径能达到 1m 左右。虽然树形较高，但会出现螺旋生长的现象，因此容易产生斜向裂纹，很难获取大型木材。硬度与木工旋床加工时的手感与髭脉桤叶树类似。耐水性强，抗白蚁性强。

　　【加工】由于材质较硬，能感受到纤维阻力，加工难度较大。木工旋床加工时，虽然手感比较顺滑，但如果刀刃不够锋利（没有切实研磨好刀刃），横切面的纤维会遭到破坏。"罗汉松质感光滑，富有光泽，手感与其他的针叶树截然不同"（河村）。

　　【木材纹理】纹理通直紧密，年轮清晰。

　　【颜色】比较明亮的奶油色（比材质相近的竹柏颜色更亮一些），略带棕粉色。心材与边材的区别不明显。

　　【气味】干燥后的木材几乎无味。不过，切割原木时会有一股臭味。

　　【用途】建筑材料（在日本冲绳地区经常被用作房柱或房梁），耐水材料（水桶、屋顶板等）、佛龛（日本冲绳地区）。

竹柏

【学名】*Nageia nagi*

【科名】罗汉松科（竹柏属）
　　　　针叶树

【产地】中国（浙江、福建、江西、湖南、广东、广
　　　　西、四川）、日本（伊豆群岛式根岛、纪伊半
　　　　岛、四国、九州、冲绳）

【相对密度】0.57**

【硬度】4 * * * * * * * * * *

酷似阔叶树的针叶树
材质类似罗汉松

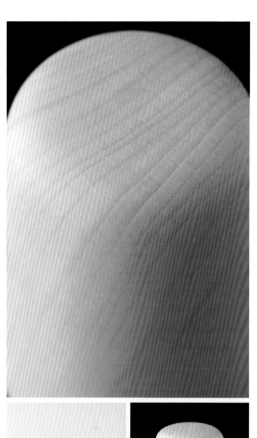

　　竹柏的树叶并非针状，而是像阔叶树一样，呈椭圆形，有点厚。一眼看上去，很容易被误认为阔叶树。日本奈良的春日神社与和歌山的熊野速玉神社里都生长着大型竹柏。在针叶树中，竹柏属于比较坚硬厚重的。它的硬度及木工旋床加工时的手感都与罗汉松十分相似。在耐久性、耐水性与防虫性等方面，也和罗汉松一样优异。不过，干燥过程中容易开裂。

　　【加工】逆纹很多，纤维阻力较大，虽然硬度只有4，但有一定的加工难度。木工旋床加工时，虽能感受到阻力，但不会影响操作。不过，如果刀刃不够锋利（没有切实研磨好刀刃），表面容易起毛。

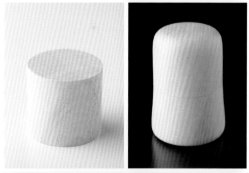

　　【木材纹理】纹理非常密集。与罗汉松一样，竹柏在针叶树中也属于纹理非常致密的树种。年轮清晰。

　　【颜色】奶油色。随着时间的流逝，颜色会越来越深（由于油分较多，易氧化）。心材与边材的区别不明显。

　　【气味】刚切开原木时，有一股淡淡的甜味，不过干燥后几乎无味。

　　【用途】雕刻、建筑材料（和式房间的壁龛装饰柱等）。

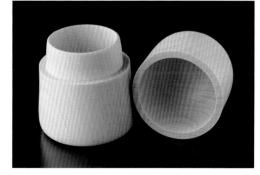

日本莽草

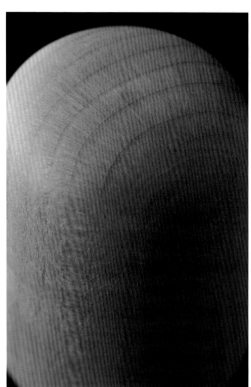

【学名】 *Illicium anisatum*
【科名】 木兰科（八角属）
阔叶树（散孔材）
【产地】 原产日本（分布于本州的东北地区南部以南、四国、九州、冲绳）和朝鲜半岛，在中国台湾地区也有分布
【相对密度】 0.69**
【硬度】 5＊＊＊＊＊＊＊＊＊＊

有一股薄荷清香，
果实等部位含有毒成分

日本莽草属于常绿小乔木，无法获取大型木材。在日本，它的枝叶常被用作佛前供花。日本莽草含有毒素（夹竹桃、马醉木等树木也含有毒素），如果误食它的果实，可能会引发呕吐等症状※。应尽量避免用日本莽草木材制作与食品有关的器具（勺子、筷子等）。木材质地比日本厚朴略硬，也更为致密。加工后，边角突出，适合雕刻。

【加工】 木工旋床加工时，手感轻快顺滑。感觉不到纤维或逆纹，易加工（与樱花木手感接近）。会少量起毛。尽管木材气味浓郁，但并没有太多油分，砂纸打磨效果佳。

【木材纹理】 年轮清晰。纹理致密。横切面有少量辐射状条纹。

【颜色】 偏红的奶油色。

【气味】 有一股清爽的薄荷香气。"就像把薄荷叶子揉碎时散发出的气味。也像是泡好的薄荷茶飘出的香味。这是日本自古以来唯一一种被称为香木的木材"（河村）。

【用途】 雕刻、旋削制品。枝叶可用作佛前供花。

※ 在日本的《有毒有害物质管制法》中，日本莽草的果实被定义为有害物质。

日本厚朴

【学名】*Houpoea obovata*（*Magnolia obovata*）
【科名】木兰科（厚朴属 / 木兰属）
　　　　阔叶树（散孔材）
【产地】原产千岛群岛以南。日本北海道至九州有分
　　　　布。中国东北、青岛、北京及广州有栽培
【相对密度】0.40 ～ 0.61
【硬度】4 ****＊＊＊＊＊＊＊

木质较软，
方便顺手，用途广泛

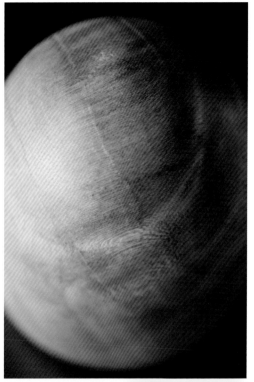

　　日本厚朴的材质轻盈柔软（与日本七叶树基本相同），刀感很好。"日本厚朴不会损伤刀刃。收刀时即使碰到刀刃也没关系"（日本刀刀鞘工匠）。干燥很容易，不易变形开裂。在日本，产地遍布全国各地，购买容易。由于方便顺手，自古以来就被广泛应用。

　　【加工】易加工。不过由于纤维比较细致，木工旋床加工时，刀刃必须足够锋利（切实研磨好刀刃），否则容易起毛刺。旋削手感比较轻快。无油分，砂纸打磨效果佳。

　　【木材纹理】年轮清晰。纹理细致均匀。大型木材上会出现波浪状皱缩条纹或较大的同心圆花纹。花纹种类不多。

　　【颜色】心材为黄绿色。随着时间的流逝，颜色会越来越深，最终变成较深的绿褐色。边材颜色发白。心材与边材的区别比较明显。

　　【气味】几乎无味。

　　【用途】雕刻、漆器的坯体、印刷用的木版、木屐、刀鞘、砧板。叶片较大，在森林中也十分抢眼，可以用来制作朴叶味噌[1]

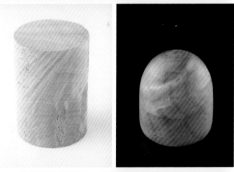

---

1 朴叶味噌：日本飞騨地区的乡土料理，将食材拌上味噌调味后放在日本厚朴的叶子上，放在火炉上烧烤。

北美鹅掌楸

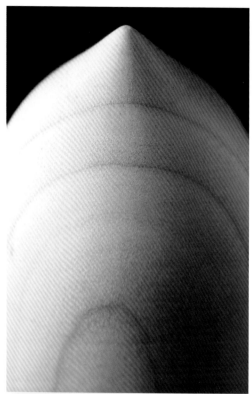

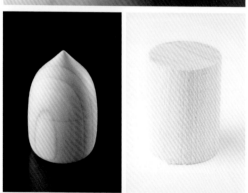

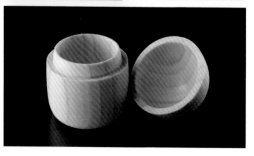

【别名】美国黄杨（Yellow poplar）、
美洲白木（American whitewood）、
郁金香木（Tulipwood）、郁金香树（Tulip tree）
※市场俗称：有时会被直接叫做美国白杨。注意不要
和杨属的钻天杨（别名也叫美国白杨）混淆。
【学名】*Liriodendron tulipifera*
【科名】木兰科（鹅掌楸属）
阔叶树（散孔材）
【产地】北美东部
【相对密度】0.45～0.51
【硬度】3强＊＊＊＊＊＊＊＊＊＊

成长速度快，
属于木质较软的阔叶材

木材商用名通常为美洲白木（American whitewood）。英文树名为郁金香树（Tulip tree）。日本名为百合木，半缠木[1]。成长速度很快，树高能达到40m。在阔叶材中，属于木质偏软的。虽然耐久性不太好，但因为切削和刨削作业都很容易、木材资源丰富，所以多被用于制作样品模型和胶合板等。

【加工】适合切削和刨削。木工旋床加工时，必须保持刀刃足够锋利（切实研磨好刀刃）。"旋削的质感与日本厚朴非常相似"（河村）。无油分，砂纸打磨效果佳。

【木材纹理】年轮不太明显。纹理致密光滑。

【颜色】心材为明亮的奶油色，略有些发黄。"由于北美鹅掌楸感觉亮晶晶的，因此可以用来表现嫩叶。边材为柠檬白色，可以用来制作花萼部分"（木镶嵌工艺师莲尾）。

【气味】基本无味。

【用途】样品模型（制作试作品等）、涂装的胎体、包装材料、胶合板。

---

1 半缠木：半缠是一种男士的和服短外衣，因为北美鹅掌楸树叶的形状酷似半缠，因此在日本也被称为半缠木。

黄兰
Champaca(Champak)

【别名】黄兰含笑、金香木、金厚朴、黄玉兰
【学名】*Michelia Champaca*
【科名】木兰科（含笑属）
　　　　阔叶树（散孔材）
【产地】东南亚、印度
【相对密度】0.58**
【硬度】4 强 ＊＊＊＊＊＊＊＊＊＊

木材色彩独特，
东南亚一带使用广泛的经济林木

　　虽然逆纹较多，但在同类树木中，属于加工比较容易的。是巴厘岛特产木雕的主要原材料。产地主要集中在印度和东南亚一带，是这一地区的重要经济林木，被广泛用于家具、建筑材料等多个领域。木材的特点在于浅金黄色的颜色，这种色调是其他木材所不具备的。花等可用于制造香料和药物。

　　【加工】虽然逆纹比较明显，但并不影响木工旋床加工，旋削手感十分轻快。成品表面比较光滑。"刀刃的触感与走法都与没有逆纹的日本厚朴十分相似。旋削手感很轻快，感觉不到纤维阻力。有逆纹的地方稍微把刀让一让就没问题了"（河村）。无油分，砂纸打磨效果佳。

　　【木材纹理】木材表面有带状花纹。虽然是散孔材，但木纹比较清晰。

　　【颜色】浅金黄色，略带一丝橄榄绿。

　　【气味】有一股淡淡的甜味，不太明显。

　　【用途】高级木雕、内装用雕刻饰品。花可制作香料。树皮与根可制作退烧药。

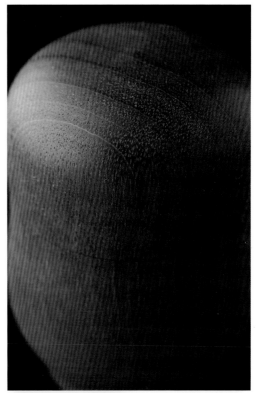

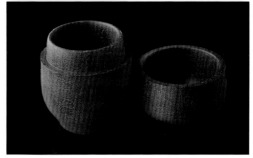

木兰科

木麻黄

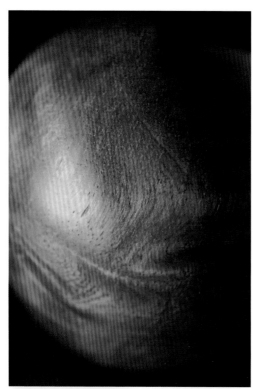

【别名】木贼叶木麻黄、短枝木麻黄、驳骨树、马尾树、常磐御柳（日本）

【学名】*Casuarina equisetifolia*

【科名】木麻黄科（木麻黄属）
阔叶树（散孔材）

【产地】中国（广西、广东、福建、台湾沿海地区普遍栽植，已渐驯化）、日本（冲绳、小笠原群岛）。原产澳大利亚和太平洋岛屿，现美洲热带地区和亚洲东南部沿海地区广泛栽植

【相对密度】0.95

【硬度】10＊＊＊＊＊＊＊＊＊＊

材质最硬的木材之一

　　木麻黄是亚洲东南部沿海地区十分常见的树木，常被用作防风林。它的树干上有很多线状细茎，看起来像针叶树，但其实木麻黄属于阔叶树。材质很硬。原产澳大利亚，在日本野生的树种中属于材质最硬的一类。木材表面有逆纹，纹理复杂，容易开裂，加工难度较大。木材颜色为粉色系，闪闪发亮，非常漂亮。

　　【加工】加工难度极大。木质较硬，而且纤维复杂交错，很难切断。木工旋床加工时，刀刃容易被崩开。有时会把带锯的锯齿崩飞。"总之，木麻黄就是硬。我觉得它是所有生长在日本的树木里材质最硬的"（河村）。

　　【木材纹理】纹理复杂交错，看不清年轮。木材表面十分光亮，好像会反光。

　　【颜色】略带粉色，类似杨梅，十分优美。

　　【气味】基本无味。

　　【用途】桌子腿、椅子腿、对硬度有要求的工具和木工艺品（镇纸、餐筷等）、三弦的琴杆。

花曲柳

【别名】日本白蜡、大叶白蜡、大叶梣
【学名】*Fraxinus chinensis* subsp.*rhynchophylla*
（*F.japonica*）
【科名】木犀科（梣属）
阔叶树（环孔材）
【产地】中国（东北和黄河流域各省）、日本（本州中部地区以北、四国、九州）、俄罗斯、朝鲜
【相对密度】0.76
【硬度】6强 * * * * * * * * * *

有韧性，材质酷似水曲柳
二者很难区分

　　日本产的日本白蜡（*Fraxinus japonica*）与中国产的花曲柳（*Fraxinus chinensis* subsp.*Rhynchophylla*）属于同物异名。在木材市场上被称为"日本白蜡"的木材里，还包括阔叶白蜡（*Fraxinus longicuspis* var.*latifolia*，生长在九州地区）、尖萼梣（*Fraxinus longicuspis*）等。花曲柳的刚度※较大，韧性很强。材质与水曲柳十分相似。"我觉得花曲柳比水曲柳更硬。不过，如果什么也不说，直接递给我一块木料，我很难判断它是不是花曲柳。必须得和水曲柳放在一起比一比才行"（河村）。

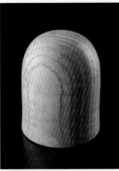

　　【加工】木工旋床加工时，能够感受到年轮的硬度，手感嘎吱嘎吱的（比水曲柳略硬，比绵毛梣略软）。不过，木性平实，虽然较硬，但旋削难度并不大。而且，由于比较硬，加工面上很少起毛。

　　【木材纹理】纹理通直，年轮清晰。

　　【颜色】心材为偏黄的奶油色。比水曲柳的黄色深，但没有象蜡树亮。边材为白色，略有些发黄。心材部分面积较小。

　　【气味】与水曲柳很像，不过气味很淡。

　　【用途】运动器具（球棒等）、家具、漆器胎体。

※ 刚度：物体受外力作用时保持其原来形状和大小的能力。

美国白梣
White ash

【别名】美国白蜡
【学名】*Fraxinus americana*
【科名】木犀科（梣属）
　　　　阔叶树（环孔材）
【产地】北美
【相对密度】0.67 ～ 0.69
【硬度】6 强 ＊＊＊＊＊＊＊＊＊＊

材质较硬，有韧性，抗冲击性强，与水曲柳同属

　　整体感觉与美洲白栎和水曲柳十分相似。材质较硬，有韧性，抗冲击性强，因此常被用于制作棒球和曲棍球的球棒。几乎没有个体差异。

　　【加工】没有逆纹，易加工（但必须使用锋利的刀刃）。感觉不到油分或逆纹。木质厚重，有韧性，因此，木工旋床加工时感觉咔哧咔哧的。"旋削手感与水曲柳相同。也很像日本栗。刀刃能感觉到导管的强度"（河村）。

　　【木材纹理】纹理通直简单。导管较大。

　　【颜色】心材白里透红。边材几乎全白。

　　【气味】几乎无味。

　　【用途】建筑材料、家具、体育用品（球棒等）、工具手柄。

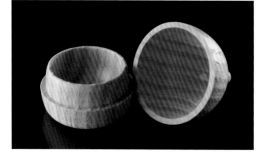

绵毛梣

【别名】 青梻

【学名】 *Fraxinus lanuginosa*（*F.lanuginosa f.serrata*）

【科名】 木犀科（梣属）
阔叶树（环孔材）

【产地】 原产日本的北海道（优良木材主产地）至九州和俄罗斯东部

【相对密度】 0.62 ～ 0.84

【硬度】 7＊＊＊＊＊＊＊＊＊＊＊

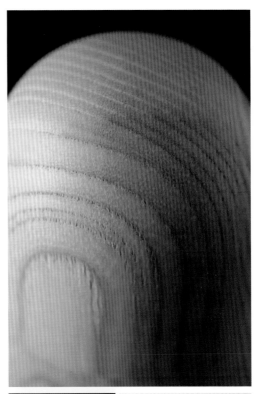

硬度高，质地坚韧，色泽光亮，多用于制作高级棒球棒

　　绵毛梣的质感强韧，抗冲击性极强。在类似木材中，硬度最高，韧性最好。"硬度6级以上的花曲柳质地比水曲柳或象蜡树更为坚韧。而硬度7级的绵毛梣比花曲柳还要更坚韧一些"。因此，绵毛梣一直是制作棒球棒的绝佳材料。也很适合制作曲木。成品表面的光泽度非常好，色泽十分光亮。由于优质的绵毛梣数量越来越少，很多职业棒球选手开始选用硬槭木制作的球棒。

　　【加工】 加工十分方便。虽然木工旋床加工时感觉很硬，嘎吱嘎吱的，但旋削难度并不大。由于材质较硬，加工面不会起毛。

　　【木材纹理】 年轮非常清晰。木纹通直。生长速度较慢，纹路细致。

　　【颜色】 较暗的乳白色（与花曲柳相同）。将树皮浸泡到水中，水的颜色看上去会变成青色。这是由于树皮中含有的某种成分遇水后会分解出一种荧光物质，并发出青光。这也是绵毛梣的别名"青梻"的由来。

　　【气味】 气味很淡，闻上去很像水曲柳。

　　【用途】 球棒。树皮可以入药。

木犀科

木犀榄

Olive

木犀榄（油橄榄）

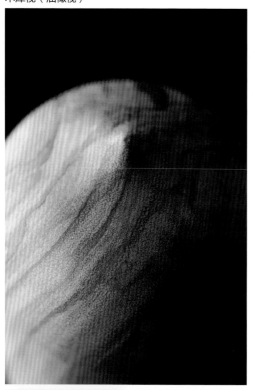

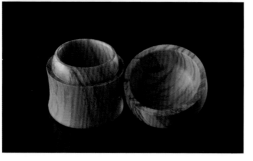

【学名】*Olea europaea*（木犀榄）

Olea hochstetteri（东非木犀榄）

【科名】木犀科（木犀榄属）

阔叶树（散孔材）

【产地】木犀榄（地中海沿岸）、东非木犀榄（中东非）

【相对密度】0.80（木犀榄）、0.89（东非木犀榄）

【硬度】6＊＊＊＊＊＊＊＊＊＊（木犀榄）

7＊＊＊＊＊＊＊＊＊＊（东非木犀榄）

不仅果实多油，
木材也富含油分

木犀榄分两种：地中海出产的木犀榄（俗称油橄榄，从果实中榨取橄榄油）与中东非出产的东非木犀榄（俗称野橄榄）。木犀榄不仅果实多油，木材本身也富含油分，需要很长时间进行干燥。"在我用过的木材里，木犀榄的油分最多"（河村）。东非木犀榄略硬，油分多。木纹图案突出，色彩浓郁，有种狂野感。

【加工】由于油分很多，加工时会感觉黏糊糊的。木工旋床加工时必须保持刀刃足够锋利（切实研磨好刀刃），否则木材表面容易起毛。感觉不到逆纹。木屑光滑。不宜用砂纸打磨。

【木材纹理】花纹清晰。

【颜色】底色为浅褐色，混杂着很多黑色的条纹，带有一股妖艳的气质。东非木犀榄的黄色更为突出。

【气味】有股木犀榄特有的酸味。

【用途】旋削制品（木盘、小盒等）、手工餐具。东非木犀榄常被用作地板材等。

东非木犀榄（野橄榄）

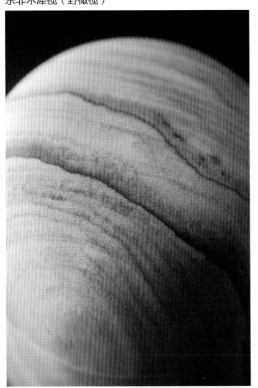

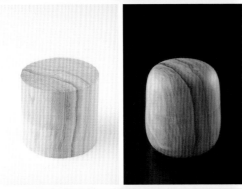

木犀榄横切面的放大图

东非木犀榄横切面的放大图

※ 导管遍布整个横切面。黑色的条纹图案
并非年轮。

日本女贞

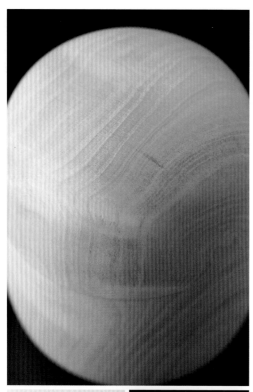

【学名】*Ligustrum japonicum*
【科名】木犀科（女贞属）
　　　　阔叶树（散孔材）
【产地】原产日本，分布于本州（关东地区以西）、四国、九州、冲绳。中国各地有栽培。朝鲜南部也有分布
【相对密度】0.84**
【硬度】7 弱＊＊＊＊＊＊＊＊＊＊

木纹曲折起伏，
材质较硬，纹理致密，颜色偏白

　　日本女贞属于常绿灌木，树高 2～5 m，直径 10～30cm，很难获取大型木材。椭圆形的小粒果实很像老鼠屎，树叶形状很像全缘冬青。在日本，日本女贞的别名是"玉山茶"，不过市场上销售的玉山茶有时是楝叶吴萸。日本女贞木质较硬，硬度与全缘冬青基本相同。二者的主要区别在于：日本女贞有逆纹、没有网格状花纹、木纹有一种流动感（仿佛起伏的波浪）等。

　　【加工】由于逆纹较多，木工旋床加工时，阻力较大，刀刃仿佛会被带着走。"刀刃容易被纤维牵着走。瘤纹纹理比全缘冬青还多"（河村）。"木质较硬，裁切木材时锯子能感受到阻力，但并不影响旋削"（木材加工业者）。

　　【木材纹理】纹理相当致密。"日本女贞的木纹并非简单的直线。它仿佛起伏的波浪一般，给人一种晃动的感觉"（河村）。

　　【颜色】偏白的奶油色。心材与边材的区别不明显。

　　【气味】几乎无味。

　　【用途】器具。多用作绿篱或庭院绿植。

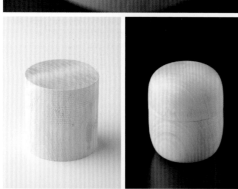

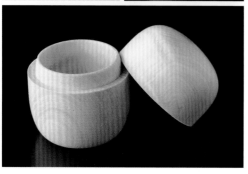

水曲柳

【**别名**】东北梣

【**学名**】*Fraxinus mandshurica*

【**科名**】木犀科（梣属）

阔叶树（环孔材）

【**产地**】中国（东北、华北、陕西、甘肃、湖北等省）、

日本（北海道、本州中部地区以北）、朝鲜、

俄罗斯

【**相对密度**】0.43～0.74

【**硬度**】6强＊＊＊＊＊＊＊＊＊＊

材质酷似象蜡树，
强度、韧性都很好的一款优良木材

　　水曲柳的强度和韧性都很好，纹理均匀，非常适合制造家具或曲木。其中，没有瘤纹纹理的木材，裂纹少，成品率比较高。而有波浪状皱缩条纹等瘤纹纹理的木材，裂纹或剥落比较多。水曲柳的材质酷似象蜡树，有时会被混在一起出售。俄罗斯产的水曲柳比日本北海道水曲柳更为轻软，强度略逊一筹，木材纹理比较素净。

　　【**加工**】切削和刨削作业比较容易。木工旋床加工时，虽然难度不大，但旋起来嘎吱嘎吱的，能感觉到阻力（能感受到纤维条纹的硬度）。成品表面极富光泽，非常雅致。

　　【**木材纹理**】纹理清晰质朴，间距均匀。导管又大又粗，与日本栗十分相似。

　　【**颜色**】接近白色的奶油色，色彩比较暗淡（略有些发灰）。而象蜡树颜色更白一些，横切面比较有光泽，看上去很明亮。

　　【**气味**】有一股淡淡的独特气味。象蜡树也有同样的气味。"水曲柳的味道比较刺鼻。就像刚走进土屋仓库时的那种气味"（七户）。

　　【**用途**】家具、建筑材料、运动器具、木工艺品。

象蜡树

【学名】*Fraxinus platypoda*（*F.spaethiana*）
【科名】木犀科（梣属）
　　　　阔叶树（环孔材）
【产地】中国（陕西、甘肃、湖北、四川、贵州、云南
　　　　等省）、日本（本州的关东地区以西、四国、
　　　　九州）
【相对密度】0.53
【硬度】6强＊＊＊＊＊＊＊＊＊＊

材质酷似水曲柳
只能通过颜色的质感加以区分

　　日本产的本州白蜡（*Fraxinus spaethiana*），与中国的象蜡树（*Fraxinus platypoda*）同物异名。象蜡树的材质酷似水曲柳，二者很难分辨。木材市场上，这两种木材经常混在一起销售。象蜡树属于大径木，树高能达到25m以上，直径能达到1m（比水曲柳更为高大），可以获取大型木材。瘤纹纹理的种类比水曲柳更多。纹理通透，硬度适中，易加工。象蜡树与水曲柳的区别主要在于颜色的质感。象蜡树的黄色稍浅，比较有光泽，给人一种透亮的感觉。

　　【加工】与水曲柳基本相同。切削与刨削作业都很容易。木工旋床加工时，旋削难度不大，但能感受到阻力，旋起来嘎吱嘎吱的（能够感受到纤维的强度）。成品表面比较有光泽，十分高雅。

　　【木材纹理】纹理通透细致。有很多瘤纹纹理。

　　【颜色】心材为明亮的浅黄色。虽然颜色与水曲柳很像，但象蜡树的木材表面似乎有一层白光，水曲柳则偏暗灰色。

　　【气味】气味微弱。与水曲柳气味相近，很难区分。

　　【用途】与水曲柳几乎相同。家具、建筑材料、运动器具、木工艺品。

柊树

【学名】*Osmanthus heterophyllus*
【科名】木犀科（木犀属）
　　　　阔叶树（花纹孔材）
【产地】中国台湾，日本的本州（关东地区以西）、四
　　　　国、九州、冲绳
【相对密度】0.94**
【硬度】6 * * * * * * * * * *

木质较硬，有韧性，纹理致密，白色系，这些特点很适合制作各种工具

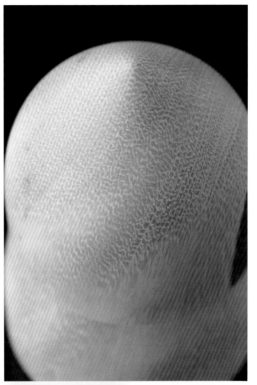

　　柊树属于常绿灌木，通常树高能长到5～6 m，直径10～20cm（最大直径30cm左右），很难获取大型木材。木质较硬，有韧性，纹理致密，很适合制作三味线的拨片等小型工具。硬度与加工时的手感都与丹桂很像。西方圣诞装饰中常用的能结出红色的果实的欧洲冬青（*Ilex aquifolium*），在日本也叫"西洋柊"，叶片形状与柊树很相似。但欧洲冬青属于冬青科，二者属于不同科。

　　【加工】木工旋床加工时，能够感受到纤维的阻力，旋起来嘎吱嘎吱的（感觉比丹桂的阻力略大）。有少许逆纹。无油分，砂纸打磨效果佳。

　　【木材纹理】木纹几乎笔直，纹理致密。与丹桂一样，横切面上会出现褶皱纹样。

　　【颜色】白色系，略带一丝黄色。心材与边材的区别不明显。

　　【气味】几乎无味。

　　【用途】三味线的拨片、算盘珠、小工具（小刨子的刨身等）。"我曾经亲眼见过一个用柊树做的小刨子。另外，著名工匠千代鹤是秀的图鉴上也出现过柊树做的小刨子。虽然不知道用起来感觉如何，不过我曾听人说过'柊树很少变形，也不怕摩擦热，所以很适合做刨身'"（木材经销商）。

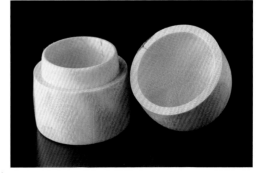

贝壳杉
Agathis

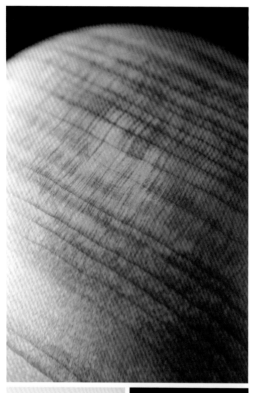

【别名】考里松（Kauri pine）
【学名】*Agathis* spp.
【科名】南洋杉科（贝壳杉属）
　　　　针叶树
【产地】东南亚、澳大利亚、新西兰、太平洋群岛（新
　　　　几内亚等）
【相对密度】0.36 ～ 0.66
【硬度】3＊＊＊＊＊＊＊＊＊＊

纹理光亮顺滑，
易加工的针叶树

　　在日本，贝壳杉的市场俗称是南洋桂。日语中连香树也会写成"桂"字，不过连香树是阔叶树，与贝壳杉属于完全不同的树种。贝壳杉是遍布东南亚及太平洋群岛一带所有南洋杉科贝壳杉属针叶树（约20种）的总称。切削与木工旋床加工都很容易。作为连香树的代用材，多被用于制作抽屉侧板等。在日本，一般的家居用品超市都有售卖，购买容易（有一定厚度的木料不太好采购）。

　　【加工】易加工。虽然木质较软，但木工旋床加工手感轻快。不过刀刃必须保持足够锋利（切实研磨好刀刃）。无油分，砂纸打磨效果佳。

　　【木材纹理】年轮较细，模糊不清。纹理光滑。

　　【颜色】金棕色。纤维似乎会反光，看上去比实际颜色更加明亮。颜色质感类似透明棒棒糖。

　　【气味】基本无味。

　　【用途】建筑材料、门窗隔扇、连香树的代用材。

毛泡桐

【学名】 *Paulownia tomentosa*
【科名】 泡桐科〔玄参科〕（泡桐属）
阔叶树（环孔材）
【产地】 原产中国，分布于辽宁南部、河北、河南、山东、江苏、安徽、湖北、江西等地，日本（北海道南部、本州、九州）、朝鲜、欧洲和北美洲也有引种栽培
【相对密度】 0.19～0.40
【硬度】 1 * * * * * * * * * *

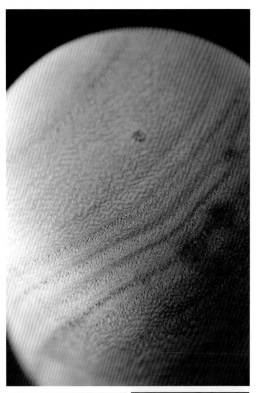

泡桐科

与刺桐并列为
日本产木材中最轻的

毛泡桐在日本产的木材中属于最为轻盈柔软的。不过，不要因为它很软，就在加工时掉以轻心，还是应该谨慎对待。干燥很容易，不会变形。吸湿性优异。由于材质较轻，用途非常广泛。日常生活中的衣柜抽屉、木屐等，都是用毛泡桐制作的。

【加工】 由于毛泡桐质地太软，加工会有一定的难度，不适合木工旋床加工。加工时，必须随时磨刀，保持刀刃锋利，否则会严重破坏木材纤维。用刨床进行加工，成品表面会非常漂亮，但容易破坏横切面，一定要小心操作。用手工刨加工非常简单。"加工时，不要让刨子的刀刃过于锋利（调整好刀刃，要能刨出薄薄的木屑）。用单片刀的手工刨加工，效果最好"（木工艺专家）。

【木材纹理】 心材与边材的区别不明显。年轮较粗，清晰可见。导管较大。

【颜色】 象牙色，略有些发灰。有时会夹杂一些优美的紫色花纹。

【气味】 基本无味。

【用途】 家具、门窗隔扇、木箱、木雕、乐器（古琴、琵琶）、木屐、重量较轻的工具。

地锦

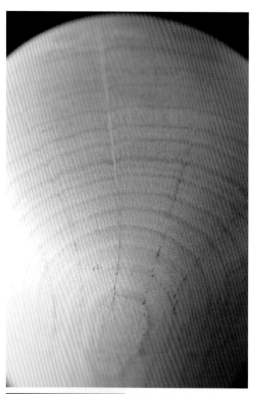

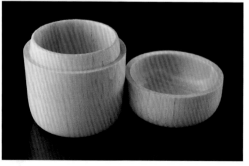

【别名】爬墙虎、爬山虎、土鼓藤、红葡萄藤

【学名】*Parthenocissus tricuspidata*

【科名】葡萄科（地锦属）
阔叶树（散孔材）

【产地】中国（吉林、辽宁、河北、河南、山东、安徽、江苏、浙江、台湾、福建）、日本（北海道至九州）、朝鲜

【相对密度】0.45*

【硬度】3＊＊＊＊＊＊＊＊＊＊

木工旋床加工的难度较大

地锦随处可见，但要长到能作为木材使用的粗细，需要花费很长时间。因此地锦的木材资源十分稀少。由于凹坑（近一半的木质出现劣化）部分明显，如果刀刃不够锋利（没有切实研磨好刀刃），会导致纤维全部遭到破坏。干燥过程中开裂严重，但干燥后会逐渐稳定下来。地锦的木性十分娇气，很不好处理。不过，如果由技术精湛的工匠操作，涂上生漆后，成品表面会非常漂亮。在日本，利用地锦制作的木艺作品中，最有名的是获得"人间国宝"称号的木漆工艺大师——黑田辰秋先生制作的"拭漆莴金轮寺茶器"。

【加工】木工旋床加工时，必须保证刀刃足够锋利，操作时需特别小心。"技术不行的人，根本摆弄不了地锦。首先你得分辨出哪些地方有凹坑，哪些地方没有，这很考验技术"（河村）。

【木材纹理】横切面的辐射状条纹十分明显。

【颜色】整体为奶油色。

【气味】基本无味。

【用途】香盒、木工艺品

葡萄

'藤稔'葡萄（栽培品种）

葡萄科

【学名】*Vitis vinifera*
【科名】葡萄科（葡萄属）
　　　阔叶树（散孔材）
【产地】中国各地均有栽培。原产亚洲西部，现世界各
　　　地广泛栽培，为著名水果
【相对密度】0.56*（栽培品种名为"藤稔"）
【硬度】4＊＊＊＊＊＊＊＊＊＊

一种色彩与花纹都很独特的木材

　　'藤稔'葡萄，又叫'乒乓球'葡萄，是日本民间育种家青木一直在1978年培育的，1985年登记，1986年引入中国。木材的色彩与花纹都极具特点。木材色调十分罕见，横切面的辐射状条纹非常突出，有时还会出现蕾丝状的图案，非常有韵味。"'藤稔'葡萄木的色彩与花纹都十分独特，是一款很棒的木材。今后我还会继续使用"（河村）。干燥过程中容易开裂，很难获取大型木材。干燥后比较稳定。几乎不在市场上流通。

　　【加工】硬度适中，木工旋床加工时，手感轻快，易加工。不过，有咔哧咔哧的感觉，能感受到纤维阻力。无油分，砂纸打磨效果佳。

　　【木材纹理】横切面的辐射状条纹十分醒目（比地锦更醒目）。径切面上的花纹与蕾丝木（Lacewood）非常相似。

　　【颜色】略带紫色的焦褐色。"'藤稔'葡萄木的色彩很不可思议，它其实是米色的，略有些发灰，但却给人一种紫色的感觉"（小岛）。

　　【气味】基本无味。

　　【用途】小物件、木工艺品。

桉叶斑纹漆

Goncalo alves

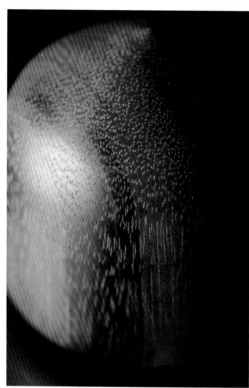

【别名】虎斑木 / 老虎木（Tiger wood）、南美虎斑木、
南美红漆木
【学名】*Astronium fraxinifolium*
【科名】漆树科（斑纹漆属）
阔叶树（散孔材）
【产地】巴西
【相对密度】0.95
【硬度】7 * * * * * * * * * *

具有令人印象深刻的
虎斑图案不规则条纹

焦褐色的木材表面夹杂着很多不规则的黑色条纹（Irregular stripes），很像老虎纹。由于这种纹理特色，桉叶斑纹漆也被称为虎斑木或老虎木。质感像是较软的乌木。比乌木纤维质多。干燥比较困难，容易出现扭曲变形。有时，做好的带盖木盒也可能出现变形，盖子时常会盖不好。

【加工】相对密度值较高，但硬度感觉并没有那么大。木工旋床加工时，锯感并不沉重。纤维的感觉与交趾黄檀和乌木不同。更像略硬的筒状非洲楝或柳安木。往木工旋床上固定（钉钉子）时，钉子可能会脱落。"与云南石梓一样，桉叶斑纹漆的表面仿佛有一层蜡膜"（河村）。虽然感觉不到油分，但不宜用砂纸打磨。成品表面漂亮光滑。

【木材纹理】纹理致密。木纹比桃花心木和筒状非洲楝更为细致。仿佛是木纹变得更为细致的楝科树木（桃花心木等）。

【颜色】焦褐色中带有黑色条纹。不像虎皮颜色那么黄。

【气味】基本无味。

【用途】薄木贴面板、刀具手柄、台球杆。

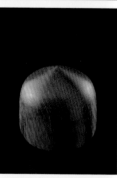

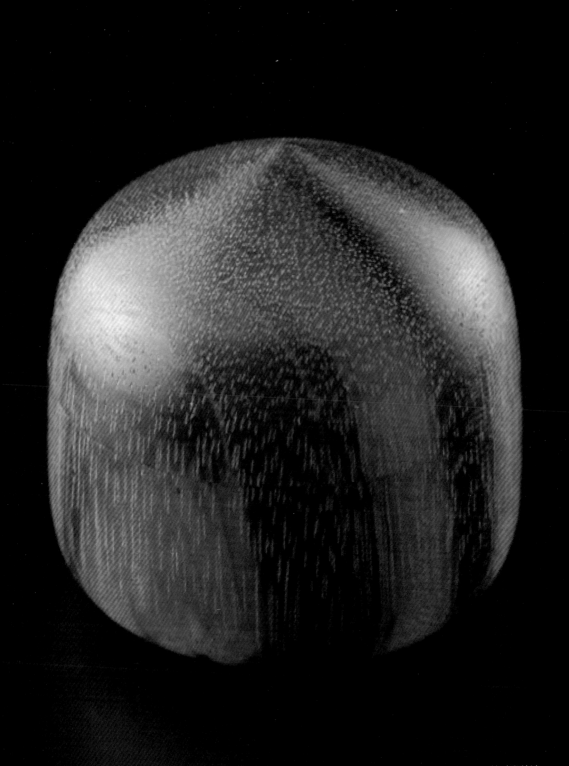

桫叶斑纹漆

杧果（野生）
Mango

漆树科

杧果（野生）

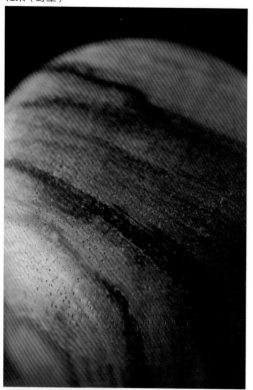

【别名】芒果
【学名】*Mangifera* spp.
【科名】漆树科（杧果属）
　　　　阔叶树（散孔材）
【产地】东南亚（菲律宾、马来西亚、印度尼西亚等）、
　　　　新几内亚
【相对密度】0.57 ～ 0.75
【硬度】4 强 ＊＊＊＊＊＊＊＊＊＊

不仅果实有经济价值，
色彩极具特色的木材用途也很广

　　杧果的果实可以食用。杧果属大约有 40 种树木，大多生长在东南亚一带。野生杧果的木材极具装饰价值，常被用作建筑材料或用于制作各种木制品。色彩与气味都极具特色。

【加工】易加工。木工旋床加工时，虽然能感受到纤维，但操作并不费力。木理纹路较粗糙，因此成品表面很难十分光滑。略带油分，不过不影响砂纸打磨效果。

【木材纹理】四处密布导管。木纹粗糙，导管也比较粗大。

【颜色】浅米色里略带浅棕色。有交错的黑色条纹。色彩不均匀，即使是同一块木料，也有不带条纹的部分。个体差异较大。

【气味】有一股类似银杏果的臭味，"旋削时我通常会屏住呼吸"（河村）。

【用途】建筑材料、室内装修材料、家具、装饰性的木制品。

※ 人工种植的杧果（右页图）主要目的是收获果实，生长速度较快，年轮幅度较宽。因此，木质比野生杧果柔软（硬度 4 弱）。常用于制作花盆或民间手工艺品。
※ 由于全年的气温与降水量变化很小，因此很多生长在热带的树木，常常无法形成年轮。即使切开树木，也无法判断树龄（年轮数）。从右页杧果木横切面的放大图上，根本无法看出年轮。

杜果（人工种植）

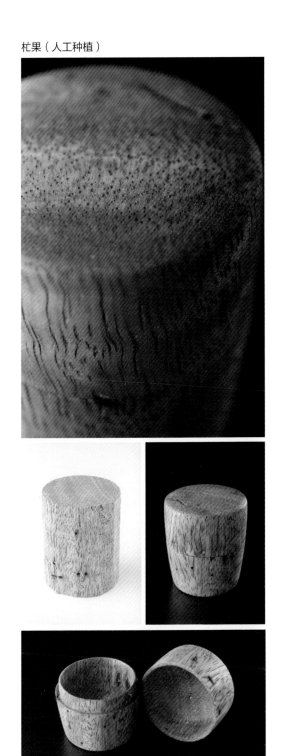

杜果（野生）横切面放大图

杜果（人工种植）横切面放大图

※ 导管直径较大。从下面的图中可以看到
白色条纹状辐射组织。

漆

【别名】漆树、干漆、山漆

【学名】*Toxicodendron vernicifluum*（*Rhus vernicifera*）

【科名】漆树科（漆属）

阔叶树（环孔材）

【产地】原产中国，在印度、日本、朝鲜也有分布

【相对密度】0.45～0.57

【硬度】3＊＊＊＊＊＊＊＊＊＊＊

木材为黄色，色彩鲜艳，光泽感强，木质柔软

在阔叶树中，漆属于木质相当柔软的树种。木材颜色为鲜艳的黄色，令人印象深刻。木材表面极富光泽。干燥状态下，不必担心木材引发皮炎（漆的树液接触到皮肤时，容易引发皮炎）。漆主要产于中国，在印度、日本、朝鲜也有分布。日本江户时代，为了收集漆液，日本政府在全国各地广植漆树。不过，目前日本使用的漆液，几乎全部依赖中国进口（日本国内产地主要集中在岩手县二户市净法寺町等地）。毛漆树（*T.trichocarpum*）与藤漆树（*T.orientale*）虽然也都属于漆属，但从这些树上无法收集漆液。

【加工】漆树材质较软，如果刀刃不够锋利，加工起来会比较困难。特别是进行木工旋床加工时，横切面容易变得凹凸不平。旋削感觉很像针叶树。操作须谨慎。年轮的条纹较硬，但年轮之间的材质很软，因此，打磨后很容易制造出"凹凸纹理"的效果。

【木材纹理】年轮非常清晰。转动木材时，表面纹理会发出亮晶晶的反光（感觉就像蝴蝶的翅膀）。

【颜色】心材为鲜艳的黄色。边材颜色发白。制作木镶嵌工艺品时，常与苦树一起用来表现黄色部分。苦树的黄色类似柑橘，而漆树的黄色则类似柠檬。

【气味】几乎无味。

【用途】寄木细工[1]、镶嵌工艺品、小物件。

---

1 寄木细工：也被称为木片拼花工艺。是日本箱根地区（神奈川县）特产的一种传统工艺品。

野漆

【学名】*Toxicodendron succedaneum*
（*Rhus succedanea*）
【科名】漆树科（漆树属）
阔叶树（环孔材）
【产地】中国（华北至长江以南各省区）、日本（本州
的关东地区以西、四国、九州、冲绳）、印度、
中南半岛、朝鲜
【相对密度】0.72
【硬度】6 * * * * * * * * * *

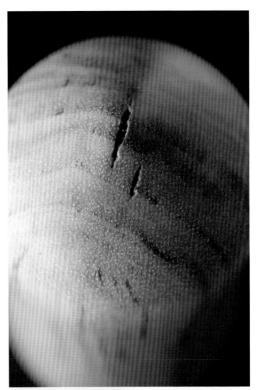

最引人注目的当属木材鲜艳的黄色，干燥时需特别注意

在日本，野漆和木蜡树（*Toxicodendron sylvestre*）统称"日本黄栌"，木材市场上，这两种木材通常混在一起出售。木蜡树的相对密度稍低一些（相对密度0.64）。野漆的木材特征在于美丽的黄色。干燥比较困难，收缩率较高。"有时候，野漆会在你想象不到的地方开裂。甚至有时都不是开裂，而是纤维剥离。天然干燥的难度极大"（河村）。

【加工】木性平实，如果没有裂纹的话，旋削手感十分顺滑。无油分，砂纸打磨效果佳。

【木材纹理】年轮清晰。木理纹路较粗。

【颜色】心材为鲜黄色，很像姜黄。边材颜色发白。与木蜡树相比，野漆的黄色略淡。

【气味】有一股独特的气味（淡淡的酸味）。稍微有点臭。

【用途】镶嵌工艺品、寄木细工、橡子。果实中能够提取和式蜡烛中的木蜡（日本江户时代种植量很大。产量最盛期为大正时代至昭和初期）。

红心木
Redheart

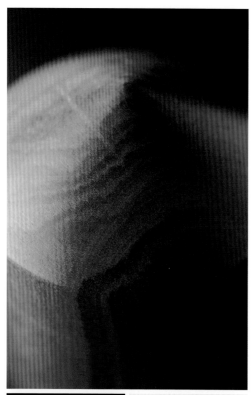

茜草科

【别名】Chakte kok、Chakte coc、萨尔瓦多斯密茜
【学名】*Sickingia salvadorensis*
【科名】茜草科
　　　　阔叶树（散孔材）
【产地】中美洲（墨西哥等）
【相对密度】0.64
【硬度】6＊＊＊＊＊＊＊＊＊＊

木材鲜艳的红色
令人印象深刻

　　红心木的材质不软也不硬，成品表面十分漂亮。极具光泽感。不过红心木的光泽并非十分光滑的感觉，也不是桦木那种由于木质较硬、表面光滑而造成的光泽感，它的光亮比较润泽。红心木的特点在于木材浓烈的红色，在木镶嵌作品中非常抢眼。也可用于制作乐器。耐久性强。

　　【加工】几乎没有逆纹，易加工。木工旋床加工时，手感平滑流畅，不过成品表面可能会起毛。砂纸打磨有一定的效果，但操作起来不太方便。"用400号（砂纸的标号※）的砂纸打磨，砂纸磨掉了很多，却看不出什么实际效果。令人感觉非常不可思议，完全抓不住要领"（河村）。

　　【木材纹理】木纹密集。红色的底色上夹杂着深红色的条纹。

　　【颜色】鲜艳的红色。一段时间后，颜色会老化，逐渐变得黯淡（存在个体差异）。色彩不均匀。"红心木的红色带有一丝冰冷的感觉，比较尖锐。如果用来表现花朵，那就不应该是郁金香，而是火红的玫瑰"（木镶嵌工艺师莲尾）。

　　【气味】基本无味。

　　【用途】薄木贴面板、乐器、镶嵌工艺品。

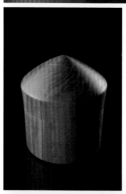

※ 标号：用来表示砂纸粗细的目数。数字越大，砂纸越细。400号是非常细的砂纸。

咖啡
Coffee

【别名】咖啡木
【学名】*Coffea* spp.（*C.arabical* 小粒咖啡等）
【科名】茜草科（咖啡属）
　　　　阔叶树（散孔材）
【产地】野生种产于非洲
【相对密度】0.52～0.75
【硬度】7＊＊＊＊＊＊＊＊＊＊

木材表面十分光滑，成品极富光泽

　　咖啡木材的质感与咖啡的形象大相径庭，木材颜色偏白，树形十分普通（树高 2m 左右）。咖啡的树干无法笔直生长，还会出现许多树瘤，因此很难取材。多用于服装店的展示用材。木质较硬，纹理光滑。开裂现象比较严重。

　　【加工】没有逆纹，易加工。虽然木质较硬，但木工旋床加工时，手感非常顺滑。不过，碰到树瘤部分时会感受到阻力。成品表面极富光泽，非常美观。无油分，砂纸打磨效果佳。

　　【木材纹理】纹理密集，木材表面十分光滑。光滑度接近桦木或苹果等果树木材（但没有达到日本黄杨的程度）。

　　【颜色】淡淡的奶油色（偏黄的象牙色系）。

　　【气味】基本无味。木材完全没有咖啡的香气。

　　【用途】展示用材、风化木、小工艺品（咖啡木表面光滑，有独特的树瘤花纹，利用这些特点可以制作出非常有意思的作品）。

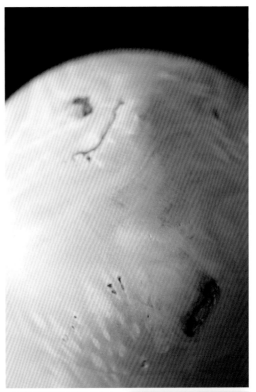

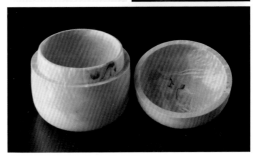

栀子木

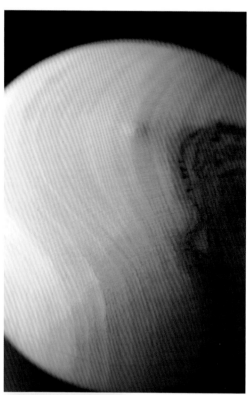

【学名】 *Gardenia* spp.
【科名】 茜草科（栀子属）
　　　　 阔叶树（散孔材）
【产地】 分布于东半球的热带和亚热带地区，如泰国、印度尼西亚、印度、中国的中部以南各省区
【相对密度】 0.77
【硬度】 7＊＊＊＊＊＊＊＊＊＊

在日本也被称为
暹罗黄杨或东南亚黄杨

　　栀子木是茜草科、栀子属木材的统称。在日本，主要用于制作印章，栀子木是在印章行业的叫法。在日本木材行业里的常用名为"暹罗黄杨"。产地为泰国、印度等，所以也被称为"东南亚黄杨"。栀子木的价格虽然不到日本黄杨中的萨摩黄杨的一半，但无论木材色彩还是旋削手感，几乎都与日本黄杨相同，很容易与日本黄杨搞混，难以区分。

　　【加工】 木工旋床加工时，手感十分顺滑。木料光滑，旋出的木屑会连在一起。旋削时能感觉到纤维十分密集，没有导管（完全符合散孔材的特点）。砂纸打磨有一定的效果，但由于材质较硬，不容易把角磨掉。不易开裂，几乎没有逆纹，很适合制作细致的工艺品。

　　【木材纹理】 年轮不明显。纹理致密。

　　【颜色】 木材颜色发黄。与日本黄杨十分相似。

　　【气味】 几乎无味。

　　【用途】 有韧性，磨损小。因此，很适合进行印章等细微雕刻。材质厚重坚硬，适合做算盘珠。由于树形不够高大，很难获取大型木材，因此无法制作印刷用木版。印刷用的木版、点心模具、寿司盒等多使用红山樱木制作。

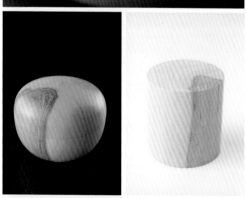

北海道稠李

【别名】日本稠李、库页稠李

【学名】*Prunus ssiori*（*Padus ssiori*）

【科名】蔷薇科（李属）
　　　　阔叶树（散孔材）

【产地】原产日本，主要分布于北海道、本州的中部地
　　　　区以北。俄罗斯和中国也有分布

【相对密度】0.67

【硬度】5 强 ★★★★★☆☆☆☆☆

硬度适中
淡淡的红色十分雅致

　　在李属木材中，北海道稠李木质致密，韧性与硬度适中。比红山樱（相对密度 0.62，硬度 5）略硬。木材的红色较暗，与其他李属木材相比，红色较浅，非常素雅、有格调。因此，常被用于家具制造。

　　【加工】很适合加工。木工旋床加工时，旋削手感与红山樱相同。导管较少，所以旋起来轻快顺滑。成品表面非常漂亮，极富光泽。与槭树一样，切削时边角很少缺损。

　　【木材纹理】年轮非常突出（通常李属木材的年轮都比较模糊）。

　　【颜色】心材为暗红色，夹杂着一些绿色条纹（李属木材的特点是木色中带有粉色和黄绿色，颜色有些发乌）。边材为奶油色，与心材的区别十分明显。

　　【气味】原木有一股淡淡的甜味（在李属木材中属于气味较弱的）。干燥后几乎无味。

　　【用途】家具、室内装修材料、绘图尺。

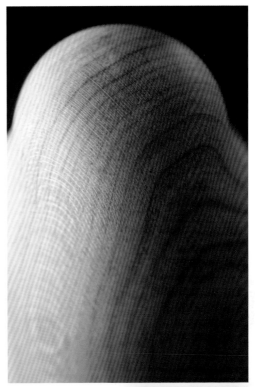

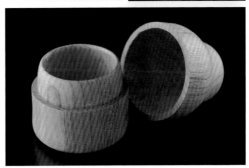

黑樱桃
Black cherry

【别名】宿萼稠李、美国黑樱桃、美国樱桃、野黑樱桃、野樱桃

【学名】*Prunus serotina*

【科名】蔷薇科（李属）
阔叶树（散孔材）

【产地】北美

【相对密度】0.58

【硬度】5 * * * * * * * * * *

因色泽美观、加工性好，而备受喜爱的木材

黑樱桃会结出黑色的樱桃。木材硬度、加工便利性等都与日本的红山樱非常相似。作为家具板材，深受消费者与家具制造者的喜爱。

【加工】易加工。木工旋床加工时，如果刀刃足够锋利，手感非常顺滑。成品表面极富光泽，非常美观。无油分，砂纸打磨效果佳。

【木材纹理】与日本的红山樱非常相似。年轮模糊。纹理致密。

【颜色】心材分粉色系（如图）与绿色系两种类型。色彩与红山樱非常相似，不过比红山樱颜色略深。随着时间的流逝，颜色逐渐变成琥珀色。边材颜色发白。

【气味】能微微感到一股樱花特有的味道。

【用途】家具、室内装修材料。特别是作为家具板材，深受欢迎。制成桌面面板，颇受女性青睐。"中年夫妇一起购买家具时，丈夫通常会选择栎木面板，而妻子大多喜欢黑樱桃木。最后，夫妻一番交涉后，往往都是听妻子的，选择樱桃木"（定制家具店的店长）。

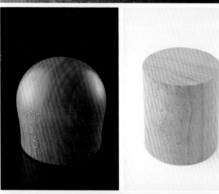

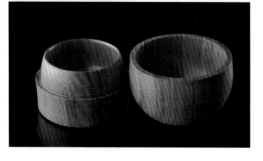

红山樱

【别名】山樱（日本）

【学名】*Prunus jamasakura*（*Cerasus jamasakura*）

【科名】蔷薇科（樱属）
        阔叶树（散孔材）

【产地】日本固有种，分布于本州（宫城县、新潟县以南）、四国、九州。中国各地有引种栽培

【相对密度】0.62

【硬度】5＊＊＊＊＊＊＊＊＊＊

纹理素净高雅，与众不同，易加工的优良木材

红山樱硬度适中，有韧性，旋削十分轻松，易加工。原木容易变形，但很少开裂。雕刻时（切削时）边缘不易缺损，因此在日本自古以来就被用于制作印刷用的木版或点心模具。可获取大型木材。"从江户时代起，人们就一直用红山樱制作浮世绘的印刷刻版。虽然有一定的硬度，但雕刻起来十分方便。日本厚朴也很适合雕刻，就是稍微有些软"（木雕师）。

【加工】易加工。木工旋床加工时手感平滑顺畅。很少逆纹。无油分，砂纸打磨效果佳。成品表面很漂亮，富有光泽。"红山樱的色彩与光滑度，很受木工旋床加工者的喜爱。无论怎样切削，都有一股淡淡的香味，让人心情舒畅"（河村）。

【木材纹理】年轮模糊。纹理致密光滑。有大块的波浪状皱缩条纹。

【颜色】黄色、绿色、浅粉色等多种颜色混杂。色彩丰富。随着时间的流逝，颜色逐渐变成琥珀色，整体氛围高雅、素净。

【气味】有一股杏仁豆腐般的味道。与野杏十分相似。

【用途】家具、室内装修材料、印刷用的木版（江户时代印刷浮世绘用的木版等）、点心模具、乐器。

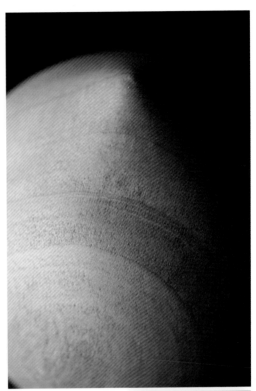

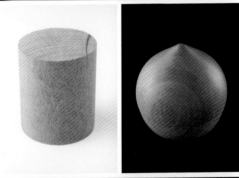

梅

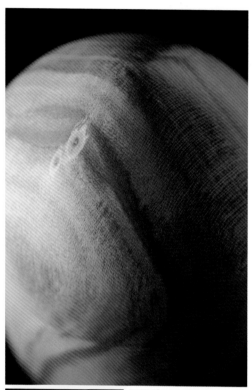

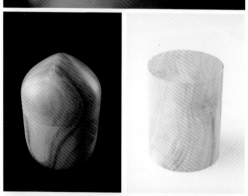

【学名】*Armenica mume*（*Prunus mume*）

【科名】蔷薇科（杏属／李属）
　　　　阔叶树（散孔材）

【产地】原产中国，各地均有栽培，但在长江流域以南
　　　　各省最多。日本、朝鲜各地也有栽培

【相对密度】0.81

【硬度】6 强＊＊＊＊＊＊＊＊＊＊

硬度接近槭树，
成品表面极富光泽

　　梅的木质极为坚硬（硬度接近较硬的槭树），裂纹较多。很难裁切板材，因此，市场流通量很小。横切面有辐射状条纹。颜色不均匀，经常会出现一些颜色突出的花纹。可能正是由于这种特殊的色调与图案，梅木经常被用于制作茶具。

　　【加工】易加工。虽然材质较硬，但木工旋床加工时，并没有嘎吱嘎吱的感觉，旋削手感十分顺滑。成品表面非常漂亮、光滑，光泽感强。木屑也很光滑，并非粉状。无油分，砂纸打磨效果佳。只是由于硬度较高，不像软木材那样好削。

　　【木材纹理】整体色彩偏粉，夹杂着很多黑色条纹，颜色反差较大。纹理致密光滑。

　　【颜色】粉色系。粉色中略带一丝暗暗的深黄色。

　　【气味】有一股甜味。"只有在木工旋床加工时能闻到气味。虽然是梅，但气味很像樱桃"（河村）。

　　【用途】高级茶具、香盒、念珠、算盘珠。

苹果

【学名】*Malus pumila*（*M.domestica*）
【科名】蔷薇科（苹果属）
　　　阔叶树（散孔材）
【产地】中国辽宁、河北、山西、山东、陕西、甘肃、四川、云南、西藏常见栽培。原产欧洲及亚洲中部，栽培历史悠久，全世界温带地区均有种植
【相对密度】0.66 ～ 0.80
【硬度】5＊＊＊＊＊＊＊＊＊＊

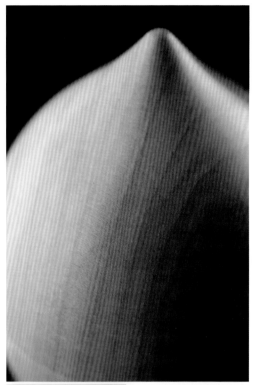

色彩丰富，纹理光滑，但开裂严重

　　苹果属于小型乔木，树高 10 ～ 15m，直径 20 ～ 30cm。木材特点是纹理光滑，色彩丰富。干燥比较困难，开裂严重。由于很难获取大型木材，开裂又比较严重，因此，流通量很小。

　　【加工】易加工。木工旋床加工时，几乎感觉不到阻力，手感顺滑轻快。成品表面光滑、漂亮。极富光泽。无油分，砂纸打磨有一定的效果，但边角不容易磨掉。

　　【木材纹理】可以看出年轮，但不够清晰（与红山樱的感觉比较相似）。纹理密集。

　　【颜色】色彩不均匀。木材颜色介于肤色与红褐色之间，其中还夹杂着绿色。

　　【气味】原木有一股苹果的香气，甜甜的。干燥后几乎无味。

　　【用途】小物件、手工餐具（木纹光滑，口感好）。

蔷薇科

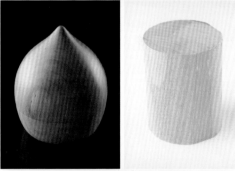

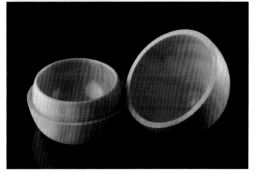

染井吉野樱

【学名】*Prunus × yedoensis*（*Cerasus × yedoensis*）
【科名】蔷薇科（樱属）
　　　　阔叶树（散孔材）
【产地】原产日本，日本各地均有种植，中国、欧洲、
　　　　北美均有引种
【相对密度】0.58* ～ 0.76*
【硬度】6 * * * * * * * * * *
※ 存在个体差异。

花姿优美，
但木材容易扭曲开裂

　　染井吉野樱是由大红山樱与江户彼岸樱杂交产生的园艺品种，作为观赏树，遍植于世界各地。由于成长过程中容易发生扭曲，因此，很难裁切出纹理通直的木材。树干容易形成中空。干燥过程中，容易扭曲变形、开裂。因此，裁切木材的难度极大。干燥后也很容易变形。作为观赏植物，染井吉野樱备受人们喜爱，但作为木材，却很难获得青睐。

　　【加工】加工难度较大。木工旋床加工时，刀刃似乎总会被卡住，旋削很困难。矿物线较多，用带锯加工时，容易损伤刀刃。

　　【木材纹理】由于树干扭曲生长，木材纹理也会显得比较扭曲。横切面的辐射状条纹比较明显。

　　【颜色】粉色中混杂着绿色，色彩明亮雅致。与红山樱的颜色十分接近。

　　【气味】有一股甜味。干燥后也能闻到。

　　【用途】小物件。由于扭曲变形且裂纹较多，不适宜制作家具。

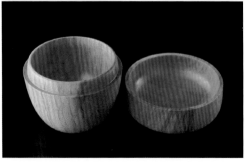

西洋梨

Pearwood

【学名】*Pyrus communis*
【科名】蔷薇科（梨属）
　　　　阔叶树（散孔材）
【产地】欧洲
【相对密度】0.70
【硬度】5＊＊＊＊＊＊＊＊＊＊

适合制作家具，果木的代表

　　西洋梨木质光滑，这是很多果木共通的特征（参见 P.228《"果实可以食用的树木"具有哪些特征？》）。不存在个体差异。硬度适中，易加工，极少开裂。适合制作家具和贴面板。纹理致密紧实。

　　【加工】切削与木工旋床加工都很方便。木屑光滑。无油分，砂纸打磨效果佳。

　　【木材纹理】纹理密集。几乎看不出年轮。导管较小，木材表面非常光滑漂亮。

　　【颜色】颜色素雅，略带粉色。"西洋梨的粉色十分有格调。可以用来表现樱花或大波斯菊的花瓣"（木镶嵌工艺师莲尾）。"我觉得西洋梨略带一丝橙色"（河村）。

　　【气味】气味很淡。味道与果实没有太大关系。

　　【用途】家具（温莎椅的部件等）、薄木贴面板、镶嵌工艺品、寄木细工、雕刻、乐器。"自古以来，拨弦古钢琴（羽管键琴）的拨子（拨动琴弦的零件）就是用西洋梨做的。因为西洋梨不会变形，木材表面十分光滑"（古乐器制作人）。

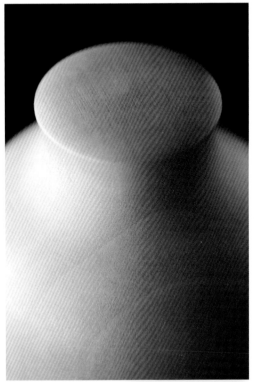

野杏

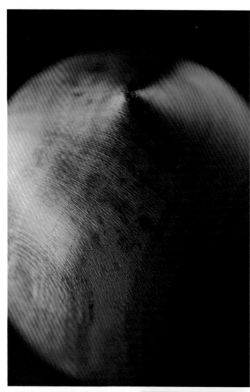

【别名】山杏

【学名】*Armeniaca vulgaris* var.*ansu*
（*Prunus armeniaca* var.*ansu*）

【科名】蔷薇科（杏属）
阔叶树（散孔材）

【产地】原产中国北部地区，自古传入日本，在日本各地均有栽种，朝鲜有分布

【相对密度】0.72 ～ 0.84

【硬度】6＊＊＊＊＊＊＊＊＊＊

木材颜色有粉色、绿色等，丰富多彩，有一股杏仁豆腐般的味道

树高 5 ～ 10 米，直径 50cm 左右，树径较细，无法获取大型木材。在成长过程中容易发生扭曲，干燥比较困难，容易开裂。纹理致密，木材表面非常光滑，便于加工，这些都属于果木的共同特征（参见 P.228《"果实可以食用的树木"具有哪些特征？》）。

【加工】硬度适中，材质致密，易加工。无油分，虽然砂纸打磨有一定的效果，但由于木质较硬，木材边角不容易磨掉。木工旋床加工时，手感平滑，操作容易。"旋削手感比梅木更硬，但操作起来很顺手，是一款很好的木材"（河村）。

【木材纹理】年轮模糊。纹理致密，有斑纹。

【颜色】木材表面交杂着粉色、橙色、淡淡的绿色等各种不同颜色。整体偏橙红色，与梅木的感觉十分相似，但混杂的颜色更深，反差更大。

【气味】有一股甜味。原木气味更浓。"闻起来有一股杏仁豆腐或樱叶饼表皮的味道"（河村）。

【用途】香盒、茶具、手工艺品、念珠。

钟花樱桃

【别名】寒绯樱、绯寒樱、福建红山樱花、绯樱
※ 与彼岸樱（别名：日本早樱 *Prunus* × *subhirtella* 或江户彼岸樱 *Prunus pendula* f.*ascendens*）不同，要注意区分。

【学名】*Prunus cerasoides* var.*campanulata*
　　　　（*Cerasus campanulata*）

【科名】蔷薇科（樱属）
　　　　阔叶树（散孔材）

【产地】原产中国，分布在浙江、福建、台湾、广东、广西等地，日本（关东地区以西多为人工种植，冲绳地区多为野生）、越南也有分布

【相对密度】0.60

【硬度】6＊＊＊＊＊＊＊＊＊＊

色彩鲜艳，气味浓郁，是日本最早开花的樱花

　　钟花樱桃的花期较早，每年 1~2 月份，在日本冲绳地区就会开花。在冲绳，说起樱花，指的就是钟花樱桃。木材颜色为粉色，色彩鲜艳，令人印象深刻。另外，木材的气味与色彩一样强烈，比其他樱花木的气味更浓郁。干燥过程中多少会有一些变形，但基本还算稳定，便于加工。适合制作手工餐具及小物件。

　　【加工】易加工。木工旋床加工时，手感很滑润（接近梅木的感觉）。无油分，砂纸打磨效果佳。

　　【木材纹理】年轮不是很清晰。木材质感光滑。在樱花类木材中，属于特别光滑的。

　　【颜色】鲜艳的桃红色中混有一些绿色或浅粉色。在樱花类木材中，属于颜色明显偏红的。存在个体差异。色彩明亮的木材与梅木的颜色十分相似。

　　【气味】原木的气味比其他的樱花木更为浓郁。有一股杏仁豆腐或樱桃般的味道。干燥以后仍能闻到味道。

　　【用途】小型工艺品、旋削制品、手工餐具等。

白背栎

【别名】柳栎、日本柳栎

【学名】*Quercus salicina*

【科名】壳斗科（栎属）
阔叶树（辐射孔材）

【产地】中国台湾，日本的本州（宫城县、新潟县以南）、四国、九州、冲绳，朝鲜

【相对密度】0.76 ～ 0.85

【硬度】8＊＊＊＊＊＊＊＊＊＊

与小叶青冈特征相似，
叶片背面为白色

叶片背面一片白色，仿佛洒了一层白粉，因而得名"白背栎"。整体特征与小叶青冈十分相似，但比小叶青冈略硬。硬度接近日本常绿橡树。木材颜色不像小叶青冈那么白。原木状态下极易变形。"白背栎变形非常严重。虽说干燥后会稳定下来，但制作带盖的物品时，还是会变形"（河村）。

【加工】虽然材质很硬，但由于质地坚韧，进行木工旋床加工时，几乎感受不到阻力。刀刃感觉十分光滑，几乎感觉不到导管。无油分，砂纸打磨效果佳。只是由于硬度较高，不像软木材那样好削。切削和刨削作业都比较费力。

【木材纹理】横切面上有辐射状条纹，也会出现斑点图案。

【颜色】米色。比小叶青冈的颜色略暗。心材与边材的区别不明显。

【气味】气味很淡，有点像日本水青冈。"白背栎有一股栎木特有的味道。这种气味令我想起小时候常吃的一种添加了很多防腐剂的廉价蛋糕"（河村）。

【用途】工具手柄、梆子、木刀、游行花车的零件。有时会与小叶青冈混合使用。

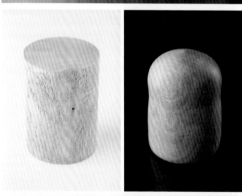

枹栎

【**别名**】枹树
【**学名**】*Quercus serrata*
【**科名**】壳斗科（栎属）
　　　　阔叶树（环孔材）
【**产地**】中国（辽宁南部、山西南部、陕西、甘肃、山东、江苏、安徽、河南、湖北、湖南、广东、广西、四川、贵州、云南等省区）、日本（北海道南部、本州、四国、九州）、朝鲜
【**相对密度**】0.83**
【**硬度**】8**********＊＊

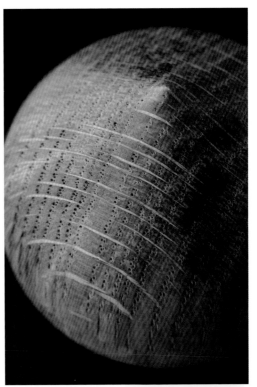

木质十分坚硬，有韧性，比蒙古栎的使用范围小

　　枹栎在日本又被称为"石栎"，可见其木质之硬，不过，还没有硬到日本常绿橡树（硬度8强）的程度。枹栎木质比蒙古栎（硬度5）更为坚硬、更有韧性、更致密。干燥过程中容易开裂变形。因此，很少被派上大用场。在木材市场上，经常有人把枹栎与蒙古栎混在一起，以"栎木"为名进行销售。

　　【**加工**】木工旋床加工时，感觉咔哧咔哧的，硬度和韧性都很高，旋削难度较大。因为枹栎韧性很大，加工时，总感觉刀刃会被带走。

　　【**木材纹理**】与蒙古栎相比，枹栎纹理更为密集。年轮清晰。横切面有很多辐射状条纹，径切面会出现虎斑。

　　【**颜色**】心材为奶油色，略带一丝浅绿色。"枹栎的色泽也显得很有硬度"（河村）。

　　【**气味**】在栎木特有的味道中，还混杂着一丝淡淡的酸味。"枹栎的味道很素雅，闻起来比较宁神"（七户）。

　　【**用途**】旋削制品、薪炭材、培植香菇的原木。"枹栎很难担当大任，不过可以用来制作一些小物件"（木材加工业者）。

壳斗科

红栎

Red oak

【别名】北美红栎

【学名】*Quercus rubra*

【科名】壳斗科（栎属）

　　　　阔叶树（环孔材）

【产地】北美洲东部

【相对密度】0.70～0.77

【硬度】8＊＊＊＊＊＊＊＊＊＊

收缩率较高，变形严重

　　红色的栎木。变形十分严重。干燥过程中极易开裂，干燥后也可能发生收缩。"在我用过的木材中，红栎是变形最为严重的。不适合用来做带盖的物品"（河村）。

　　【加工】加工难度虽不算大，但也并不简单。木工旋床加工时，不是嘎吱嘎吱的感觉，而是咔哧咔哧的。旋出的木屑会连在一起。从加工难易度看，还是美洲白栎更容易加工。

　　【木材纹理】木纹相对较直，但存在个体差异。横切面上有明显的辐射状条纹。导管较大。

　　【颜色】明亮的红褐色，色彩十分优雅。心材与边材的区别不明显。

　　【气味】有一股酸味。

　　【用途】建筑材料、家具。由于堵塞导管的侵填体组织不够发达，不能用来制作威士忌酒桶（与适合制作酒桶的美洲白栎相比，液体比较容易渗入木材之中）。

槲树

【别名】柞栎、波罗栎

【学名】*Quercus dentata*

【科名】壳斗科（栎属）

　　　　阔叶树（环孔材）

【产地】中国（黑龙江、吉林、辽宁、河北、山西、陕
　　　　西、甘肃、山东、江苏、安徽、浙江、台湾、
　　　　河南、湖北、湖南、四川、贵州、云南等省）、
　　　　日本（北海道、本州、四国、九州）、朝鲜

【相对密度】0.84**

【硬度】7强 ＊＊＊＊＊＊＊＊✳✳✳

木质坚硬，但极易加工，
树叶常被用来包裹柏饼[1]

　　槲树的木质比蒙古栎略硬，比枹栎略软，
质感与小叶青冈比较接近，但比小叶青冈更加
没有韧性。这些特点使得槲树加工起来非常方
便。在栎木中，加工便利程度仅次于蒙古栎。

　　【加工】加工非常方便。"槲树外观看起来
很硬，但阻力和韧性都不大，木工旋床加工非
常容易"（河村）。

　　【木材纹理】纹理接近枹栎或锥木（栲木）。
辐射状条纹之间有一些褶皱图案（会出现一些
小口径的导管）。

　　【颜色】心材为朦胧的灰褐色，略有些发白。
边材为浅浅的黄褐色，面积较大。

　　【气味】有一股栎木共有的特殊气味，但气
味很淡。"槲树的气味很难用语言形容。硬要说
的话，有点像那种毫无刺激性的、香醇润滑的
黄油味道"（河村）。

　　【用途】建筑材料、家具、薪炭材。由于树
皮中富含单宁，所以也可用来制作染料。树叶
被用于包裹柏饼。

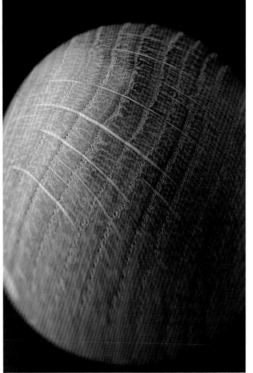

----

1 柏饼：一种日式点心，主要在日本的端午节食用。槲树在日
文中也会写作"柏"，但与中国的柏树（针叶树）完全不同。

麻栎

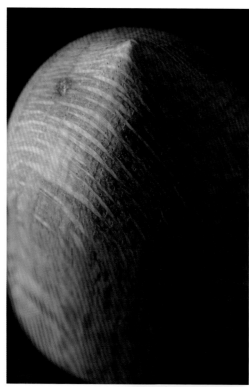

【别名】橡碗树
【学名】*Quercus acutissima*
【科名】壳斗科（栎属）
　　　　阔叶树（环孔材）
【产地】中国（辽宁、河北、山西、山东、江苏、安
　　　　徽、浙江、江西、福建、河南、湖北、湖南、
　　　　广东、海南、广西、四川、贵州、云南等省
　　　　区）、日本（本州的岩手县、山形县以南，四
　　　　国，九州，冲绳）、朝鲜、越南、印度
【相对密度】0.87**
【硬度】8 * * * * * * * * * * *

虽然易开裂、易变形，
但却意外地适合木工旋床加工

　　麻栎属于厚重坚硬的树种。但因为干燥过程中易开裂、易变形，所以很少被用作建筑或家具材料。不过，麻栎非常耐燃，是薪炭材中的一等品。麻栎的果实（橡子）从绳文时代[1]开始就是日本人餐桌上的食材。另外，麻栎也很适合用作培植香菇的原木。

　　【加工】虽然麻栎硬度很高，但木工旋床加工时（采用纵向取材法的情况下），却出乎意料地好旋。旋削手感十分顺滑，有些咔哧咔哧的感觉。"出乎意料的是，由于麻栎的硬度与韧性达到了一个很好的平衡，所以加工起来非常容易。尽管硬度与枹栎差不多，但阻力却远远小于枹栎，很容易旋削"（河村）。

　　【木材纹理】横切面会出现清晰的辐射状条纹，比小叶青冈的纹路更为清晰，非常漂亮。木理纹路较粗。

　　【颜色】边材颜色偏白。心材的红色在所有栎木中属于比较突出的。心材的红色程度按赤皮青冈→日本常绿橡树→麻栎的顺序，逐渐加深。

　　【气味】几乎无味。

　　【用途】薪炭材（据明治时代出版的《日本经济林木效用篇》记载，麻栎堪称日本的薪炭材之王）、培植香菇的原木、漆器、船舶用材（船橹等）。

---

1 绳文时代：日本石器时代后期，始于公元前12000年，于公元前300年左右结束。

美洲白栎
White oak

【别名】美洲白橡、美国白橡、白栎
【学名】*Quercus alba*
【科名】壳斗科（栎属）
　　　　阔叶树（环孔材）
【产地】北美东部
【相对密度】0.75 ～ 0.77
【硬度】8 *********＊＊

木质较硬，但易加工，
北美阔叶材的代表

作为国产栎木的代用材，美洲白栎的使用量正在逐年增加。它比蒙古栎更硬更重，硬度与枹栎基本相同。横切面的辐射状条纹不如蒙古栎细致。干燥过程中，横切面很容易剥离（红栎也会出现同样的情况）。总体而言，材质几乎不存在个体差异。除了颜色之外，美洲白栎与红栎最大的区别在于侵填体。侵填体是一种堵塞导管的组织，美洲白栎的侵填体十分发达，液体很难渗入木材，非常适合制作威士忌酒桶等。另外，市场上流通的白栎其实包括好几种树木，不仅是美洲白栎一种。

【加工】木质较硬，木工旋床加工时能够感受到阻力。"旋削时会感觉嘎吱嘎吱的，确实非常硬，加工起来比较费力"（河村）。无油分，砂纸打磨效果佳。基本没有逆纹。

【木材纹理】径切面上会出现银光纹理（虎斑，光线照射下会发出银光，因此也叫银斑）。木纹通直。

【颜色】心材介于米色与浅褐色之间。边材颜色发白，面积较小。

【气味】与蒙古栎气味相同。

【用途】家具、薄木贴面板、威士忌酒桶。

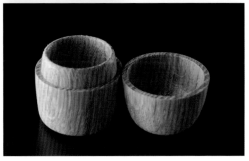

蒙古栎

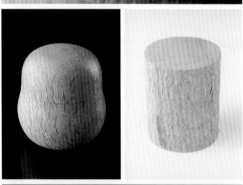

【学名】*Quercus mongolica*（*Q.crispula*）

【科名】壳斗科（栎属）
阔叶树（环孔材）

【产地】中国（黑龙江、吉林、辽宁、内蒙古、河北、山东等省区）、日本（北海道至九州，其中北海道为木材主产地）、俄罗斯、朝鲜

【相对密度】0.45～0.90

【硬度】5＊＊＊＊＊＊＊＊＊＊

颇受欢迎的家具板材，属于阔叶材

蒙古栎的木材纹理素雅，色彩优美，加工性好。横切面有很多辐射状条纹，径切面上会有虎斑。辐射状条纹之间的缝隙很窄。同属的美洲白栎，辐射状条纹之间缝隙很宽，而且整体也比蒙古栎硬。蒙古栎时常会与枹栎混在一起销售，但枹栎木质较硬，很难处理，所以一定要特别注意。

【加工】易加工。木工旋床加工时，手感十分轻快，松脆。虎斑不会给加工造成影响。"蒙古栎基本没有个体差异，非常适合进行旋削，对木工新手也很友好"（河村）。感觉不到油分。与榉树一样，由于导管较大，涂料渗透较快（环孔材的共性）。

【木材纹理】年轮周围有一圈较大的导管，因此，年轮显得十分清晰。

【颜色】心材为偏红的奶油色。边材颜色发白。

【气味】有一股栎木特有的气味，淡淡的。这种气味非常雅致，令人凝神静气。

【用途】家具、薄木贴面板、地板。

日本常绿橡树

【**别名**】赤栎、尖锐栎、尖叶青冈
【**学名**】*Quercus acuta*
【**科名**】壳斗科（栎属）
　　　　阔叶树（辐射孔材）
【**产地**】中国（台湾、贵州、广东）、日本（本州、四
国、九州）、朝鲜
【**相对密度**】0.80～1.05
【**硬度**】8 强＊＊＊＊＊＊＊＊＊＊

质感坚韧，无论硬度还是重量
都处于顶级水平

　　日本常绿橡树硬度高、材质重，在日本产
木材中仅次于蚊母树等。质感坚韧，耐水性强。
"感觉比小叶青冈更硬一些。但刀刃阻力没有蚊
母树那么强"（河村）。原木干燥过程中很容易
变形。但干燥后，木性比较稳定。这也是所有
栎木的共性。

　　【**加工**】在进行木工旋床加工时，能够感受
到纤维，旋起来嘎吱嘎吱的。即使使用极其锋
利的刀刃也会感受到阻力。切削与刨削作业都
很困难。"虽然材质很硬，但它的硬度与风车木
又不一样。感觉非常有韧性"（河村）。

　　【**木材纹理**】稍显不规则。木材表面会出现
一些白色斑纹。年轮不是很清晰。

　　【**颜色**】淡红色。心材与边材的区别不太明显。

　　【**气味**】几乎无味。

　　【**用途**】用于各种工具的手柄（日本弥生时
代的锄头、木锹等）、梆子、木刀、三味线的琴
杆、游行花车的车轮等要求质地结实的物品。木
工刨的刨身通常是由栎木制成的，但用的大多是
小叶青冈，而非日本常绿橡树。这主要是因为日
本常绿橡树比小叶青冈更难买到，而且颜色也不
太合适。"与小叶青冈相比，日本常绿橡树的颜
色更深，不容易确认刨刀的出刀情况。也有人认
为它的韧性还是差了一些，容易开裂。再有，就
是价格比较贵"（日本专门修建寺庙的木匠）。

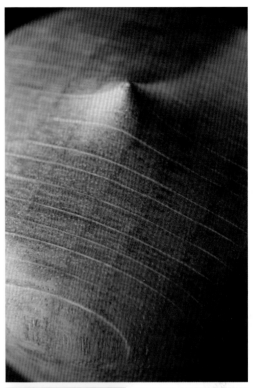

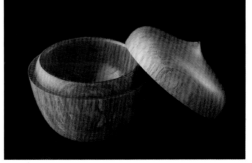

日本栗

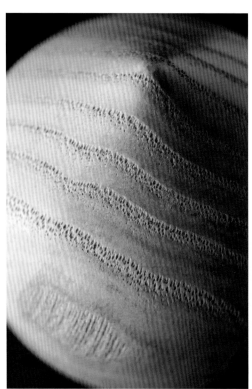

【学名】*Castanea crenata*

【科名】壳斗科（栗属）

阔叶树（环孔材）

【产地】原产日本，分布在北海道（札幌以南）至九州地区，朝鲜南部也有。中国辽宁、山东、江西及台湾等省区均有引种

【相对密度】0.60

【硬度】5 * * * * * * * * * *

在日本，自绳文时代起就备受人们喜爱，适合长期保存的木材

日本栗的特点是：硬度适中、材质坚韧、防水、耐久性强、不易变形开裂。正是由于这些特点，在日本，自绳文时代起，日本栗就被广泛用于建筑地基、枕木等生活中的各个领域。木材纹理鲜明突出，很多工艺品都特别强调了这种纹理特征。与木理纹路较粗的水曲柳十分相似（日本栗的纹理更为清晰）。

【加工】木工旋床加工时，如果碰到较大的导管，会感觉咔哧咔哧的。无油分，砂纸打磨效果佳。不过，成品表面很难打磨得十分光滑。"如果凿子很锋利，削起来会感觉很松脆。由于纤维全部贯通，所以用砍刀就能很轻松地劈开"（木匠）。

【木材纹理】年轮周围有一圈肉眼可见的超大导管，因此，年轮显得十分突出。心材与边材的区别非常明显。

【颜色】心材为土黄色。"颜色很像栗子肉"（小岛）。由于木材里含有单宁，随着时间的流逝，颜色会越来越素雅。日本栗的颜色变化不需要很长时间，因此很容易让人产生该物品已经用了很久的感觉（容易获得珍惜物品的满足感）。

【气味】有一股淡淡的甜苦味。气味很独特。

【用途】建筑材料、家具、地基、木雕、器皿、木工艺品。

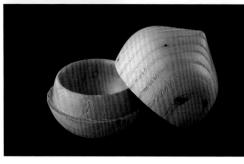

日本水青冈

【**别名**】日本山毛榉、圆齿水青冈
【**学名**】*Fagus crenata*
【**科名**】壳斗科（水青冈属）
　　　　阔叶树（散孔材）
【**产地**】日本的北海道南部至九州
【**相对密度**】0.50～0.75
【**硬度**】5强＊＊＊＊＊＊＊＊＊＊

有韧性，有硬度，最适合制作曲木

　　日本水青冈颜色发白，有很多独特的斑纹。硬度适中，易加工。毛刺少，成品表面光洁顺滑。干燥过程中容易变形，但很少开裂。干燥后比较稳定。适合做曲木。材质的个体差异很小，因此，使用方便。有韧性，也常被用于制作玩具（儿童动作粗暴也不会损伤玩具）。

　　【**加工**】硬度适中，加工比较方便。不用特别注意刀刃状态。木工旋床加工时，会感觉嘎吱嘎吱的。无油分，砂纸打磨效果佳。

　　【**木材纹理**】横切面有辐射状条纹。径切面上会出现不明显的红色斑纹。弦切面上有大片的雨点状（像芝麻粒一样）斑纹（壳斗科木材的特征）。

　　【**颜色**】米色。心材与边材的区别不明显。

　　【**气味**】有一股淡淡的蜡味儿（所有栎木共有的气味）。"日本水青冈的味道很像一种过去十分常见的蛋糕，放了很多防腐剂、价格很便宜的那种蛋糕"（河村）。

　　【**用途**】家具、室内装修材料、曲木、木制玩具。

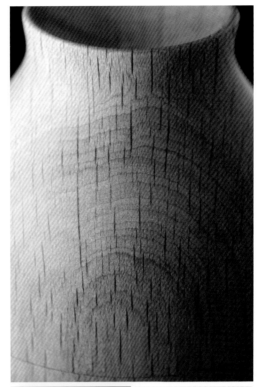

栓皮栎

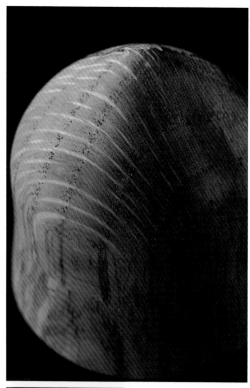

【别名】软木栎、粗皮青冈
【学名】*Quercus variabilis*
【科名】壳斗科（栎属）
　　　　阔叶树（环孔材）
【产地】原产亚洲东部的广大地区，包括中国（辽宁、河北、山西、陕西、甘肃、山东、江苏、安徽、浙江、江西、福建、台湾、河南、湖北、湖南、广东、广西、四川、贵州、云南等省区）、日本（本州的山形县以南、四国、九州）和朝鲜
【相对密度】0.78**
【硬度】8 * * * * * * * * * * *

树皮的木栓层比较发达，材质较硬，质感类似麻栎或枹栎

栓皮栎在材质坚韧的木材中属于硬度较高的树种。整体质感与麻栎或枹栎十分相似。"硬度略逊于麻栎。但比小叶青冈更硬"（河村）。干燥过程中容易开裂、变形，因此要格外注意横切面上的裂纹。栓皮栎的特点在于树皮上厚厚的木栓层。

【加工】木工旋床加工时，一开始略吱咯吱的，手感很脆，然后变成嘎吱嘎吱的，阻力很强。刀刃很容易被带偏。使用圆盘锯时，如果没有切实研磨好刀刃，断面可能会被烧焦。如果刀刃足够锋利，横切面会比较光滑。

【木材纹理】木理纹路较粗，与枹栎非常接近。横切面上有栎木特有的辐射条纹。心材与边材的区别不明显。

【颜色】朦胧的灰褐色，略带一丝灰白色。

【气味】有一股淡淡的气味。"栓皮栎的颜色十分朦胧，同样，它的气味似乎也有一些朦胧"（河村）。

【用途】以前，栓皮栎树皮的木栓层多被用于制作软木，木材部分则很少被使用。近年来，日本的岐阜县美浓加茂市为了有效利用市内丰富的木材资源，特别开启了一个鼓励使用栓皮栎的项目，目前，栓皮栎在日本已被广泛用于制作儿童课桌面板或手工艺品等多个领域。

水青冈

Beech

【别名】山毛榉
【学名】*Fagus grandifolia*（大叶水青冈/北美水青冈）
　　　　Fagus sylvatica（欧洲水青冈）
【科名】壳斗科（水青冈属）
　　　　阔叶树（散孔材）
【产地】大叶水青冈→北美东部
　　　　欧洲水青冈→欧洲
【相对密度】0.74（大叶水青冈）、0.72（欧洲水青冈）
【硬度】5 ★★★★★☆☆☆☆☆

特征与日本水青冈几乎完全相同，非常实用的木材

　　与日本水青冈的质感几乎完全相同（旋削的感觉、硬度等）。收缩率较高，容易开裂。比较适合进行蒸汽曲木加工，多用于制作温莎椅的曲木部分。也比较适合进行旋削加工，可以用旋盘加工成椅子腿和横木。硬度适中，有韧性，常被用于制作木制玩具。

　　【加工】木性平实，易加工。木工旋床加工时，手感十分顺滑，操作容易。不过，如果刀刃不够锋利，表面容易起毛。无油分，砂纸打磨效果佳。

　　【木材纹理】木材表面有很多雨点状（像芝麻粒一样）的斑纹。木纹均匀。横切面有辐射状条纹。

　　【颜色】偏红的奶油色。心材与边材的区别不明显。

　　【气味】有一股蜡烛的蜡味。与日本水青冈的味道基本相同。

　　【用途】家具、地板、木制玩具。

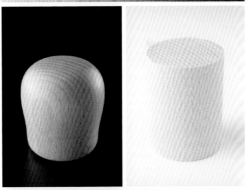

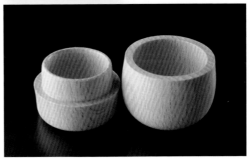

乌冈栎

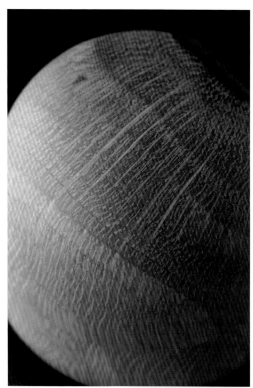

【别名】马目栎、石滴柴
【学名】*Quercus phillyreoides*
【科名】壳斗科（栎属）
　　　　阔叶树（辐射孔材）
【产地】中国（陕西、浙江、江西、安徽、福建、河南、湖北、湖南、广东、广西、四川、贵州、云南等省区）、日本（本州的关东地区南部以西、四国、九州、冲绳）
【相对密度】1.03**
【硬度】9强＊＊＊＊＊＊＊＊＊＊

优良的木材，
硬度与韧度都属于顶级的

在栎木中，乌冈栎质地最硬，质量最重，韧度也非常强。与相同相对密度的乌木类木材相比，硬度的质感截然不同（乌木没有韧性，硬度更像金属）。"我感觉乌冈栎比蚊母树（硬度9）还要更硬一些"（河村）。"拿在手上可以明显感觉到，乌冈栎比其他栎木都要重"（木材加工业者）。乌冈栎属于常绿灌木（高度5～10m），树干很细，很难获取大型木材。因此，很少作为木材在市场上流通，不过，在日本，它一直是制作备长炭[1]的最佳材料。

【加工】由于木质极硬，又有韧性，所以即使刀刃十分锋利，加工起来也很费力。所有栎木加工时阻力都很大，而乌冈栎可谓达到阻力之最。"木工旋床加工时，刀刃很容易被带偏，有一种要崩飞的感觉。刨床加工时，木材会蹦起来"（河村）。

【木材纹理】横切面有辐射状条纹。辐射线条之间有细小的卷缩花纹（沿辐射方向排列的导管。锥木等也有同样的特征）。

【颜色】朦胧的奶油色，略有些发红。心材与边材的区别不明显。木理纹路较粗。

【气味】基本无味，是栎木中最难感觉到味道的树种（由于材质比较致密）。

【用途】工具手柄、船舶材料、薪炭材（尤其是制作备长炭的最佳材料）。

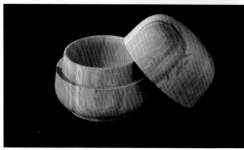

---

1 备长炭：日本的一种木炭，源自江户时代，以乌冈栎为原料，燃烧时火力稳定而持久。

小叶青冈

【学名】*Cyclobalanopsis myrsinifolia*
（*Quercus myrsinifolia*）

【科名】壳斗科（青冈属）
阔叶树（辐射孔材）

【产地】中国（产区很广，北自陕西、河南南部，东自
福建、台湾，南至广东、广西、西南至四川、
贵州、云南等省区）、日本（本州的新潟县、
福岛县以南，四国，九州）、越南、老挝

【相对密度】0.74 ～ 1.02

【硬度】8 ＊＊＊＊＊＊＊＊＊＊

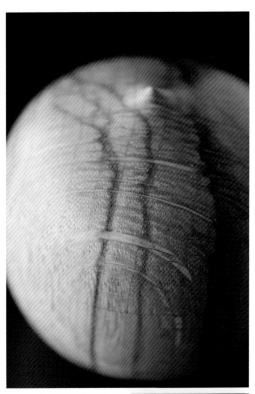

木材厚重坚硬
常用于制作工具手柄

　　小叶青冈的木材厚重坚硬。材质比较有韧性，最常用于制作工具手柄，还有很多其他用途。在日本，大多数木工刨的刨身都是用小叶青冈制作的。虽然木质坚硬，但极少开裂。

　　【加工】几乎没有导管，因此刀感顺滑，阻力小，木工旋床加工时，意外地好操作。几乎没有个体差异，木材质感统一。锯切或刨削作业都比较费力。"虽然木质很硬，但却给人一种柔软的印象。旋削时能感觉到韧性。不是沙沙作响，但也不得嘎吱嘎吱响"（河村）。

　　【木材纹理】横切面上会以芯部为中心出现牡丹花纹。径切面上会出现虎斑。"制作木镶嵌工艺品时，我会用小叶青冈来表现小鸟的羽毛图案"（木镶嵌工艺师莲尾）。

　　【颜色】底色为带飞白的奶油色，上面交杂着焦褐色的条纹。心材与边材的区别不明显。"横切面上会出现焦褐色的牡丹花图案，十分优美"（小岛）。

　　【气味】有一股栎木特有的气味。这是壳斗科树木共有的气味。

　　【用途】工具（刀具、器具等）手柄、木工刨的刨身（参照 P.151 的【用途】）。

锥木（栲木）

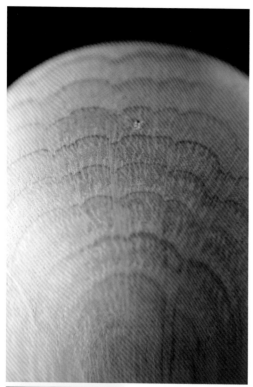

※ 在日本，"锥木（栲木）"为两种日本野生锥属木材（小叶栲、长果锥）的统称。

【学名】*Castanopsis cuspidata*（小叶栲）
　　　Castanopsis sieboldii（长果锥）

【科名】壳斗科（锥属）
　　　阔叶树（辐射孔材）

【产地】中国（小叶栲产西双版纳，贵州、广西、广东、福建等省区均有分布）、日本 [本州（小叶栲主要生长在伊豆半岛以南，长果锥主要生长在福岛县、新潟县以南）、四国、九州、冲绳]

【相对密度】小叶栲 0.52、长果锥 0.50 ～ 0.78

【硬度】8 * * * * * * * * * * *

不宜作为木材使用，木质较硬，容易变形

　　锥木（栲木）的收缩率很高，干燥过程中容易开裂并扭曲变形。耐久性也不是很强。必须在原木状态下制成木材，否则干燥后会变得非常硬。这些性质使得锥木（栲木）很不适合作为木材使用，大多被用作生火的木柴或木片等。

　　【加工】虽然木质很硬，但木性质朴（逆纹或节子很少）。木工旋床加工时，能感受到纤维的阻力，旋起来嘎吱嘎吱的。不过，制作小物件并不费力。无油分。

　　【木材纹理】横切面的年轮非常清晰，轮廓通常为波浪状。心材与边材的区别不明显。

　　【颜色】接近白色的奶油色。偶尔会出现一些漆木一样的黄色条纹，非常优美。

　　【气味】基本无味。

　　【用途】培植香菇的原木、木柴等。很少用作建筑材料或家具材料。

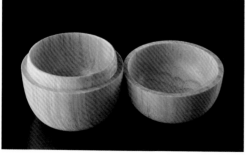

邦卡棱柱木

【别名】拉敏白木（Ramin）

【学名】*Gonystylus bancanus*

【科名】瑞香科（膝柱木属）
阔叶树（散孔材）

【产地】东南亚（菲律宾、印度尼西亚等）、太平洋群岛（新几内亚等）

【相对密度】0.52～0.78

【硬度】4 弱 ＊＊＊＊＊＊＊＊＊＊

颜色与材质比较均匀，主要用于室内装修

邦卡棱柱木并不属于大型的大径木（胸高直径 60cm 左右），因此无法裁切太大的木材。木纹细致，可加工性好，材质个体差异较小。不过，耐久性与防虫性稍差，常被用作楼梯扶手等内装材料。邦卡棱柱木在加里曼丹岛已被认定为稀有树种，严禁砍伐，今后的市场流通量会越来越小。

【加工】易加工。木工旋床加工时，感觉不到纤维阻力，手感非常轻快，操作容易。木屑呈细碎的粉状，旋削时会四处飞散。无油分，砂纸打磨效果佳。钉钉子时容易开裂，需特别注意。

【木材纹理】整体遍布导管。木纹十分细致。横切面上有明显的辐射状条纹。木材表面有优美的斑纹。

【颜色】奶油色。色彩均匀。心材与边材的区别不明显。

【气味】基本无味。

【用途】室内装修材料（楼梯扶手等）、镜框。

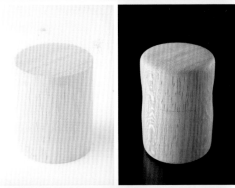

笔管榕

桑科

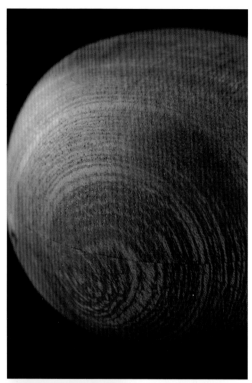

【别名】雀榕

【学名】*Ficus subpisocarpa*

【科名】桑科（榕属）

阔叶树（散孔材）

【产地】中国的台湾、福建、浙江、海南、云南南部，日本的纪伊半岛、山口县、四国、九州、冲绳，缅甸，泰国，中南半岛诸国，马来西亚（西海岸）

【相对密度】0.49[**]

【硬度】3＊＊＊＊＊＊＊＊＊＊＊

材质较软，易加工，与榕树极为相似

笔管榕与榕树同科同属，无论是硬度还是加工时的触感，二者都几乎相同。只是颜色略有差异。"如果蒙上眼进行木工旋床加工，二者几乎无法区分"（河村）。榕树属于奶油色系，而笔管榕的特点在于独特的棕色调。因为材质较软，所以很容易加工，但耐久性较差。笔管榕与榕树一样，都是著名的"绞杀植物[1]"。

【加工】易加工。但如果刀刃不够锋利，横切面会凹凸不平。木工旋床加工时，手感轻快顺滑，不过，会有很多细碎的粉末飞散。"笔管榕的粉末不呛人，（我）不至于流眼泪或打喷嚏。不像毒籽山榄那样粉末中带着尖刺"（河村）。完全感觉不到油分，砂纸打磨效果佳。但如果打磨过度，会出现"凹凸纹理"的效果。

【木材纹理】有类似铁刀木的细条纹。木理纹路较粗。

【颜色】浅棕色的底色中夹杂着焦褐色的条纹。比榕树更偏棕色一些（榕树属于奶油色系）。心材与边材的区别不明显。

【气味】几乎无味。

【用途】手工艺品、建筑材料杂料。

---

1 绞杀植物：被称为"森林恶魔"，先以附生形式开始生长，然后通过根茎的成长成为独立生活的植物，并采用挤压、攀抱、缠绕等方式盘剥寄树营养，剥夺寄树的生存空间，从而杀死寄树。

鸡桑

【**别名**】小叶桑、集桑、山桑
【**学名**】*Morus australis*（*M.bombycis*）
【**科名**】桑科（桑属）
　　　　阔叶树（环孔材）
【**产地**】中国（辽宁、河北、陕西、甘肃、山东、安
　　　　徽、浙江、江西、福建、台湾、河南、湖北、
　　　　湖南、广东、广西、四川、贵州、云南、西藏
　　　　等省区）、日本（北海道至九州，自古以来，
　　　　优良木材产地一直位于伊豆群岛的御藏岛）、
　　　　朝鲜、斯里兰卡、不丹、尼泊尔、印度
【**相对密度**】0.52～0.75
【**硬度**】6强 ＊＊＊＊＊＊＊＊＊＊

桑科

在日本，一直被用于制作江户指物[1]，色彩与木纹的强度十分协调

　　鸡桑在日本属于价格比较昂贵的树种。木纹清晰有力，褐色表面极富光泽，木质较硬，有韧性。御藏岛出产的鸡桑（岛桑）是极其稀有的顶级木材，也是制作江户指物不可或缺的材料。此外，鸡桑还被广泛用于制作茶具柜等和式家具、工艺品、琵琶等。"岛桑的音响效果特别好。音色十分清脆"（制作琵琶的工匠）。"无论是颜色、光泽度还是加工手感，都与榉树完全不同。岛桑的木性特别好"（江户指物匠人）。

　　【**加工**】由于木质较硬，无论是用锯子切削，还是用木工旋床加工，难度都很大。木工旋床加工时，感觉嘎吱嘎吱的。并不是被纤维带着走的感觉，只是单纯地感觉木材质地较硬。对刀刃有钝化效果（无法继续切割）。

　　【**木材纹理**】年轮清晰。年轮间距较宽。有时会出现瘤纹纹理。横切面上有辐射状条纹。

　　【**颜色**】刚加工完毕时为绿褐色。一段时间后，颜色会变深，并逐渐由金褐色变成焦褐色。色彩变化非常大。

　　【**气味**】有一股淡淡的药味。

　　【**用途**】江户指物、家具、和式房间的壁龛装饰柱、工艺品、乐器（琵琶或三味线的琴筒等）。

---

1 江户指物：主产地为东京都台东区，是东京著名的传统手工艺品，主要为榫卯结构，不使用一根钉子，仅靠木材的榫头接合制作的家具或工艺品。

帕(拉)州饱食桑

【别名】南美血檀、血檀或血木（Bloodwood）、
　　　　缎木（Satine）

【学名】*Brosimum paraense*

【科名】桑科（蛇桑属）
　　　　阔叶树（散孔材）

【产地】巴西、秘鲁、委内瑞拉

【相对密度】1.01

【硬度】7＊＊＊＊＊＊＊＊＊＊

缎子般致密的纹理，鲜明耀眼的红色

帕(拉)州饱食桑的木材纹理如同缎子一般致密，因而又叫缎木。它的别名还有南美血檀、血檀、血木，因为木材颜色如同鲜血一样，红得令人印象深刻。心材部分面积较小，因此很难获取大型木材，不过由于这种红色木材十分稀少，因此一直属于贵重木材。

【加工】虽然木质较硬，又有逆纹，但木工旋床加工时几乎感觉不到纤维，很好操作。加工过程中会有许多细粉飞散。基本感觉不到油分，但砂纸打磨效果欠佳。

【木材纹理】年轮不明显。纹理致密光滑。

【颜色】心材为鲜红色，色彩十分突出。边材为黄白色，面积较大。

【气味】有一股甜味。"帕(拉)州饱食桑的气味很好闻，我很喜欢这种甜香的味道"（河村）。

【用途】很难获取大型木材，因此常被用来制作小物件。镶嵌工艺品（红色硬木比较少见，因此备受珍视）、钓竿、小提琴的琴弓（巴西苏木的代用材）。

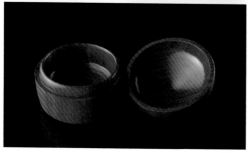

榕树

【学名】 *Ficus microcarpa*
【科名】 桑科（榕属）
　　　　阔叶树（散孔材）
【产地】 中国、斯里兰卡、印度、缅甸、泰国、越南、
　　　　马来西亚、菲律宾、日本、巴布亚新几内亚、
　　　　澳大利亚、加罗林群岛
【相对密度】 0.44～0.76
【硬度】 3＊＊＊＊＊＊＊＊＊＊

南方常见树种，
木材图案多姿多彩

　　榕树是南方温暖地区的常见树种，常被用作行道树或防风林。有的榕树树高能达到20m左右，可以获取比较大型的木材。木材材质较软，图案多种多样，看上去极富趣味。不过，木材易开裂，易生虫，很难保管。

　　【加工】易加工。但如果刀刃不够锋利，横切面会凹凸不平。材质较软，很少逆纹，因此比较适合雕刻。用木工旋床等进行旋削加工时，基本感受不到阻力，手感平滑顺畅。无油分，砂纸打磨效果佳。但要注意，如果打磨过度，会出现"凹凸纹理"的效果。

　　【木材纹理】木材表面会出现与铁刀木相同的细致条纹。有些木纹的图案仿佛年轮一般，这是榕树的重要特征之一。

　　【颜色】奶油色的底色中夹杂着很多焦褐色的年轮纹样，十分醒目。

　　【气味】基本无味。

　　【用途】建筑材料杂料、琉球漆器的坯体、小工艺品。

蛇纹木
Snakewood

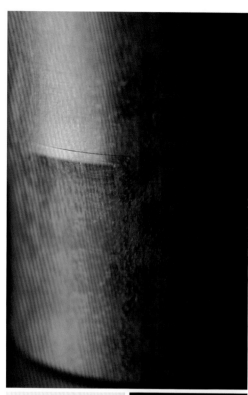

【别名】蛇木、字母木或甲骨文木（Letterwood，因木纹酷似象形文字而得名）、豹纹木（Leopardwood）、圭亚那蛇桑、圭亚那饱食桑

【学名】*Brosimum guianense*（*Piratinera guianensis*）

【科名】桑科（饱食桑属／蛇桑属）
阔叶树（散孔材）

【产地】南美洲北部（圭亚那高原附近的圭亚那、苏里南等）

【相对密度】1.30

【硬度】9**********＊

具有独特的蛇纹图案，是世界上最硬的木材之一

蛇纹木的相对密度为 1.30，与愈疮木（*Guaiacum officinale*）等同为世界上最重最硬的木材之一。油分较多，但没有韧性。干燥比较困难。耐久性强。木材表面有独特的蛇纹图案，因此被称为蛇纹木或蛇木。用带有这种图案的木材制成的拐杖等，都属于最高级的商品，价格昂贵。

【加工】材质厚重坚硬，但很适合木工旋盘或旋床加工，操作十分方便。旋削时会有木粉。树脂较多，刀刃会沾上树脂块。耐热性较差，用砂纸打磨可能会出现裂纹。

【木材纹理】具有独特的蛇纹图案。不过，并不是每块木料都有这种图案。

【颜色】红褐色的底色上带有黑色的蛇纹图案。

【气味】几乎无味。

【用途】拐杖（最高级品）、鼓槌（虽然是最高级品，但易断，可能是由于木材虽含油分，但韧性不足）、古乐器（维奥尔琴等）的琴弓、台球杆。

山茶

【学名】*Camellia japonica*
【科名】山茶科（山茶属）
　　　　阔叶树（散孔材）
【产地】中国各地广泛栽培，其中，四川、台湾、山
　　　　东、江西等地有野生种。日本的本州、伊豆群
　　　　岛、四国、九州、冲绳，朝鲜也有分布
【相对密度】0.76 ～ 0.92
【硬度】7＊＊＊＊＊＊＊＊＊＊

木质坚硬，纹理致密光滑，
可作为日本黄杨的代用材

　　山茶的木材密度很高，比日本黄杨略软，木质光滑，是一款优良木材。山茶可作为日本黄杨的代用材，用途广泛。耐久性强，干燥过程中容易开裂。"山茶会严重变形。木材扭曲，很难旋成薄板。处理起来相对比较困难"（木材经销商）。

　　【加工】木工旋床加工时，虽然手感不像日本黄杨那么顺滑，但也十分轻快。无油分（山茶油是从果实中提炼的），砂纸打磨效果佳。成品表面非常漂亮，极富光泽。切削与刨削作业比较费力。

　　【木材纹理】纹理致密。心材与边材没有区别。有时，大型木材上会出现波浪状皱缩条纹。

　　【颜色】木材颜色存在个体差异，有些为接近白色的奶油色，有些为象牙色，还有些颜色偏红。通常大型木材都带一点红色。

　　【气味】基本无味。

　　【用途】印章、木梳、将棋棋子、印刷用的木版等雕刻用材。果实可以榨取山茶油。可作为日本黄杨的代用材，很多用途与日本黄杨相同。

阿林山榄

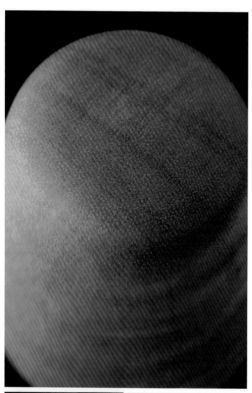

【别名】安纳格（Anigre、Anegré）、银心木（Silver heart）、缎面欧亚槭

【学名】*Aningeria* spp.（*A.superbal* 华丽阿林山榄等）

【科名】山榄科
　　　　阔叶树（散孔材）

【产地】非洲

【相对密度】0.66**

【硬度】6 * * * * * * * * * * *

木材花纹十分优美，
既可用作建筑材料，也可用于制作乐器

　　阿林山榄产于非洲，硬度适中，加工比较方便。可用于制作薄木和乐器等。加工时，刀刃容易变钝（难以长时间保持锋利）。木材表面会出现缎子般的波浪状皱缩条纹，十分优美，因此，在日本乐器行业常被称为缎面欧亚槭。不过，与无患子科的欧亚槭并非同一科的树种。

　　【加工】不太能感觉到韧性，比较容易加工。木工旋床加工时，感觉略吱略吱的，不过手感非常轻快。但如果刀刃不够锋利（没有切实研磨好刀刃），表面容易起毛刺。特别是旋削时，很容易扎手。"我感觉阿林山榄的每根纤维都很硬。因此，做盒盖时，角上的纤维容易剥落，造成缺损。成品表面非常漂亮，但不够光滑"（河村）。

　　【木材纹理】年轮很不清晰。瘤纹纹理十分优美。

　　【颜色】略带红色的奶油色。

　　【气味】几乎无味。

　　【用途】乐器、建筑材料、薄木。

毒籽山榄

Moabi

山榄科

※ 市场俗称：非洲樱、非洲樱桃木、洋樱（与樱花不同科）

【学名】*Baillonella toxisperma*
【科名】山榄科（毒子榄属）
　　　　阔叶树（散孔材）
【产地】西非（尼日利亚、刚果等）
【相对密度】0.80 ～ 0.88
【硬度】6 ＊＊＊＊＊＊＊＊＊＊

非洲的一种大径木，
瘤纹纹理十分优美

　　毒籽山榄属于大径木，树高 60m，胸高直径能达到 3m 左右，可以获取大型木材。由于颜色比较接近，常被用作樱花木的代用材（比樱花木更为厚重坚硬）。与生长于非洲同一地区的猴子果的木材整体感觉十分相似。木质致密。偶尔会出现非常优美的瘤纹纹理。"毒籽山榄的花纹沉静优雅，不是很花哨。不会给人特别强烈的冲击感"（河村）。耐久性强，抗白蚁性强。

　　【加工】木工旋床加工时，手感非常轻快，操作方便。木屑呈细针状，眼鼻会有刺激感，喉咙很不舒服。加工时可能会碰到无定形的二氧化硅，需特别注意。

　　【木材纹理】纹理密集。有时会出现瘤纹纹理（较大的同心圆花纹、泡状花纹等）。

　　【颜色】心材为红色感强烈的茶褐色。边材为灰白色系。

　　【气味】基本无味。

　　【用途】贴面板、桌面面板、地板、唐工细木。

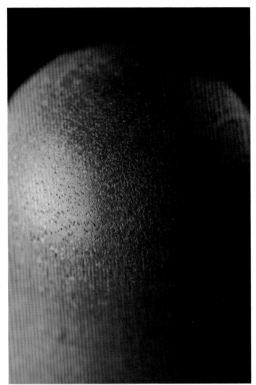

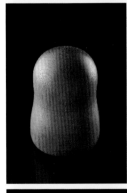

猴子果

Makore

※ 市场俗称：非洲樱、非洲樱桃、洋樱（与樱花不同科）

【学名】*Tieghemella heckelii*（猴子果）

Tieghemella africana（非洲猴子果）

【科名】山榄科（猴子果属）

阔叶树（散孔材）

【产地】西非（科特迪瓦、加纳、尼日利亚等）

【相对密度】0.62～0.69

【硬度】4 * * * * * * * * * *

极富光泽，
桃花心木和樱花木的代用材

在日本，猴子果有时会与毒籽山榄等合称为"洋樱"。主要作为桃花心木的代用材进口到日本，不过，有时也会被当做樱花木或桦木的代用材。易加工，成品表面很漂亮。耐久性强，抗白蚁性强。属于大径木，直径能达到2m左右，可以获取大型木材。很少变形。

【加工】易加工。木工旋床加工时，基本感觉不到阻力，手感非常轻快。不过，有时木材中会含有无定形的二氧化硅，对刀刃有钝化效果。旋削感觉类似筒状非洲棟和桃花心木，但木质感觉比他们更软一些。无油分，砂纸打磨效果佳。木屑呈粉状。

【木材纹理】四处密布导管。纹理密集，极富光泽。

【颜色】较暗的红砖色。比较类似黑樱桃木或红山樱木随着时间的推移变深了的颜色。

【气味】基本无味。

【用途】薄木贴面板、家具、门槛、单块面板的大型台面、桃花心木和樱花木的代用材。

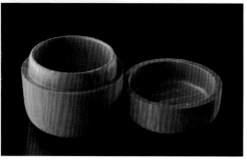

纳托山榄

Nyatoh

【别名】胶木、银丝木、金丝檀木、椿茶木
【学名】*Palaquium* spp.
【科名】山榄科（胶木属）
　　　　阔叶树（散孔材）
【产地】东南亚、新几内亚等太平洋地区
【相对密度】0.47 ～ 0.89
【硬度】4 ＊＊＊＊＊＊＊＊＊＊

加工性良好，无味，
适合做普通建筑材料

　　纳托山榄是所有生长在东南亚至太平洋地区的山榄科胶木属树木的总称。这类树木大约有几十种。因此，纳托山榄中不同个体之间的差异非常大。尤其是相对密度值的跨度较大，硬度也有差异。整体来讲，纳托山榄木性平实，易加工，具有优良建筑材料的基本特征。木材颜色偏红，在建筑材料中比较有高级感，干燥并不困难。质感与胡桃木十分接近。

　　【加工】感觉不到逆纹，易加工。木工旋床加工时，不会受纤维影响，手感非常轻快。"纳托山榄没有油分，因此，即使刀刃不够锋利，也可以用砂纸打磨出上佳效果，看不出太大问题。非常适合木工新手"（河村）。

　　【木材纹理】木纹较粗。纹理密集。会出现大块的波浪状皱缩条纹。

　　【颜色】明亮的棕色中带有一丝淡淡的红色。个体差异较大。"可以利用纳托山榄的红棕色来表现树干或红砖"（木镶嵌工艺师莲尾）。

　　【气味】基本无味。

　　【用途】建筑材料、室内装修材料、家具、乐器。

澳洲坚果

Macadamia

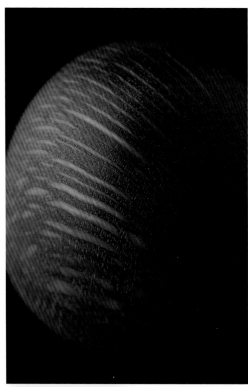

【别名】夏威夷果（Macadamia nut）

【学名】*Macadamia integrifolia*

【科名】山龙眼科（澳洲坚果属）
　　　　阔叶树（散孔材）

【产地】原产澳大利亚东部。夏威夷、墨西哥、巴西等
　　　　亚热带国家均有种植。

【相对密度】0.85**

【硬度】7 * * * * * * * * * * *

果实很有名，
木材的质地接近蕾丝木

　　澳洲坚果属于常绿树，树高能达到15m左右。它的果实就是知名的夏威夷果，既可食用，也可制作药油。虽然原产澳大利亚，但自从被引入夏威夷后，便开始了大规模的农场栽培。澳洲坚果的木材质感与颜色均与蕾丝木（山龙眼科）十分相似。硬度与加工时的阻力等则接近悬铃木。木材表面会出现独特的网格图案和斑纹。干燥比较困难，需注意开裂问题。

　　【加工】没有韧性，也不太能感觉到逆纹。"虽然能感受到纤维阻力，但木工旋床加工时，不会感到咯吱咯吱、咔哧咔哧的，刀刃不会被绊住。旋削手感比较接近蕾丝木（刀感与纤维的触感等），但光滑度稍差"（河村）。切削加工比较困难。

　　【木材纹理】横切面上有清晰的辐射状条纹，非常漂亮。木材表面有独特的网格图案或明显的斑纹。木理纹路较粗。

　　【颜色】明亮的棕色，略带红色。

　　【气味】略有一丝粉末味道，几乎无味。

　　【用途】旋削制品、小工艺品、刀具手柄。

条纹银桦

【别名】牛肉木（Beef wood）
【学名】*Grevillea striata*
【科名】山龙眼科（银桦属）
　　　　阔叶树（散孔材）
【产地】澳大利亚
【相对密度】0.62
【硬度】6 * * * * * * * * * *

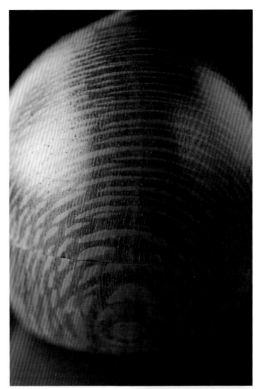

山龙眼科

木如其名，
霜降牛肉般的花纹为木材的主要特征

　　条纹银桦的英文名为"Beef wood"，意思是"牛肉木"，因为它的木材表面有很多霜降牛肉般的花纹。材质与蕾丝木十分相似，不过条纹银桦的颜色更深，油分更多。"条纹银桦的油分很多，在我用过的木材里仅次于木犀榄。比柚木还要多"（河村）。

　　【加工】易加工。由于油分较多，不宜用砂纸打磨。木工旋床加工时，木屑呈薄块状（很像是切薄的牛肉干）。"木材中的油可以让刀刃很好地滑过去，因此，木材纤维不容易被破坏。即使刀刃不够锋利，也不太影响成品的效果"（河村）。

　　【木材纹理】底色为焦褐色，上面混杂着很多霜降牛肉般的花纹（酷似蕾丝木）。辐射状条纹也很突出。

　　【颜色】焦褐色。由于富含油分，整体感觉十分润泽。

　　【气味】有一股微弱的酸味。"和旋削木犀榄时的气味十分接近"（河村）。

　　【用途】镶嵌工艺品、念珠。在澳大利亚也被用作家具材料和建筑材料。

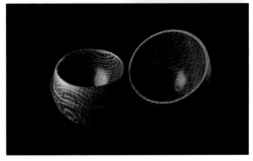

山龙眼科

银桦
Silky oak

【学名】*Grevillea robusta*
【科名】山龙眼科（银桦属）
　　　　阔叶树（散孔材）
【产地】澳大利亚
【相对密度】0.62
【硬度】5 弱 ＊＊＊＊＊＊＊＊＊＊

与栎木不同科，
但材质十分相似

　　银桦木的材质（硬度及表面斑纹等）与栎木十分接近，因此英文名为"Silky oak"，带有"oak（栎木）"字样，但它们并不同科，栎木属于壳斗科。银桦木比栎木略软。木材表面会出现虎斑、水珠图案等瘤纹纹理。澳大利亚的很多树木都带有斑纹。银桦的纹理及硬度与蕾丝木（P.264）十分相似（颜色略有差异，银桦的棕色更为明亮）。银桦具有植化相克（Allelopathy，阻碍其他植物发芽、生长）的性质。

　　【加工】没有逆纹，易加工。触感与栎木或水曲柳相同。木工旋床加工时，手感非常顺滑。木屑干燥轻飘。无油分，砂纸打磨效果佳。

　　【木材纹理】径切面会出现虎斑，弦切面会出现水珠图案（颗粒状），横切面会出现与栎木相同的辐射状条纹。"我会用银桦的颗粒图案来表现小鸟胸前的羽毛"（木镶嵌工艺师莲尾）。

　　【颜色】浅棕色。过一段时间后会更接近棕色。

　　【气味】基本无味。

　　【用途】家具、薄木贴面板、小物件。

灯台树

【学名】*Cornus controversa*（*Swida controversa*）
【科名】山茱萸科（梾木属 / 山茱萸属）
　　　　阔叶树（散孔材）
【产地】中国（辽宁、河北、陕西、甘肃、山东、安徽、台湾、河南、广东、广西以及长江以南各省区）、日本（北海道至九州）、朝鲜、印度北部、尼泊尔、锡金、不丹
【相对密度】0.63
【硬度】4 强 ＊＊＊＊＊＊＊＊＊＊

硬度适中，
木材的青白色极具特点

　　灯台树树高 20m，直径约 60cm。虽然分布较广泛，但很少作为木材在市场上流通。木质不软不硬，易加工。不易变形开裂。作为木材，各项指标都很平均，没有显著的特征，如果硬要举例，只有木材颜色还算比较有特点。灯台树颜色偏白，是制作木镶嵌工艺品和寄木细工的宝贵材料。日本东北地区（宫城县鸣子温泉等地）非常著名的木头玩偶，主要就是用灯台树制作的。

　　【加工】易加工。木工旋床加工时，手感十分轻快，操作简单。不过，能够感受到纤维，因此，刀刃必须足够锋利（即必须切实研磨好刀刃），否则容易起毛，涂漆后，会变成一片乌黑。无油分，砂纸打磨效果佳。

　　【木材纹理】年轮很细，几乎看不出来。纹理致密。感觉很像槭树。

　　【颜色】青白色。心材与边材的区别不明显。

　　【气味】基本无味。

　　【用途】寄木细工、镶嵌工艺品（用于表现白色）、木头玩偶、漆器胎体。

大理石木
Marblewood

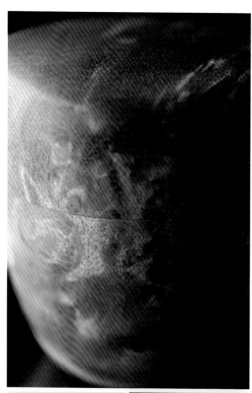

※ 很多树种的俗称都是大理石木，要注意区分。下面介绍的是图片中木盒所使用的木材。

【学名】*Terminalia* spp.

【科名】使君子科（榄仁树属）
阔叶树（散孔材）

【产地】东南亚

【相对密度】0.56

【硬度】4＊＊＊＊＊＊＊＊＊＊

树瘤上会出现
妖艳美丽的瘤纹纹理

　　日本木材市场上流通的大理石木，指的是生长在东南亚附近的杂木中，所有带树瘤花纹的木材（使君子科或樟科树木）。右图中木盒的木料，据分析应该是榄仁树属（*Terminalia*）的树木。该木料几乎全是边材，非常脆。树皮里有很多虫子。"樟科的树木不会有这么多虫子，所以，我觉得这应该是榄仁树属的"（河村）。通常，海外市场上的大理石木，指的是安达曼群岛（印度洋上）产的安达曼乌木（*Diospyros marmorata*）和南美产的大理石豆木（P.033）。

　　【加工】树瘤上木纹交错，但木材本身并不硬。由于木质较软，而且全部都是边材，纤维很脆，有很多凹坑，因此操作时务必要谨慎。

　　【木材纹理】有树瘤花纹。

　　【颜色】底色为较暗的米黄色，夹杂着略带红色的妖艳图案。

　　【气味】有一股淡淡的气味。

　　【用途】薄木贴面板、渔网、小工艺品。

风车木

Monzo

【别名】铅木（Leadwood）
【学名】 *Combretum imberbe*
【科名】使君子科（风车子属）
　　　　阔叶树（散孔材）
【产地】非洲南部至东部
【相对密度】1.20
【硬度】10 ＊＊＊＊＊＊＊＊＊

木材硬度榜 No.1，
触感像金属

　　风车木是世界上最重最硬的木材之一。比愈疮木更硬，有很多逆纹。木材中可能会含有石灰，加工难度很大。风车木摸上去有金属的感觉，也很像人工制品。风车木也被称为"Leadwood"。英语中的"Lead"是铅的意思，直译过来，就是"铅木"。

　　【加工】加工难度非常大。首先裁切木材就很困难。带锯的刃很快就会被崩坏。木工旋床加工时，刀刃似乎根本无法进入木材。完全是嘎吱嘎吱的感觉。木屑呈粉状。干燥后多少也会发生变形。"总之就是一个字：硬！刨床操作时，是蹦得最严重的木材"（河村）。

　　【木材纹理】逆纹严重。有大块的瘤纹纹理。

　　【颜色】焦褐色。看上去发白的部分是石灰。随着时间的流逝，颜色会越来越深。"给人一种深褐色的印象"（小岛）。

　　【气味】基本无味。

　　【用途】乐器零件、佛龛。

榄仁

【别名】印度月桂（Indian laurel）、洛克法（Rok fa）、
月桂（Laurel）

【学名】*Terminalia* spp.（*T.tomentosa*/ 毛榄仁等）

【科名】使君子科（榄仁树属 / 诃子属）
阔叶树（散孔材）

【产地】印度、东南亚

【相对密度】0.85

【硬度】8 * * * * * * * * * * * *

比乌木更硬，
乌木的代用材

榄仁是榄仁树属中最重最硬、颜色最黑的树木的总称。不同地区会有不同的叫法。印度等通常把它称为"Laurel"，泰国周边则把它称为"Rok fa"。在日本，作为乌木的代用材，榄仁常被用于制作和式房间的壁龛装饰柱。它的木质比乌木更硬，易开裂。"看起来很像乌木，但与乌木又略有不同的就是榄仁"（河村）。作品完成后也可能变形（硬度 10 的风车木也有同样的问题）。

【加工】材质非常硬。木工旋床加工时，刀刃很容易被弹开。木屑呈粉末状，有一股难闻的味道。无油分，但由于木质太硬，不宜用砂纸打磨。边角很难磨掉，如果用砂纸打磨过度，容易发热开裂。使用带锯时，刀刃容易受损。"榄仁的木性很不好。开裂方式很奇怪"（河村）。

【木材纹理】纹理密集，但木纹呈焦褐色，不是很清晰。

【颜色】心材为焦褐色。边材为黄白色。

【气味】有一股淡淡的臭味。

【用途】和式房间的壁龛装饰柱（多为以乌木之名流通的装饰柱裁断品或回收品）、镶嵌工艺品。

苍月乌木
Pale Moon Ebony

【别名】黑白檀（Black and white ebony）、高棉黑柿、
孟加拉柿、印度柿、南洋柿
【学名】*Diospyros malabarica*（*D.embryopteris*）
【科名】柿科（柿属）
阔叶树（散孔材）
【产地】东南亚、印度
【相对密度】0.96**
【硬度】7 * * * * * * * * ✕ ✕

酷似黑柿木，
易加工的乌木

在乌木中，苍月乌木属于非常容易加工的。
木材外观与黑柿木十分相似。在日本，主要被
用于制造乐器，如吉他的指板和琴身等。木材
容易开裂，干燥比较困难。

【加工】易加工。木工旋床加工时，基本感
觉不到纤维和导管等的阻力。有韧性，木屑会
连在一起（条纹乌木和乌木都没有韧性，木屑呈
粉状）。成品表面很漂亮，富有光泽。"在乌木
中，苍月乌木最容易旋削。手感与柿非常接近"
（河村）。

【木材纹理】纹理致密。有随机出现的黑色
条纹。

【颜色】心材以偏黄的奶油色为底色（日本
的黑柿木底色为偏白的奶油色），上面夹杂着黑
色条纹。条纹四周有青白色质感的晕边。边材
颜色发白。尽管是乌木，但心材与边材的区别
并不明显。

【气味】有一股淡淡的甜味。

【用途】乐器（吉他的指板和琴身等）。

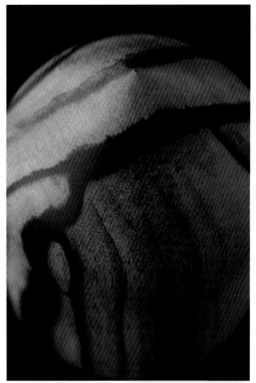

非洲乌木
African ebony

【别名】真黑（日本）

【学名】*Diospyros* spp.（*D.crassiflora*/ 厚瓣乌木等）

【科名】柿科（柿属）
　　　　阔叶树（散孔材）

【产地】非洲

【相对密度】1.03

【硬度】8～9＊＊＊＊＊＊＊＊＊＊＊

黑色占 99% 的
非洲产乌木的统称

　　非洲乌木的木材为纯黑色，因而在日语中被称为"真黑"。非洲乌木其实是非洲产纯黑色乌木的总称。外观上与乌木很难区分（乌木原产东南亚）。在非洲乌木中，纹理有光泽的是喀麦隆乌木，没有光泽的是马达加斯加乌木。干燥过程中容易开裂。

　　【加工】没有逆纹，也几乎不含无定形的二氧化硅（silica），所以虽然木质较硬，但木工旋床加工并不困难。切削和刨削作业比较费力。感觉不到油分。

　　【木材纹理】完全看不出木纹。极个别的木材上会出现棕色斑纹。

　　【颜色】几乎全部为黑色（黑色占 99%）。偶尔会有黑色中带有一丝深绿色。

　　【气味】气味很淡。与乌木味道不同。

　　【用途】乐器（吉他的指板等）、餐筷、镶嵌工艺品。

黑柿木（柿）

【学名】*Diospyros kaki*
【科名】柿科（柿属）
　　　　阔叶树（散孔材）
【产地】日本的本州、四国、九州
【相对密度】0.60～0.85
【硬度】4～8＊＊＊＊＊＊＊＊＊＊＊＊

一直是制作工艺品与和式家具的高级木材

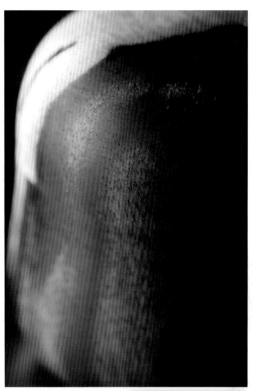

　　有些柿的木材会出现一大片黑色，或带有很多黑色条纹，这样的木材在日本被称为"黑柿木"。自古以来，日本产木材中，只有黑柿木带有黑色，因此一直被视若珍宝。位于日本奈良东大寺的正仓院内保存着很多皇室珍藏品，其中就有不少黑柿木制品。黑柿木的硬度存在很大的个体差异。原木状态下，黑色部分要比白色部分硬。干燥后，有些黑柿木几乎感觉不到黑白部分的硬度差异，而有些则不然，黑白部分的差异仍旧十分明显。

　　【加工】有些木材表面会出现"凹坑"（用指甲用力按，会出现凹陷）。除此之外，木工旋床加工没有太大难度。成品表面非常漂亮，极富光泽。

　　【木材纹理】纹理密集，有很多黑色条纹与花斑。

　　【颜色】基本为黑色。有些木材的黑色周围会带有翡翠绿的颜色，非常优美。不过，如果在这种有色的地方涂上生漆，颜色就会消失。

　　【气味】有一股淡淡的甜味（令人联想起柿子的味道）。不过，少数木材会散发一股下水道般的异味，一定要小心（应该是为了去除柿涩而在静水里浸泡过的木材）。挑选木材时，应注意按不同用途进行选择。

　　【用途】茶室、茶具、和式家具、木工艺品。

柿

【别名】白柿木、柿木

【学名】*Diospyros kaki*

【科名】柿科（柿属）
　　　　阔叶树（散孔材）

【产地】原产中国长江流域，在各省区多有栽培。日本（本州、四国、九州）、朝鲜、东南亚、大洋洲、北非的阿尔及利亚、法国、俄罗斯、美国、以色列、意大利等国也有栽培

【相对密度】0.60～0.85

【硬度】6＊＊＊＊＊＊＊＊＊＊

材质相当硬，需注意"凹坑"部分

　　柿树在成长过程中容易发生扭曲，导致木材中出现螺旋状裂纹。因此，取材比较困难，在市场上的流通量非常小。干燥后木材会变得很硬。柿树中，有些木材的心材部分会出现黑色条纹或一大片黑色，这种木材被称为黑柿木，是一种高级木材。通常，市场上被称为"柿木"或"白柿木"的木材，都没有黑柿木那样的黑纹图案。

　　【加工】虽然木质坚硬，但心材部分又会出现"凹坑"（用指甲用力按，会出现凹陷），所以取材比较费力。

　　【木材纹理】年轮不太清晰。纹理光滑，不过会出现一些小疙瘩，就像涩柿子中的小颗粒。

　　【颜色】象牙色，略有些发灰。木材纹理上有很多小黑点。

　　【气味】有一股淡淡的甜味。很像柿子的味道。

　　【用途】和式房间的壁龛装饰柱等、室内装修材料、寄木细工、镶嵌工艺品等。

条纹乌木

苏拉威西乌木

【别名】缟黑檀（日本）

【学名】*Diospyros* spp.（*D.celebical* 苏拉威西乌木，
D.philippensisl 菲律宾乌木，*D.pilosantheral*
毛药乌木）

【科名】柿科（柿属）
阔叶树（散孔材）

【产地】苏拉威西乌木主产于印度尼西亚苏拉威西岛
菲律宾乌木主产于菲律宾、斯里兰卡、中国台湾
毛药乌木主产于菲律宾

【相对密度】1.08～1.09

【硬度】8＊＊＊＊＊＊＊＊＊＊

与乌木不同，
条纹乌木带有条纹图案

在乌木中，有黑色和棕色条纹图案的称为条纹乌木。根据中国的国家标准《红木》（标准号GB/T 18107—2017）中，条纹乌木包括苏拉威西乌木（Macassar ebony）、菲律宾乌木（异色柿、Kamagong ebony）和毛药乌木（Bolong-eta）。条纹乌木虽然木质较硬，但加工难度不大。

【加工】相对密度超过1，木质厚重坚硬，但木工旋床加工难度不大。无油分，木屑呈粉状。砂纸打磨有一定的效果，但木材耐热性较差，需特别注意。刨削作业比较费力。

【木材纹理】独特的条纹纹理是其特征。

【颜色】心材为黑色、栗褐色，具深浅相间的条纹，边材红褐色，与心材区别明显。其中苏拉威西乌木心材的黑色部分较多，菲律宾乌木、毛药乌木心材的棕色面积较大。"虽然苏拉威西乌木比较接近黑色，但它有一种黑红色的感觉。有时我会用它来表现黎明前的氛围"（木镶嵌工艺师莲尾）。

【气味】苏拉威西乌木有一股淡淡的气味，不难闻。而菲律宾乌木的气味则令人不悦（与爱里古夷苏木气味比较接近）。这是区分二者的重要标志。

【用途】家具、乐器、雕刻、小工艺品、唐木细工、佛龛、和式房间的壁龛装饰柱等。

乌木

Ebony

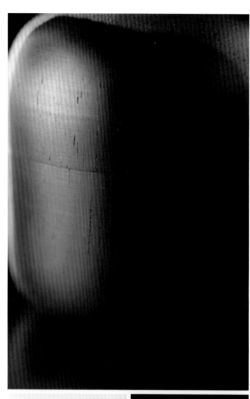

【别名】本黑檀（日本）

【学名】*Diospyros ebenum*

【科名】柿科（柿属）

　　　　阔叶树（散孔材）

【产地】印度、斯里兰卡、缅甸、泰国、马来西亚等

【相对密度】0.80～1.20

【硬度】9＊＊＊＊＊＊＊＊＊＊

在乌木类木材中，属于最高级别

　　在日本，乌木类木材被称为黑檀。通常日语中的黑檀包括几种不同的种类，如乌木（本黑檀）、条纹乌木（缟黑檀）、非洲乌木（真黑）、小叶柿（青黑檀）等。在中国的国家标准《红木》（GB/T 18107—2017）中，乌木分为两类：乌木类（乌木、厚瓣乌木）和条纹乌木类（苏拉威西乌木、菲律宾乌木、毛药乌木）。东南亚出产的乌木，木质最硬，在乌木中等级最高。目前已被严禁砍伐，因此购买十分困难。

　　【加工】加工难度较大。本来木质就很硬，再加上木材中含有无定形的二氧化硅（Silica），木工旋床加工时会感觉更硬。但又不是那种嘎吱嘎吱的感觉。刀刃会钝化（无法切割）。木屑呈粉状。操作时如果不戴口罩，鼻子里会变黑。

　　【木材纹理】由于颜色乌黑，几乎看不出木纹。边材为浅浅的焦褐色。

　　【颜色】心材几乎纯黑。不过，偶尔会出现少量棕色斑点。非洲乌木的心材也是纯黑的，但二者黑色的质感不同。"乌木仿佛会从里面反光。类似用砚台刚磨的墨写出的颜色。而非洲乌木则像是用墨汁写出的颜色"（河村）。

　　【气味】有微弱的气味。与条纹乌木不同，乌木有一股涩涩的味道。

　　【用途】和式房间的壁龛装饰柱、乐器（吉他和小提琴的指板和弦轴、钢琴、三味线等）、高级餐筷、镶嵌工艺品。

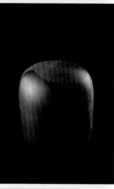

象牙树

【**别名**】琉球黑檀、乌皮石栎
【**学名**】*Diospyros ferrea*（*D.egbert-walkeri*、*D.ferrea var.buxifolia*）
【**科名**】柿科（柿属）
　　　　阔叶树（散孔材）
【**产地**】中国（台湾南部的恒春半岛和兰屿）、日本（冲绳、奄美大岛）、印度、斯里兰卡、缅甸、马来西亚、印度尼西亚等
【**相对密度**】0.74～1.21
【**硬度**】9强＊＊＊＊＊＊＊＊＊＊

比条纹乌木更硬，
是最重最硬的木材之一

　　象牙树与蚊母树、木麻黄等的木材质感都非常厚重坚硬。比条纹乌木或非洲乌木更硬。虽然比风车木（非洲产）软，但韧性强，两者硬度的质感不同。木材表面有明显的黑白两色。黑白两部分的硬度没有差异（黑柿木的白色部分较软）。干燥比较困难，容易开裂。

　　【**加工**】虽然木材中不含石灰等物质，但由于木质本身很硬，加工难度较大。无油分，但由于木质过硬，无法用砂纸打磨。"有很多逆纹，刀刃必须特别锋利，否则无法处理"（河村）。

　　【**木材纹理**】年轮模糊。有黑白双色条纹。有时黑色会从横切面的中心附近扩散，并逐渐变成白色。

　　【**颜色**】灰白色的底色上夹杂着大片纯黑的部分。比非洲乌木的黑色更有光泽。

　　【**气味**】有一股淡淡的、类似黑柿木的气味。"象牙树的气味有点像烤过火的年糕，略带一丝焦味"（七户）。

　　【**用途**】最高级的三弦琴杆、小物件。

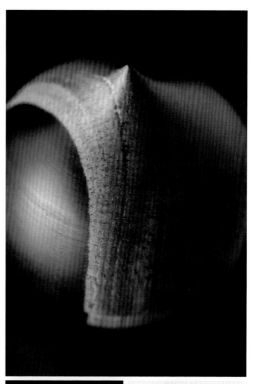

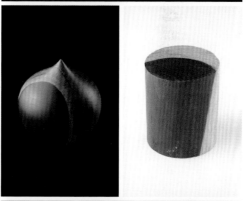

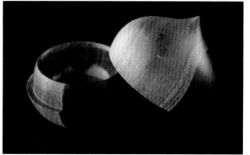

小叶柿

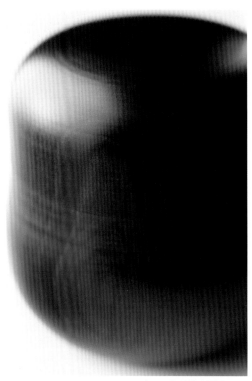

【别名】软毛柿、柔毛柿、青黑檀（日本）、马库拉木
（Ma-klua、Ma-kleua，泰国名）
【学名】*Diospyros mollis*
【科名】柿科（柿属）
阔叶树（散孔材）
【产地】泰国、缅甸
【相对密度】1.15
【硬度】8＊＊＊＊＊＊＊＊＊＊

光泽优美，
最高等级的乌木

小叶柿在日语中叫"青黑檀"。在乌木中，小叶柿与非洲乌木并列位于最高等级，价值不菲。切削木材时，可以看到木材表面极富光泽的深绿色，加工时，色泽之美令人不由啧啧称叹。小叶柿的色彩与气味都令人联想到巧克力。

【加工】虽然木质较硬，但木工旋床加工难度不大，手感十分顺滑（因为木材中含有油分）。刀刃不会被木材带着走，而是从木材上滑过的感觉。"简单来说，就是刀感很好"（河村）。油分较多，不宜用砂纸打磨。切削与刨削作业都比较费力。

【木材纹理】年轮模糊。纹理致密。有逆纹。

【颜色】刚切开的横切面为深绿色，过几天后，会氧化变黑。

【气味】有一股焦甜味（有点像焦了的可可）。喜欢这个味道的人应该很多。

【用途】唐木细工[1]、佛龛、寄木细工、装饰工艺品、最高级餐筷（小叶柿富含油分，耐水性能良好，适合制作餐筷）。

---

1 唐木细工：用交趾黄檀、乌木、铁刀木等硬木打造的高级家具，榫卯结构，造型精美。

北枳椇

【别名】枳椇、鸡爪梨、枳椇子、拐枣、甜半夜、玄圃梨（日本）

【学名】*Hovenia dulcis*

【科名】鼠李科（枳椇属）
阔叶树（环孔材）

【产地】中国（河北、山东、山西、河南、陕西、甘肃、四川北部、湖北西部、安徽、江苏、江西）、日本（北海道的奥尻岛至九州）、朝鲜

【相对密度】0.64

【硬度】5＊＊＊＊＊＊＊＊＊＊

木材类似榉树，
适于制作木工艺品

北枳椇属于大径木，胸高直径能达到1m左右，木材表面会出现非常罕见的瘤纹纹理。在带有瘤纹纹理的木材中，北枳椇变形不算严重。木质不软不硬，很好加工。导管较大，纹理不太光滑，木材质感很像水曲柳和日本栗。木材颜色比较接近榉木。

【加工】易加工。木工旋床加工时，感觉咔咔咔咔的，阻力很小。成品表面非常漂亮，有光泽感。

【木材纹理】年轮周围有一圈较大的导管，因此，显得十分清晰（与榉树和日本栗相同）。

【颜色】心材为深橙色（比榉木的橙色更深）。边材颜色发白，与心材的区别十分明显。看上去就像颜色较深的榉木。"上漆后，很容易被误认为是榉树或日本栗"（河村）。

【气味】气味很淡，但十分独特。"北枳椇有一股正露丸般的药味。可乐豆木的味道也容易令人联想到正露丸，不过它和可乐豆木的味道又不太一样"（河村）。

【用途】木工艺品（器皿、托盘、榫卯结构的木制品等）、和式房间的壁龛用材、家具。

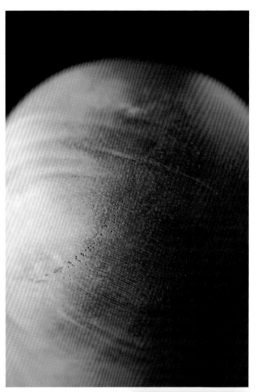

蔡赫氏勾儿茶

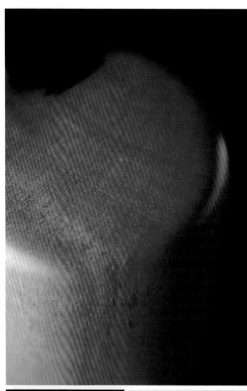

【别名】粉红象牙木（Pink ivory）
【学名】*Berchemia zeyheri*
【科名】鼠李科（勾儿茶属）
　　　　阔叶树（散孔材）
【产地】非洲南部（莫桑比克、南非等）
【相对密度】0.90 ～ 1.06
【硬度】9 * * * * * * * * * * *

优雅的粉色木材，
加工难度较大，带锯的天敌！

　　蔡赫氏勾儿茶的特点在于粉红的颜色与独特的硬度。它的硬度与乌木不同，处理起来十分棘手。木材颜色存在个体差异，也有些木材并非粉色。

　　【加工】加工难度较大。木质较硬，有韧性，纤维交错。木工旋床加工时手感嘎吱嘎吱的。无油分。用升降盘加工时，横切面可能会被烧焦。"有时带锯的刀刃会被崩断。就像突然碰到一块硬东西。但是从木料外观上又根本看不出来。蔡赫氏勾儿茶简直就是带锯的天敌。使用带式磨床进行加工时也需要一定的技巧。使用刨床加工时，木材会梆梆地蹦起来"（河村）。

　　【木材纹理】有逆纹。木材表面一闪一闪的，好像会发光（宛如蝴蝶翅膀），纹理致密。

　　【颜色】粉色。这种粉色是其他木材所不具备的。越到中心位置粉色越深。靠近边材的部分有一种淡淡的樱花色（还没到粉色的程度）。颜色由边材向中心部分渐变。

　　【气味】有微弱的气味。

　　【用途】台球杆、高级汽车的内饰、高级餐筷。

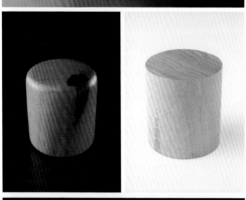

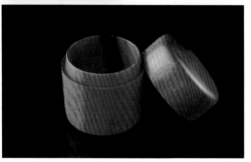

枣

【别名】枣树
【学名】*Ziziphus jujuba*
【科名】鼠李科（枣属）
　　　　阔叶树（散孔材）
【产地】原产中国，在各地广为栽培。现在亚洲、欧洲
　　　　和美洲常有栽培
【相对密度】0.50～1.12
【硬度】6＊＊＊＊＊＊＊＊＊＊

鼠李科

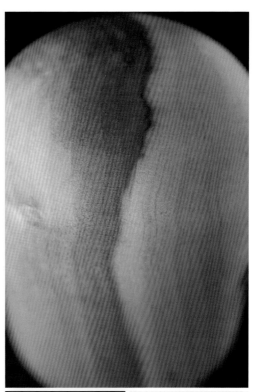

两种颜色对比鲜明，
色彩变化赏心悦目

　　枣的心材（红色）与边材（白色）的颜色对比十分鲜明。工匠在加工时应好好利用这种色彩的对比，而使用者在使用（观赏）时也应充分欣赏这种色彩变化。枣树高5～10m，只能裁切出小型木材，因此很少在市场上流通。枣木材质光滑，有很多果木共通的特征（参见P.228《"果实可以食用的树木"具有哪些特征？》）。

　　【加工】木工旋床加工时，几乎感觉不到导管，手感轻快顺滑。成品表面富有光泽，非常漂亮。无油分，砂纸打磨效果佳。

　　【木材纹理】年轮比较模糊。没有瘤纹纹理。纹理致密。

　　【颜色】心材为偏红的焦褐色，边材为鲜艳的黄色（略有些发白）。心材与边材的区别十分明显，加工时可以充分发挥这两种不同色彩的特点。这种颜色对比在日语中被称为"源平[1]"（因为分成红白两色）。

　　【气味】几乎无味。

　　【用途】香盒、榫卯结构的木制品、小工艺品、木梳（过去，枣木是仅次于日本黄杨的木梳用材）。

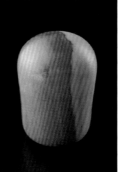

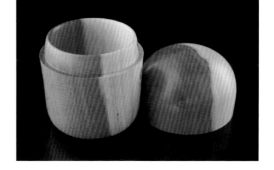

---

1 源平：日本平安时代末期，以源赖朝为首的源氏家族与以平清盛为首的平氏家族之间展开了一系列争夺权力的战争。源氏家族的战旗为白色，平氏家族的战旗为红色。

赤松

【别名】雌松、日本赤松、灰果赤松，短叶赤松，辽东赤松

【学名】*Pinus densiflora*

【科名】松科（松属）
针叶树

【产地】中国（黑龙江、吉林、辽宁、山东及江苏）、日本（北海道南部至九州）、朝鲜、俄罗斯

【相对密度】0.42～0.62

【硬度】3＊＊＊＊＊＊＊＊＊＊

与黑松材质几乎相同，木材市场上通称为"松木"

赤松的树皮比黑松略红。不同地区及不同环境下成长的赤松，木材材质的个体差异比较明显。与海岸一带生长的黑松很难区分。木质比黑松略软。在日本的木材市场上，很少会对赤松与黑松进行区分，基本上统称"松木"。

【加工】木工旋床加工时，如果刀刃足够锋利（刀刃研磨到位），成品表面效果极佳。松脂很多，因此不宜用砂纸打磨，也很难制作出"凹凸纹理"的效果（将质地柔软的早材部分削掉，令质地坚硬的晚材部分突出）。切削和刨削作业比较容易。

【木材纹理】年轮较粗，十分清晰。很多木纹里浸涸着油分。

【颜色】心材为偏红的奶油色。边材属于黄白色系，与心材的区别不明显。

【气味】有一股松脂气味。很难与黑松进行区分。

【用途】适用范围与黑松相同。主要用作建筑材料（由于木材中有弯曲的部分，不适宜做柱子。强度很高，可以做房梁等）。

黑松

【别名】雄松、日本黑松
【学名】*Pinus thunbergii*
【科名】松科（松属）
　　　　针叶树
【产地】原产日本（本州、四国、九州）及朝鲜南部海
　　　　岸地区，中国大连、山东沿海地带和蒙山山区
　　　　以及武汉、南京、上海、杭州等地引种栽培
【相对密度】0.44～0.67
【硬度】3 强 ＊＊＊＊＊＊＊＊＊＊

在松属木材中属于
木质较硬、松脂较多的

　　日语中，常用"白沙青松"一词来形容海滨风景，这里所说的"青松"，指的就是黑松。日本各地的海岸线上都种植着黑松，组成了沿海的防风林、防沙林。在所有松木中，黑松属于特别坚实的，木质较硬。黑松的树脂较多，因此，进行木工旋床加工时，横切面很容易凹凸不平。耐水性较强。在日本，含油分较多的木材会被称为"肥松"，主要用于建造和式房间里的壁龛。在日本木材市场上，常与赤松一起以"松木"的名称进行交易。

　　【加工】木工旋床加工时，如果刀刃足够锋利（切实研磨好刀刃），成品表面会很漂亮。由于松脂较多，不宜用砂纸打磨，也很难做出"凹凸纹理"的效果。切削与刨削作业都很容易。

　　【木材纹理】年轮较粗，十分清晰。有时会出现瘤纹纹理（虎眼花纹等）。

　　【颜色】偏红的奶油色（树脂仿佛全部渗入木材之中）。

　　【气味】有一股松脂味。

　　【用途】同赤松（主要用作建筑材料等）。

花旗松

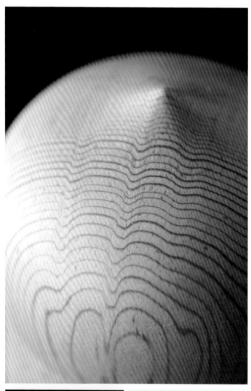

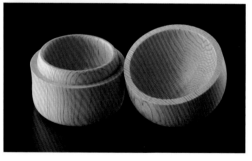

【别名】北美黄杉、道格拉斯冷杉（Douglas fir）、俄勒冈松（Oregon pine）

【学名】*Pseudotsuga menziesii*

【科名】松科（黄杉属）
针叶树

【产地】北美西海岸地区。英国、新西兰、澳大利亚等地均有人工造林。

【相对密度】0.53～0.55

【硬度】3 ＊＊＊＊＊＊＊＊＊＊

※ 比日本柳杉和日本冷杉硬。

横切面有波浪状年轮图案，北美产建筑材料

花旗松在中国的国家标准《中国主要进口木材名称》（GB/T 18513—2001）中，被称为"北美黄杉"。英文别名虽然是"道格拉斯冷杉（Douglas fir）"，但它并非冷杉属，而是黄杉属树木。目前，天然花旗松（树高能达到90～100m）已严禁砍伐，市场上流通的基本都是人工林材，树形不像天然林材那么高大。强度较高，纹理细致，易加工，作为建筑材料常被用作住宅的房梁等。干燥比较简单。虽然相对密度值不高，但能感受到木材的强度。

【加工】易加工。几乎感觉不到油分或松脂，木工旋床加工时，手感比较松脆。木屑虽然呈粉状，但十分润泽。

【木材纹理】纹理密集。横切面上有波浪状的年轮图案。

【颜色】偏红的奶油色。

【气味】有一股淡淡的、针叶树特有的气味。

【用途】建筑材料（房梁等）、门窗隔扇、集成板材。

库页冷杉

【**别名**】北海道冷杉
【**学名**】*Abies sachalinensis*
【**科名**】松科（冷杉属）
　　　　针叶树
【**产地**】日本北海道，俄罗斯的库页岛（萨哈林岛）
【**相对密度**】0.32 ～ 0.48
【**硬度**】3 ＊＊＊＊＊＊＊＊＊＊

在日本北海道被广泛使用，
与日本冷杉同属冷杉属

　　库页冷杉是日本北海道种植量最大的树木（森林蓄积量最多），与日本冷杉同属冷杉属。虽然它木质较软，也不太好保存，但在北海道地区，一直被广泛用作建筑结构材料和土木工程材料等。20 个世纪 40 年代至 50 年代，在日本机关宿舍与小区住房里的泡澡桶，使用的材料基本上都是库页冷杉。用锯子或刨子进行加工的难度都不大，但不适合木工旋床加工。与其他松科木材相比，库页冷杉的黄色较浅，颜色偏白。最适合做造纸原料。

　　【**加工**】很适合切削和刨削加工，而木工旋床加工时，刀刃必须非常锋利，否则很难旋好。"纤维的触感很像轻木。由于年轮较粗，表面容易起毛"（河村）。无油分，砂纸打磨效果佳。

　　【**木材纹理**】年轮清晰。木纹通直。木理纹路较粗。

　　【**颜色**】接近白色的奶油色。心材与边材的区别不明显。"我觉得库页冷杉最大的特点在于它带有白色光泽的质感，因此最后一道工序时，我总会处理得特别认真"（一次性餐筷制造者）。

　　【**气味**】基本无味。

　　【**用途**】建筑材料、土木工程材料、造纸原料、高级的一次性餐筷。

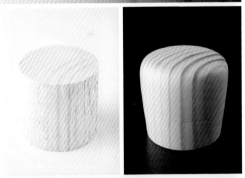

库页云杉

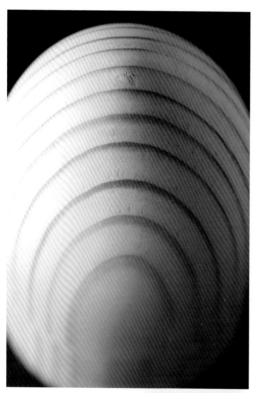

【别名】赤虾夷松

【学名】*Picea glehnii*

【科名】松科（云杉属）
针叶树

【产地】西伯利亚东部、中国东北部、朝鲜半岛、日本
的北海道和早池峰山等

【相对密度】0.35 ～ 0.53

【硬度】3 强 ＊＊＊＊＊＊＊＊＊＊

树皮为红色，木材为白色，多用于制造乐器响板

　　与鱼鳞云杉（虾夷松）相比，库页云杉的树皮颜色较红，因而也被称为"赤虾夷松"。木材颜色发白。年轮颜色偏黄，与鱼鳞云杉十分相似，不过，在进行木工旋床加工时，操作触感更接近库页冷杉。库页云杉非常适合制作乐器，例如钢琴或小提琴的响板。近年来，日本的北海道地区一直在进行大规模的人工造林（鱼鳞云杉人工造林的难度很大，因此人工林中几乎没有鱼鳞云杉）。不过，人工林中会出现很多树干扭曲变形的树木。"天然林材与人工林材的材质差别很大"（木材加工业者）。

　　【加工】进行切削加工时没有任何问题，但不适合进行木工旋床加工。晚材较硬，因此加工时会感觉很硬。如果刀刃不够锋利（刀刃研磨不到位），横切面容易起毛。无油分，砂纸打磨效果极佳。

　　【木材纹理】纹路细致。生长速度缓慢，因此年轮较窄，但清晰可见。

　　【颜色】年轮偏黄色，与鱼鳞云杉十分相似。心材与边材的区别不明显，年轮之间颜色发白。

　　【气味】几乎无味，只有淡淡的松脂味道（比鱼鳞云杉的气味更淡）。

　　【用途】建筑材料、造纸原料、乐器材料（如钢琴的响板等，主要使用天然林材）。

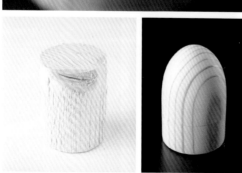

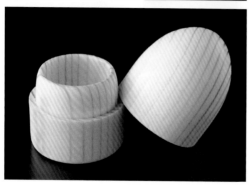

琉球松

【学名】*Pinus luchuensis*
【科名】松科（松属）
　　　　针叶树
【产地】日本吐噶喇列岛至冲绳
【相对密度】0.52*
【硬度】3 强 ＊＊＊＊＊＊＊＊＊＊

在针叶材中属于木质较硬的，
日本冲绳县的县树，深受冲绳县民喜爱

　　日本吐噶喇列岛至琉球列岛的山野间遍布着琉球松，它们构成了重要的防风林与防潮林。与其他针叶材相比，琉球松木质较硬，松脂较少，木性比较质朴，易加工，深受冲绳当地木工的喜爱。白色的木材表面混杂着金色的木纹，十分优美。琉球松是冲绳县的县树。"琉球松在冲绳地区用得比较多，也是我用得最多的一种木材。冲绳县民都很喜欢这种木材。琉球松容易反翘，也会出现一些小裂纹，用的时候需注意"（冲绳当地的木匠）。

　　【加工】易加工。同为针叶材，琉球松比日本柳杉和日本扁柏更容易旋削，可能是因为横切面的纤维不容易被破坏，旋削手感十分轻快。

　　【木材纹理】在松树类木材中，属于木纹不太明显的。因为生长速度较快，所以年轮较粗。

　　【颜色】整体颜色偏白。有时木纹中会出现松脂，因此看上去呈金黄色。

　　【气味】有一股松树类木材特有的味道。但比赤松和黑松的气味淡。

　　【用途】家具、建筑材料、造纸原料、木工艺品。

日本冷杉

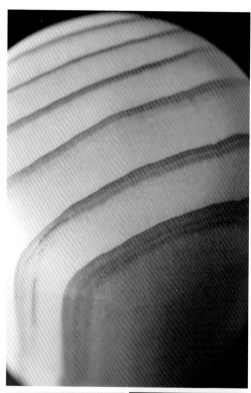

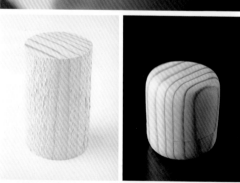

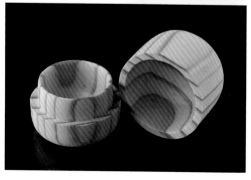

【学名】*Abies firma*

【科名】松科（冷杉属）
针叶树

【产地】原产日本，分布在本州（秋田县、岩手县南部以南）、四国、九州（含屋久岛）。中国辽宁旅顺、山东青岛、江苏南京、浙江莫干山、江西庐山及台湾等地引种栽培

【相对密度】0.35 ～ 0.52

【硬度】3 ＊＊＊＊＊＊＊＊＊＊

在针叶树中，属于木材硬度差非常大的树种

日本冷杉属于大径木，树高 40 ～ 45m，胸高直径 1.5 ～ 2m。通常，针叶树的早材与晚材硬度会有所不同，而日本冷杉的硬度差异尤其明显。因此，木工旋床加工的难度非常大，仅次于轻木与日本花柏。

【加工】旋削难度较大。年轮很硬，旋起来嘎吱嘎吱的，但纤维本身又很软。因此，如果刀刃不够锋利（没有切实研磨好刀刃），切口会凹凸不平。无油分，砂纸打磨效果佳。不过，如果打磨过度，会变成"凹凸纹理"的效果。"日本冷杉的硬度差非常大，不适合木工旋床加工。想用砂纸打磨也打磨不了"（河村）。切削作业比较容易。刨削有一定难度。"我曾经用日本冷杉做过比较便宜的天花板。不过木质比较'脆'，不太好加工"（家装工人）。

【木材纹理】年轮较硬，非常清晰。木纹通直。木理纹路较粗。

【颜色】偏白的奶油色。年轮为红棕色。

【气味】基本无味。"过年前会有很多人定做放年糕的木箱。由于日本冷杉没有任何气味，因此经常会用它来制作"（木工坊经理）。

【用途】建筑材料、门窗隔扇、棺木、鱼糕板。

日本落叶松

【学名】*Larix kaempferi*

【科名】松科（落叶松属）
　　　　落叶针叶树

【产地】原产日本，分布在日本本州北部至中部地区，在北海道及本州的东北地区有人造林，中国黑龙江、吉林、辽宁、河北、山东、河南、江西等地引种栽培

【相对密度】0.45～0.60

【硬度】4★★★★☆☆☆☆☆☆

随着干燥技术的进步，用途越来越多

　　日本落叶松人工林木与天然林木（俗称天然落叶松）的区别在于木材纹理的细致程度。树龄几十年的天然落叶松，纹理致密坚硬，是非常好的住宅建筑材料。近年来，随着干燥技术的不断进步，人工林落叶松也开始被广泛用于建筑与家具制造领域。以前，由于木材容易扭曲变形，松脂又多，人们对日本落叶松的评价不是很好，主要把它用作坑木或包装材料。"日本落叶松的魅力就在于色泽与松脂。用过一段时间后，它会变成琥珀色。松脂的味道很好闻。硬度也比其他的针叶树好"（制造门窗隔扇的工匠）。

　　【加工】人工林木的纹理粗糙坚硬，加工起来比较困难。尤其不适合进行木工旋床加工。由于年轮较粗，年轮之间的纤维很容易剥落，加工时容易起毛。砂纸打磨有一定的效果。

　　【木材纹理】年轮非常清晰。人工林木的纹理粗糙。天然林木的纹理十分细致，但现在已很难买到。

　　【颜色】在松科树木中，日本落叶松的心材属于颜色明显偏红的。边材颜色偏白。

　　【气味】原木有一股松脂味。人工干燥、脱脂后的木材几乎无味。只有一股极淡的松脂清香。

　　【用途】建筑材料（集成板等）、土木工程材料。

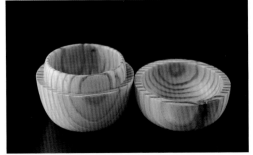

日本铁杉

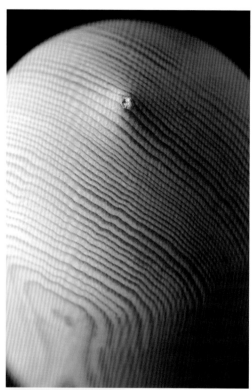

【学名】*Tsuga sieboldii*
【科名】松科（铁杉属）
　　　　针叶树
【产地】日本的本州（福岛县以南）、四国、九州（含屋久岛）
【相对密度】0.45 ～ 0.60
【硬度】3 弱 ＊＊＊＊＊＊＊＊＊＊

径切面十分优美，
是一种高级建筑材料

　　在针叶树中，日本铁杉属于材质较硬的树种。品质较高的日本铁杉，径切面纹理通直，极富光泽，年轮较细，是一种高级建筑材料。在日本，常用于制作和式房间的壁龛装饰柱。不过，有节子或应力木[1]等缺陷的较多。干燥难度不大。

　　【加工】在针叶树中，木工旋床加工的手感属于比较轻快的。无油分，砂纸打磨效果佳。切削或刨削作业比较费力。"以前人们常说，要是会用刨子刨日本铁杉，就算木工出师了。这种木材没有油分，特别松脆，容易扎手。通常，高级住宅的立柱用的都是去掉髓心部分的径切面木材"（日本关西地区某土木工程公司经理）。

　　【木材纹理】年轮较细，但清晰可见。纹理紧密通透。

　　【颜色】肤色，微微发红。心材与边材的区别不明显。

　　【气味】隐约能感觉到气味。

　　【用途】高级建筑材料，和式房间的壁龛装饰柱（床柱）、门楣（鸭居）、横梁（长押）等，地板材料，佛事用品，乐器。

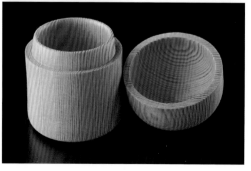

1 应力木：由于树木生长在山坡斜面等特殊环境而造成组织结构异常的木材。

日本五针松

【学名】*Pinus parviflora*（五针松）
　　　　P. parviflora var. *pentaphylla*（北五针松）
【科名】松科（松属）
　　　　针叶树
【产地】原产日本，其中北五针松分布在北海道、本州
　　　　中部地区以北，五针松分布在本州地区中南
　　　　部、四国、九州。中国长江流域各大城市及山
　　　　东青岛等地已普遍引种栽培
【相对密度】0.36 ～ 0.56
【硬度】3 ＊＊＊＊＊＊＊＊＊＊

在松木中，
属于木质较硬、纹理较致密的

　　日本木材市场上销售的日本五针松主要是
其变种——生长在北方的北五针松。在针叶树
中，属于木质较硬的。年轮较细，纹理致密。
无论用锯子、刨子，还是木工旋床，加工起来
都很方便。成品表面也很漂亮。极少变形。由
于具备这些特质，常被用于制作模型或铸件模
具等。

　　【加工】易加工。由于年轮密集，所以在松
木中，属于木工旋床加工难度最低的。富含松
脂，横切面不会凹凸不平。有油分，不宜用砂
纸打磨。

　　【木材纹理】年轮细密，通直，均匀。

　　【颜色】在松木中，属于心材的黄色十分突
出的。边材为偏黄的白色。

　　【气味】有一股淡淡的松脂味。

　　【用途】建筑材料（门窗隔扇等）、乐器、
雕刻（佛像）、铸件的模具。

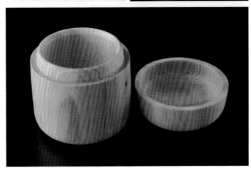

西加云杉

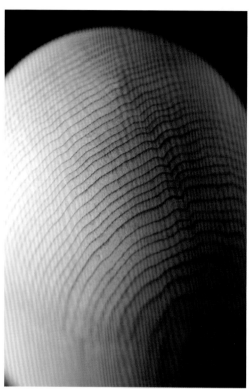

【别名】锡特卡云杉（Sitka spruce）、北美云杉、西岸
　　　云杉
※ 欧洲产的欧洲云杉（Picea abies）也被称为德国云
杉、挪威云杉等
【学名】Picea sitchensis
【科名】松科（云杉属）
　　　针叶树
【产地】北美西海岸、阿拉斯加东南部（锡特卡岛）
【相对密度】0.42 ～ 0.45
【硬度】2 ＊＊＊＊＊＊＊＊＊＊

木质均匀，
具备优良建筑材料的特质

　　生长在北美地区的云杉种类很多，不过，提到北美产的云杉，主要是指西加云杉。这种云杉轻盈柔软，具备纹理通直细致、木质均匀、个体差异小、能获取大型木材、易加工等特质，因此非常适合用作建筑材料。由于杨氏模量[1]较高，音响效果悦耳，也常被用来制作吉他面板。

　　【加工】易加工。木工旋床加工时，由于木纹细致，在针叶树中属于比较容易旋削的木材。旋削感觉与木曾天然日本扁柏和罗汉柏等木纹细致的木材比较相似。无油分，砂纸打磨效果佳。

　　【木材纹理】年轮较细，但清晰可见。木纹通直，纹理细致。

　　【颜色】偏红的黄白色。心材与边材几乎没有区别。

　　【气味】基本无味。

　　【用途】建筑材料、门窗隔扇、乐器（吉他等）。

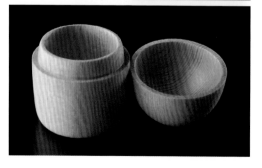

1 杨氏模量：描述固体材料抵抗形变能力的物理量。杨氏模量
的大小标志着材料的刚性，杨氏模量越大，越不容易发生形变。

异叶铁杉

【别名】美国西部铁杉、西铁杉、西部铁杉（Western hemlock）
【学名】*Tsuga heterophylla*
【科名】松科（铁杉属）
　　　　针叶树
【产地】北美太平洋沿岸
【相对密度】0.50
【硬度】3 ＊＊＊＊＊＊＊＊＊＊

针叶树中的建筑用材，
木质较硬，易加工

　　在针叶树中，异叶铁杉属于木质较硬的，与阿拉斯加扁柏（*Chamaecyparis nootkatensis*）同一级别，易加工。与花旗松一样，在建筑用材中使用量较大。是建造普通住宅地基（需经过防腐处理）时不可或缺的材料。耐久性较差。

　　【加工】易加工。但毕竟属于针叶树，操作仍需谨慎。木工旋床加工时手感比较轻快。木屑呈粉状。砂纸打磨效果极佳。

　　【木材纹理】年轮较窄。纹理贯通、密集。

　　【颜色】奶油色。心材与边材几乎没有区别。

　　【气味】比日本铁杉气味更微弱。

　　【用途】建筑材料（特别是经过防腐处理的地基）、日本柳杉的代用品。

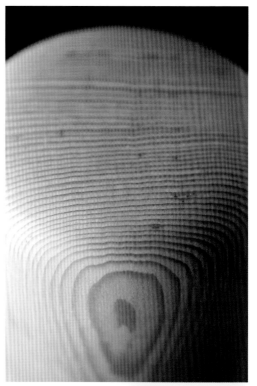

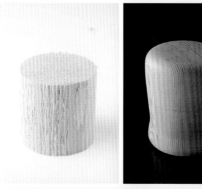

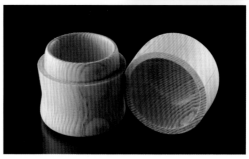

鱼鳞云杉

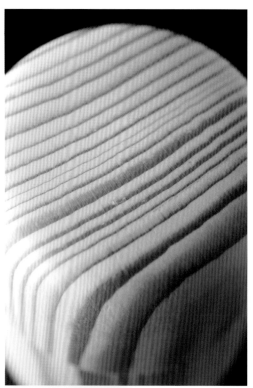

【别名】鱼鳞松、鱼鳞杉、虾夷松
【学名】*Picea jezoensis*
【科名】松科（云杉属）
　　　　针叶树
【产地】中国（东北大兴安岭至小兴安岭南端及松花江
　　　　流域中下游）、日本（北海道）、俄罗斯（远
　　　　东地区）
【相对密度】0.35 ～ 0.52
【硬度】3 强 ＊＊＊＊＊＊＊＊＊＊
※ 晚材较硬，因此硬度感觉会超过相对密度数值。

成品色泽高雅
日本北海道的代表树种

　　鱼鳞云杉属于针叶树，树高 30 ～ 40m，胸高直径能达到 1m 以上，是日本北海道居民票选出的 "北海道代表树种"。在北海道，鱼鳞云杉不仅是常用的建筑材料，更被用来制作圆柱形便当盒、各种餐具等，用途十分广泛。在松科中，鱼鳞云杉属于非常易加工的树种。年轮颜色偏黄，用木工旋床工艺制作出的器皿，成品表面非常漂亮，给人一种非常高雅的感觉。北海道知名品牌 OKE CRAFT 生产的各种器皿及餐具，主要材料都是鱼鳞云杉。由于鱼鳞云杉不适合人工种植，因此木材资源已濒临枯竭，北海道产鱼鳞云杉的流通量正在逐年减少。

　　【加工】易加工。纤维感较强。木工旋床加工时，如果刀刃足够锋利（切实研磨好刀刃），成品表面会非常漂亮。砂纸打磨有一定的效果。光泽度不如日本五针松。旋削手感与成品外观都比较接近琉球松。

　　【木材纹理】木纹较直，纹理致密。

　　【颜色】年轮颜色偏黄，年轮与年轮之间的部分颜色发白。两种颜色的搭配非常优美。

　　【气味】有很淡的树脂味，几乎闻不出来。

　　【用途】建筑材料、造纸原料、各种器皿（OKE CRAFT 等）、木纸[1]。

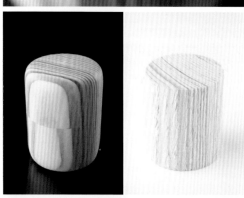

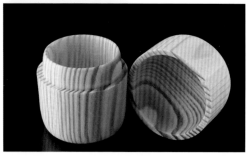

---

1 木纸：用径切面削成的薄木片。古时候用来记录文字或包装食品。

澳洲檀香

Sandalwood，Australian sandalwood

【学名】*Santalum spicatum*
【科名】檀香科（檀香属）
　　　阔叶树（散孔材）
【产地】澳大利亚
【相对密度】0.80 ～ 0.90
【硬度】4 * * * * * * * * * *

香味独特，
易加工

　　由于印度产的檀香（*Santalum album*）有出口限制，因此，在日本市场上流通的大多是澳大利亚产的澳洲檀香。檀香有一股独有的气味，自古就是深受人们喜爱的香木。易加工，飞鸟时代[1]传入日本的佛像大多是用檀香木制作的。与地锦一样，檀香也属于半寄生植物，因此，很多木材会发生扭曲。

　　【加工】硬度适中，易加工。油分较多，不宜用砂纸打磨。几本感觉不到逆纹。

　　【木材纹理】纹理密集。油分较多，木材表面十分润泽。

　　【颜色】颜色偏黄。印度产的檀香老化后颜色会变深，而澳洲檀香的颜色几乎不会发生变化。

　　【气味】有一股水果香味。"加工过程中会有一股柠檬香，很好闻"（河村）。

　　【用途】最高级的茶室用茶炉边框、佛像、念珠、小木箱等工艺品、线香等香薰产品。

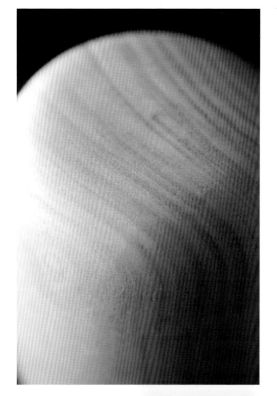

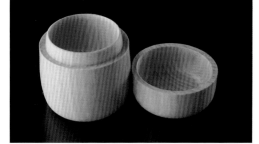

---

1 飞鸟时代：592 年—710 年，是古代日本的一个历史时期。始于日本第一个女天皇推古天皇就位，止于迁都平城京的 710 年，上承古坟时代，下启奈良时代。

日本桃叶珊瑚

【别名】青木
【学名】*Aucuba japonica*
【科名】桃叶珊瑚科（桃叶珊瑚属）
　　　　阔叶树（散孔材）
【产地】中国台湾，日本的本州东北地区南部以南、四
　　　　国、九州、冲绳
【相对密度】0.80[**]
【硬度】4 弱 ****＊＊＊＊＊＊

木材带有一种独特的绿色，
表面有辐射状或网格状条纹

　　日本桃叶珊瑚属于常绿灌木。树干直径最大也只有 10cm 左右，因此很难获取大型木材。它的特点在于横切面会出现辐射状条纹[※]，而弦切面等处会出现网格状条纹[※]，这一点与南天竹十分相似。日本桃叶珊瑚的日文名称叫"青木"，"青"字自古就包含绿色的含义。日本桃叶珊瑚的树叶为深绿色，树枝也呈绿色，木材颜色中也带有绿色。也许这就是它被称为"青木"的原因。

　　【加工】易加工。木工旋床加工时，手感平滑顺畅。"感觉很像削冬瓜皮时的触感。虽然相对密度值较高，但硬度低于 4 级，感觉非常柔软"（河村）。无油分，砂纸打磨效果佳。

　　【木材纹理】横切面会出现辐射状条纹[※]，径切面和弦切面会出现网格状条纹[※]。

　　【颜色】心材为偏绿的灰色，是一种介于葡萄木与日本厚朴之间的颜色。边材部分较窄，颜色发白。

　　【气味】有一股类似揉搓树叶时散发出的气味。"木工旋床加工结束后，室内会弥漫着一股青草味"（河村）。

　　【用途】餐筷、小物件。常用作庭院绿植或园林用树。

※ 辐射状条纹、网格状条纹：一部分阔叶树上会出现由多列辐射状条纹形成的条纹图案。

无患子

【学名】*Sapindus saponaria*（*S. mukorossi*）

【科名】无患子科（无患子属）

　　　　阔叶树（环孔材）

【产地】中国（东部、南部至西南部）、日本（本州关
东地区以西、四国、九州、冲绳）、朝鲜、中
南半岛和印度

【相对密度】0.75**

【硬度】6 弱 ＊＊＊＊＊＊＊＊＊＊＊

具有易加工等特点，
成为有用木材的潜力很大

　　无患子具有硬度适中、有韧性、易加工、
奶油色系的漂亮色彩等特点。虽然目前作为木
材的知名度还不太高，但却有很高的利用价值。
"把无患子当成杂木实在太可惜了。我觉得它比
楝还要更硬一些"（河村）。无患子的果实中含
有皂苷成分，遇水后稍一搅拌就会起泡，过去
曾被当做肥皂的代用品。

　　【加工】木工旋床加工时，能够感受到导管
的存在，旋起来嘎吱嘎吱的。有一定的韧性，
硬度适中，操作简单。木屑并非粉末状，而是
像小碎木片一样。"刀刃接触到纤维或导管时的
感觉与糙叶树非常接近。旋削时，嘴里会有一
种类似嚼树叶的'涩味'。苦树也有这种感觉"
（河村）。无油分，砂纸打磨效果佳。

　　【木材纹理】年轮清晰。

　　【颜色】心材为黄色较深的奶油色。边材颜
色发白。心材与边材的区别比较明显。

　　【气味】几乎无味。

　　【用途】小工艺品、器具。过去，无患子的
果皮可以做肥皂的代用品，种子可以用来做板
羽球上的珠子或念珠。

北美七叶树

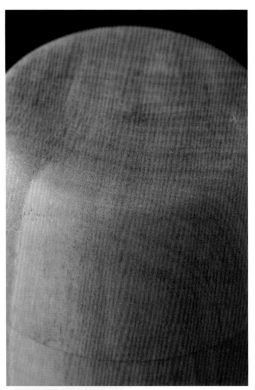

【别名】鹿眼树（Buckeye）

【学名】*Aesculus* spp.（*A.flava* / 黄花七叶树、
A.californial 加州七叶树等）

【科名】无患子科〔七叶树科〕（七叶树属）
阔叶树（散孔材）

【产地】北美

【相对密度】0.42**

【硬度】4 ✱✱✱✱✱✩✩✩✩✩

北美产七叶树，
在日本主要用于制作乐器

北美七叶树是日本七叶树（*Aesculus turbinata*）的同属树种。其英文名"Buckeye"直译过来是雄鹿之眼的意思，这是由于七叶树的果实酷似雄鹿的眼睛，因而也被称为"鹿眼树"。日本木材市场上流通的七叶树主要用于制作乐器。尤其是树瘤部分出现瘤纹纹理的木材，特别受欢迎，在乐器行业里，通常被称为"Buckeye burl"（Burl 是树瘤的意思）。树木内部容易滋生细菌，而侵入的细菌会令木材表面出现蓝色。

【加工】硬度基本与日本七叶树相同。属于阔叶树里材质较软的木材，加工难度较大。木工旋床加工时，必须保持刀刃锋利（切实研磨好刀刃），否则成品表面效果欠佳。"纤维的变化比较复杂。很考验加工技巧"（河村）。

【木材纹理】年轮模糊。

【颜色】原本是奶油色。滋生细菌的部分会出现蓝色。

【气味】几乎无味。

【用途】在北美，主要用于制作旋削制品、家具等。在日本则主要用于制作乐器（吉他的琴体等）。

知识拓展：无患子科七叶树属的欧洲七叶树（*Aesculus hippocastanum*），俗称马栗（Horse chestnut）。壳斗科栗属的欧洲栗（*Castanea sativa*），俗称甜栗（Sweet chestnut）。二者的英文名字里都有"栗（chestnut）"字，容易混淆。不过，他们是不同属的树木，要注意分辨。马栗有毒，不能食用，要特别注意。

日本七叶树

【学名】*Aesculus turbinata*
【科名】无患子科〔七叶树科〕（七叶树属）
　　　　阔叶树（散孔材）
【产地】原产日本，分布于北海道（西南部）至九州。
　　　　中国已引种，栽培于青岛和上海等城市
【相对密度】0.40～0.63
【硬度】4＊＊＊＊＊＊＊＊＊＊

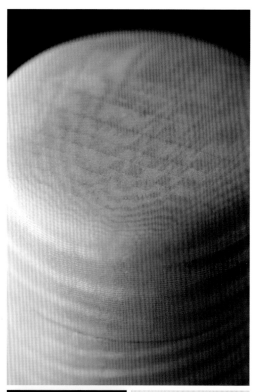

光泽优雅，花纹独特，成品带有一股妖艳的魅力

　　在阔叶树中，日本七叶树属于木质较软的一类。木材表面有很多皱缩状条纹、波浪状条纹等，图案变化丰富。成品表面非常漂亮，有丝绸般的光泽。采用生漆涂装方式最能体现木材的花纹特点，制作出的成品散发着一股妖艳的魅力。

　　【加工】木质非常软，因此，加工有一定的难度。木工旋床加工时，必须保持刀刃锋利（切实研磨好刀刃）。"纤维的移动非常复杂，因此无论怎样调整刀刃角度，都容易出现逆纹。非常考验旋削技巧"（河村）。

　　【木材纹理】年轮不太清晰。心材与边材的界限不明显。弦切面上有一些模糊的波痕条纹（ripple mark）。

　　【颜色】非常接近白色的奶油色。心材与边材几乎没有区别。

　　【气味】基本无味。不过，偶尔会遇到一些颜色发红的伪心材，这种伪心材叫做红七叶木，有一股臭味。

　　【用途】家具、利用瘤纹纹理的工艺品或榫卯结构的木制品、漆器的坯体。

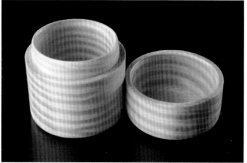

无患子科

鸟眼槭木

Bird's eye maple

【别名】鸟眼枫木

【学名】*Acer* spp.

【科名】无患子科〔槭树科〕（槭属）
阔叶树（散孔材）

【产地】北美

【相对密度】0.70（硬槭木）

【硬度】5～6＊＊＊＊＊＊＊＊＊＊

可以利用鸟眼花纹
制作薄木

鸟眼槭木并非某一种树的名字，它是所有带鸟眼花纹（Bird's eye figure）的槭木的总称。这些木材表面散布着很多状如鸟眼的圆形斑点。常被用于制作薄木，这样可以更好地突出花纹。收缩率较高。"鸟眼槭木极易变形。即使是（把从薄木上切下来的木片）粘贴好后再用压力机压合，也会因为黏合剂里的水分而隆起来"（木镶嵌工艺师莲尾）。

【加工】鸟眼花纹部分的纤维方向会发生改变，加工时感觉很硬，就像逆纹一样。旋起来嘎吱嘎吱的。操作前，必须切实研磨好刀刃。木工旋床加工时，很考验刀刃着力的技巧。旋削时与处理逆纹的方法相同。无油分。

【木材纹理】木材表面散布着很多鸟眼状的圆形斑点。弦切面上有瘤纹纹理。

【颜色】随着时间的流逝，逐渐由奶油色变化至琥珀色。

【气味】有一股淡淡的甜味，这是所有槭木共通的特点。很像枫糖的味道。

【用途】薄木贴面板。优先供应薄木制作，因此很难买到成块木料。

欧亚槭

Sycamore

【别名】白槭、欧洲槭、西洋梶枫
【学名】*Acer pseudoplatanus*
【科名】无患子科〔槭树科〕（槭属）
　　　　阔叶树（散孔材）
【产地】欧洲中部和南部、英国、西亚
【相对密度】0.61
【硬度】5＊＊＊＊＊＊＊＊＊＊

无患子科

花纹优美的槭木，
多用于制作乐器

　　由于欧亚槭有一定的硬度，而且大部分木材表面都有十分优美的花纹，因此，一直被用于制作乐器等，用途多样。在槭木中，属于木质较软的（色木槭硬度7，硬槭木硬度6）。干燥难度不大，不易开裂。"不同花纹的欧亚槭，价格悬殊"（河村）。

　　【加工】感觉不到逆纹，易加工。木工旋床加工时，如果能保持刀刃锋利（切实研磨好刀刃），成品表面会非常有光泽。否则，加工面容易起毛，涂漆后会变黑。无油分，砂纸打磨效果佳。比硬槭木更好加工。

　　【木材纹理】年轮不太明显。具有交错木纹。可能会出现瘤纹纹理（小提琴状花纹、蕾丝状花纹等）。

　　【颜色】乳白色。"欧亚槭是构成木镶嵌基础颜色的木材之一。极具光泽感，最适合用来表现水嫩嫩的花朵"（木镶嵌工艺师莲尾）。

　　【气味】基本无味。

　　【用途】乐器（大提琴或维奥尔琴的背板、侧板、琴颈等）、薄木贴面板、镶嵌工艺品、寄木细工、利用瘤纹纹理制作的工艺品。

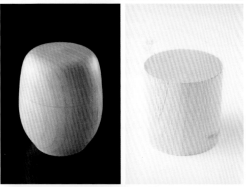

软槭木

Soft maple

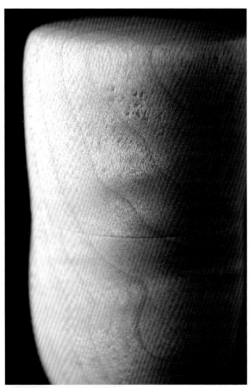

【学名】*Acer rubrum*（红花槭 / 美国红枫）
　　　　Acer saccharinum（银白槭 / 银槭）
【科名】无患子科〔槭树科〕（槭属）
　　　　阔叶树（散孔材）
【产地】北美中部至东部
【相对密度】0.61 ～ 0.63（红花槭）
　　　　　　0.53 ～ 0.55（银白槭）
【硬度】5＊＊＊＊＊＊＊＊＊＊

材质轻软的
北美产槭木的总称

　　软槭木并非某个树种的名称。它主要是指北美产的枫木中，材质比较轻软的红花槭、银白槭等木材。木材表面的瘤纹纹理与硬槭木相同。

　　【加工】易加工。不过，由于材质比硬槭木软，能够感受到纤维，因此必须切实研磨好刀刃，保持刀刃锋利。木工旋床加工时需谨慎操作。无油分，砂纸打磨效果佳。使用带锯时，木材表面会微微起毛。

　　【木材纹理】年轮模糊。纹理致密。有很多瘤纹纹理，如波浪状皱缩花纹等。尤其是泡状花纹较多。带有泡状花纹的槭木，十有八九是软槭木。

　　【颜色】偏橙色。很像陈年的色木槭变成琥珀色后的感觉。属于暖色调，白炽灯色（硬槭木为日光色）。

　　【气味】切削木材时会有一股淡淡的枫糖甜味。

　　【用途】家具、薄木贴面板。

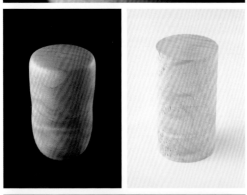

三角槭

【别名】三角枫
【学名】*Acer buergerianum*
【科名】无患子科〔槭树科〕（槭属）
　　　　阔叶树（散孔材）
【产地】原产中国，分布于山东、河南、江苏、浙江、
　　　　安徽、江西、湖北、湖南、贵州和广东等省。
　　　　日本各地也有种植
【相对密度】0.78**
【硬度】6＊＊＊＊＊＊＊＊＊＊

各地常见的行道树，
在槭木中，属于容易加工的

　　三角槭是原产中国的落叶乔木，在日本的
江户时代由中国传入日本。防治空气污染的效
果较好，因此，被广泛种植于中国及日本各地，
是十分常见的行道树及园林绿化树种。制成木
材后，矿物线（由于含有各种矿物质而形成的
暗绿色变色部分）比较明显。虽然材质较硬，但
加工时，感觉硬度不如色木槭。在槭木中，属
于容易加工的。

　　【加工】木工旋床加工时，手感很脆，虽然
木质略硬，但旋削手感很顺滑。"旋起来滑溜溜
的。"（河村）。由于色木槭的韧性比较大，所以
旋起来感觉阻力很大。而三角槭则没有这种阻
力。加工后边角比较突出（很少缺损）。

　　【木材纹理】年轮不清晰。

　　【颜色】心材为偏红的奶油色。边材为黄白
色。通常，软槭木系列的木材颜色偏红，硬槭
木系列则没有那么红。不过，三角槭在硬槭木
系列里算是红色比较深的（切开原木时，红色
非常突出）。硬槭木系列里的色木槭，随着时间
的流逝，红色会越来越深。

　　【气味】不太能感觉到槭木的甜味。

　　【用途】适合制作手工餐具或盘子。如果可
以裁切出大型木材，用途会非常广泛。

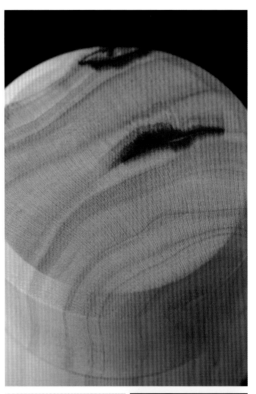

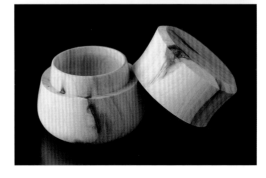

色木槭

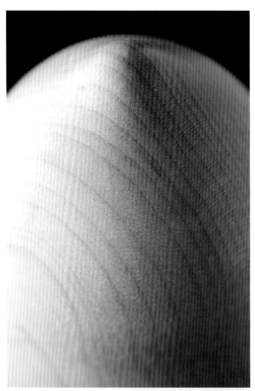

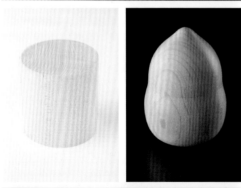

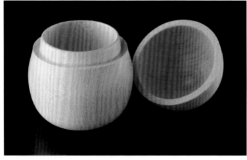

【别名】色木枫

【学名】*Acer pictum*

【科名】无患子科〔槭树科〕（槭属）
阔叶树（散孔材）

【产地】中国的东北、华北和长江流域各省，日本的北
海道（优良木材主产地）至九州，俄罗斯西伯
利亚东部，蒙古，朝鲜

【相对密度】0.58 ～ 0.77

【硬度】7＊＊＊＊＊＊＊＊＊＊

※ 比红山樱硬。

材质光滑坚韧，硬度高，属于上等优良木材

在木材里，说到槭木，一般指的都是色木槭。色木槭材质坚韧，硬度很强，可媲美硬槭木。纹理致密光滑。木材表面有很多形态优雅的瘤纹纹理，搭配上偏白的色彩，营造出一种高雅的氛围。色木槭优点众多，用途广泛。不过，由于材质较硬，又有很多矿物线（由于含有各种矿物质而发生变色的部分，多为暗绿色），所以加工难度较大。"碰到矿物线时，会发出砰的一声。刀刃很容易飞出去"（河村）。

【加工】加工难度较大。虽然木工旋床加工时感觉不到导管，手感很顺滑，但要时刻注意突然出现的矿物线。由于材质较硬，切削时不会造成边角缺损。成品表面非常漂亮。"色木槭适合用天然植物油进行涂装。如果是机械加工或使用木工凿的话，感觉还好，要是用刻刀或手工凿进行加工，就比较费力"（木匠）。

【木材纹理】年轮比较模糊。纹理细致。有很多瘤纹纹理，如波浪状皱缩条纹、鸟眼花纹等，变化丰富。

【颜色】接近白色的奶油色。心材与边材的区别不明显。

【气味】切削原木时，会有一股枫糖浆般的甜味。干燥后几乎无味。

【用途】家具、乐器、薄木贴面板、运动器材。

硬槭木

Hard maple

【学名】*Acer saccharum*（糖槭）
　　　　Acer nigrum（黑槭）
【科名】无患子科〔槭树科〕（槭属）
　　　　阔叶树（散孔材）
【产地】北美中部至东部
【相对密度】0.70
【硬度】6＊＊＊＊＊＊＊＊＊＊

木材的特点在于硬度、抗冲击性，以及丰富多彩的瘤纹纹理

　　硬槭木并非某一种树的名字，它是指糖槭和黑槭等材质厚重坚硬的槭木。抗冲击性很强。耐磨损，木材表面会出现丰富多彩的瘤纹纹理，如鸟眼花纹（Bird's eye figure）、小提琴状花纹等。收缩率较高，干燥比较困难。近年来，硬槭木逐渐开始取代绵毛栎，成为制作棒球棒的主要原材料。"绵毛栎比较有韧性，能弯曲，折断时有一个缓慢变弯的过程。而硬槭木虽然强度也很高，但折断时非常干脆"（球棒匠人）。

　　【加工】虽然材质较硬，但比较容易加工，比软槭木硬，感觉不到纤维。成品表面十分光滑。

　　【木材纹理】纹理密集，木纹通直，不过偶尔也会出现各种瘤纹纹理。

　　【颜色】很像陈年的色木槭变成琥珀色后的感觉。软槭木为白炽灯色，而硬槭木属于荧光灯的日光色。

　　【气味】切削木材时会有一股淡淡的甜味，很像枫糖的味道。

　　【用途】家具、贴面板、乐器、地板、球棒。

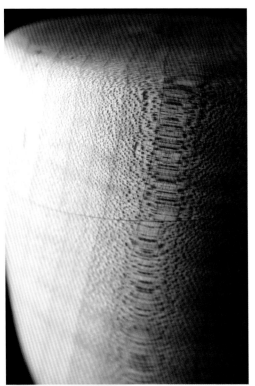

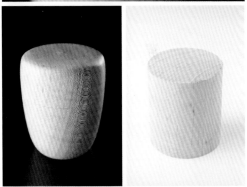

刺楸

硬刺楸

【别名】鼓钉刺、刺枫树、云楸、茨楸、棘楸、辣枫树
【学名】*Kalopanax septemlobus*（*K. pictus*）
【科名】五加科（刺楸属）
　　　　阔叶树（环孔材）
【产地】中国（分布广，北自东北起，南至广东、广西、云南，西自四川西部，东至海滨的广大区域内均有分布）、日本（分布于北海道至九州，其中北海道的优良木材很多）、朝鲜、俄罗斯
【相对密度】0.40～0.69
【硬度】5＊＊＊＊＊＊＊＊＊＊

雅致的白色优良木材，木纹酷似榉树

　　刺楸在不同地区有不同的称呼，不过作为木材在市场上流通时，基本上都叫"刺楸"。刺楸纹理通直，木性平实，不易变形，是一款优良木材。涂漆后，酷似榉树，所以，也会被当做榉树的代用材。刺楸与榉树的区别在于木材的颜色与花纹，刺楸表面会出现波浪状皱缩条纹。木材硬度存在个体差异，主要分为硬刺楸和软刺楸两大类。

　　·硬刺楸（左图）→木理纹路粗糙，较硬。硬度与标准水曲柳相同。

　　·软刺楸（右页图）→木理纹路致密，较软。细致程度与纹理细致的榉树差不多。

　　【加工】无论是硬刺楸还是软刺楸，都很容易加工。木工旋床加工时，阻力较小，感觉咔哧咔哧的。无油分，砂纸打磨效果佳。"无论是原色还是涂色，看上去都很优雅，是一款很好用的木材"（木匠）。

　　【木材纹理】年轮周围有一圈较大的导管，因此，年轮显得十分清晰。与榉树十分相似。

　　【颜色】接近白色的奶油色。心材与边材的区别不是很明显。

　　【气味】基本无味。

　　【用途】家具、漆器的胎体、胶合板、薄木贴面板、榉树的的代用材。

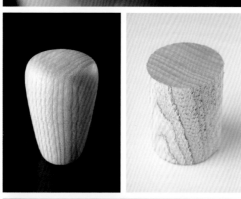

软刺楸

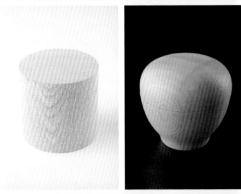

硬刺楸横切面的放大图

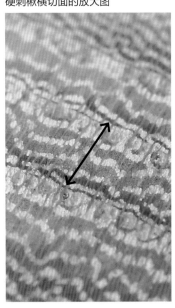

软刺楸横切面的放大图

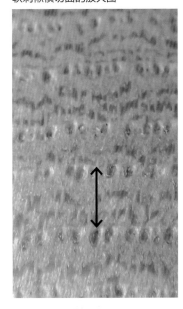

注：图中的箭头表示一个年轮。

红淡比

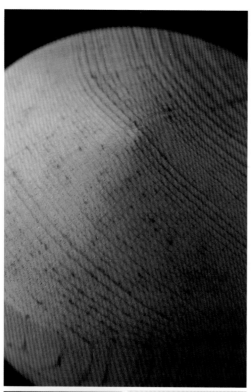

【学名】 *Cleyera japonica*
【科名】 五列木科〔山茶科〕（红淡比属）
阔叶树（散孔材）
【产地】 中国（广布于江苏、安徽、浙江、江西、福建、台湾、湖北、湖南东南部、广东、广西东部及北部、四川、贵州等省区）、日本（本州的关东地区以南、四国、九州、冲绳）
【相对密度】 0.64**
【硬度】 6＊＊＊＊＊＊＊＊＊＊

木质像山茶一样光滑

红淡比是生长在照叶林植被带的常绿乔木。在日本，红淡比、柃木、台湾含笑等被统称为"贤木"，自古以来就被用于神社祭祀。红淡比的材质比较硬，十分强韧。质感与光滑度与山茶或梅比较接近。不过，比山茶略软一些，加工时容易起毛。光滑度方面略逊于梅。"我觉得梅的手感更滑溜"（河村）。

【加工】 加工非常方便。木工旋床加工时，几乎感觉不到逆纹，手感轻快顺滑。"虽然比较有韧性，但旋削时完全感觉不到"（河村）。

【木材纹理】 纹理致密。"我感觉红淡比晚材纹理比较粗壮。这个粗壮指的是它的图案，并不是说加工时会有阻力。弦切面的质感有点像榕树"（河村）。有时，木材表面会出现虫蛀的痕迹。

【颜色】 偏红的奶油色。心材与边材的区别不明显。

【气味】 几乎无味。

【用途】 各种器具、旋削制品。在日本，其枝叶在神社的祭祀活动中会被做成祭品。"我觉得红淡比的硬度与光滑感，非常适合做餐具或各种器皿。只把它当成杂木实在是太可惜了"（河村）。

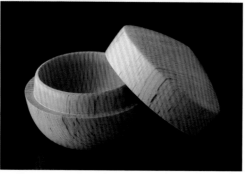

厚皮香

【学名】*Ternstroemia gymnanthera*

【科名】五列木科（厚皮香属）
阔叶树（散孔材）

【产地】中国（广泛分布于安徽南部、浙江、江西、福
建、湖北西南部、湖南南部和西北部、广东、
广西北部和东部、云南、贵州东北部和西北
部、四川南部等省区）、日本（本州关东地区
南部以西、四国、九州、冲绳）、越南、老挝、
泰国、柬埔寨、尼泊尔、不丹及印度

【相对密度】0.80

【硬度】7 ＊＊＊＊＊＊＊＊＊＊

特点在于硬度、明亮的红色
以及光滑的质感

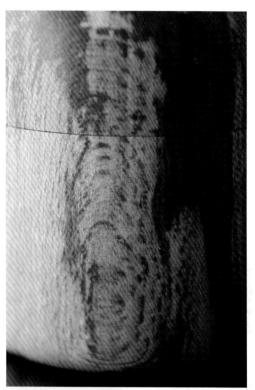

厚皮香木质致密，厚重坚硬，有韧性。硬
度几乎与真桦相同。木材的红色调是其主要特
点之一。用厚皮香做出的小勺等餐具令人印象
深刻。干燥比较困难。有时会严重开裂，变形，
这是它的主要缺点。比起天然干燥，更适合人
工干燥。耐久性较强，抗白蚁性强。

【加工】虽然木质较硬，能感受到阻力，但
整体来讲，木性质朴，旋削难度不大。切削与
刨削作业比较费力。成品表面比较光滑。

【木材纹理】年轮模糊。纹理致密。

【颜色】明亮的红褐色。随着时间的流逝，
颜色会越来越深，最终变得十分雅致。心材与
边材几乎没有区别，整体偏红色。偶尔会有一
些部位色彩很不均匀。

【气味】"切割原木时能闻到一股刺鼻的气
味"（木材加工业者）。干燥后几乎无味。

【用途】镶嵌工艺品、寄木细工、织布机的
梭子、小物件。在日本冲绳地区也被用作建筑
材料或三弦的琴杆等。

南天竹

【学名】*Nandina domestica*

【科名】小檗科（南天竹属）
阔叶树（散孔材）

【产地】原产中国，产于福建、浙江、山东、江苏、江西、安徽、湖南、湖北、广西、广东、四川、云南、贵州、陕西、河南。日本的本州（茨城县以西）、四国、九州有分布。北美东南部有栽培

【相对密度】0.48～0.72

【硬度】4 弱 ＊＊＊＊＊＊＊＊＊＊

特征是木材颜色鲜黄，有很多辐射状花纹

　　南天竹是人气很高的庭院灌木，晚秋时节，树上会结出很多红色的小果实。树高 2～3m，直径数厘米。很少作为木材在市场上流通。不过，风化木经常被用作和式房间的壁龛装饰柱。南天竹最大的特点在于花纹与颜色。由横切面的中心部分向外扩散出很多辐射状花纹，非常漂亮。另外，木材的黄颜色也使其成为镶嵌工艺中的重要原料。"山中漆器的福田芳朗先生（木坯师、木工艺师）特别喜欢在镶嵌作品中使用南天竹"（河村）。

【加工】由于木质较软，刀刃必须保持足够锋利（切实研磨好刀刃）。加工时需谨慎。感觉不到逆纹。木屑呈粉末状。容易从髓心部分开裂。

【木材纹理】木材侧面有十分漂亮的鱼鳞状斑纹。"那些网纹就像装满了橘子的网兜一样"（河村）。

【颜色】整体给人一种鲜黄色的感觉。

【气味】气味很淡。不呛鼻，十分柔和。

【用途】和式房间的壁龛装饰柱（风化木）、香盒、盛放抹茶的茶罐、餐筷、镶嵌工艺品。红色的果实具有止咳及恢复视力等药效。

悬铃木

Platanus

※生长在北美东部的一球悬铃木（*Platanus occidentalis*，美国梧桐）的英文名为"Sycamore"，与欧亚槭的英文名相同，在木材市场上经常会将二者混在一起销售，但它们属于不同树种，注意不要混淆。

【学名】*Platanus* spp.

【科名】悬铃木科（悬铃木属）
　　　　阔叶树（散孔材）

【产地】欧洲、北美、西亚、印度、中南半岛。中国各地均有种植。

【相对密度】0.70**

【硬度】7 * * * * * * * * * *

加工时的触感与网格图案
均酷似全缘冬青

　　悬铃木是悬铃木属植物的通称，在中国俗称"法国梧桐"。世界各地大约生长着10种不同的悬铃木。二球悬铃木（*Platanus acerifolia*，一球悬铃木与原产欧洲或亚洲的三球悬铃木的杂交种）等，由于可以防治大气污染，且不易感染病虫害，在土壤贫瘠、气候干燥的环境下也能茁壮成长，因此作为常见的行道树，遍植于世界各地。材质厚重坚硬，强度高。但耐久性略差。

　　【加工】木工旋床加工时，纤维的触感与旋削手感都与全缘冬青十分相似。加工难度较大。"悬铃木与全缘冬青只有些许差异。悬铃木旋起来咯吱咯吱的，略有些硬。虽然都属于没有韧性的木材，但全缘冬青多少还能感觉到一些韧性，而悬铃木则完全感觉不到"（河村）。

　　【木材纹理】横切面有细致的辐射状条纹。比全缘冬青的网格图案更为清晰、鲜明。

　　【颜色】偏红的奶油色。

　　【气味】几乎无味。

　　【用途】薄木、家具。

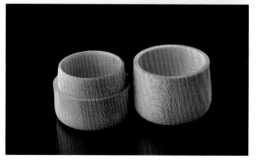

黄花柳

【别名】山猫柳
【学名】*S.caprea*（*S.bakko*）
【科名】杨柳科（柳属）
　　　　阔叶树（散孔材）
【产地】中国（新疆的阿尔泰地区）、日本（北海道西
　　　　南部、本州的近畿地方以北、四国的山区）、
　　　　俄罗斯及欧洲各地
【相对密度】0.40～0.55
【硬度】4 弱 ＊＊＊＊＊＊＊＊＊＊

颜色偏白，
木质轻柔的阔叶材

　　世界上，柳属的植物有 500 多种，其中中国有 257 种，日本有几十种。在日本木材市场上，"柳木"并不是好几种木材混在一起的通称，事实上，说到柳木，大多指的都是黄花柳。黄花柳树高 15m，胸高直径能达到 60cm。在阔叶树中，属于木质比较轻柔的树种（与钻天杨同等级别）。干燥很容易，不易开裂。干燥过程中会出现一些变形，但干燥后比较稳定。

　　【加工】木性平实，加工比较方便。不过，不太适合木工旋床加工。虽然旋削手感比较轻快，但由于纤维较软，横切面容易起毛。必须保持刀刃足够锋利（切实研磨好刀刃）。适合做木雕（前提条件是刀刃必须锋利）。

　　【木材纹理】年轮比较清晰。纹理密集。

　　【颜色】心材为接近白色的奶油色。边材颜色更白。

　　【气味】基本无味。

　　【用途】坑木、木雕、砧板。

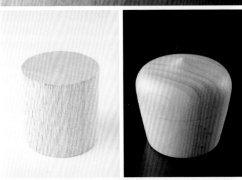

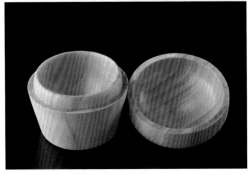

钻天杨

【别名】美国白杨、意大利钻天杨、西洋箱柳（日本）
【学名】*Populus nigra* var. *italica*
【科名】杨柳科（杨属）
　　　　阔叶树（散孔材）
【产地】中国长江、黄河流域广为栽培。日本北海道、
　　　　北美、欧洲、高加索、地中海、西亚及中亚等
　　　　地区均有栽培。关于原产地说法不一，包括欧
　　　　洲、西亚等地
【相对密度】0.45
【硬度】4 弱 ＊＊＊＊＊＊＊＊＊＊

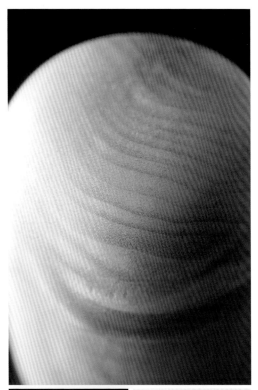

外来树种，
作为行道树比作为木材更为知名

　　北海道大学有两排著名的钻天杨行道树（日本明治末期栽植）。钻天杨的木质轻软，硬度比日本厚朴还要更软一些。纤维的质感与银杏和日本厚朴十分相似。变形极为严重，但很少开裂。带树瘤的木材上会出现瘤纹纹理，价格会升高。然而，在树瘤木材中，仍属于价格比较低廉的类型，市场流通量很小。钻天杨与北美产的北美鹅掌楸（木兰科）属于不同树种。不过，在木材市场上，有时会与北美鹅掌楸混在一起销售。

　　【加工】切削作业很容易。由于木质较软，基本感觉不到纤维，木工旋床加工难度较大，必须保证刀刃足够锋利（切实研磨好刀刃）。木屑很细。无油分，砂纸打磨效果佳。

　　【木材纹理】年轮模糊。

　　【颜色】偏黄的奶油色。比银杏木材的颜色略浅。

　　【气味】基本无味。

　　【用途】单块面板的大型台面（有树瘤花纹的木材）、小物件、火柴棒。

杨梅

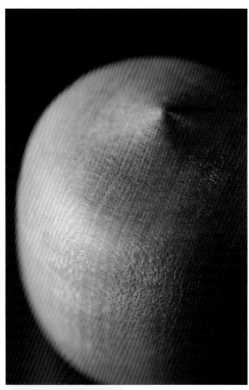

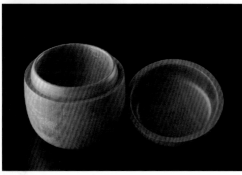

【学名】*Myrica rubra*

【科名】杨梅科（杨梅属）
　　　　阔叶树（散孔材）

【产地】中国（江苏、浙江、台湾、福建、江西、湖南、贵州、四川、云南、广西和广东）、日本（本州关东地区南部以西、四国、九州、冲绳）、朝鲜、菲律宾

【相对密度】0.73

【硬度】7＊＊＊＊＊＊＊＊＊＊

木材并非粉色，
而是优美的"桃色"

　　杨梅的木材呈桃色，十分美观。它不是蔡赫氏勾儿茶的那种粉色，而是属于日本传统色中的"桃色"。木质较硬，有韧性。干燥比较困难，变形严重。杨梅的变形程度与染井吉野樱非常接近。虽然杨梅树高 15 ～ 20m，直径能长到 1m，但很难获取大型木材，在市场上的流通量很小。木材具有美丽的光泽，表面非常光滑，这些都符合果木的特征（参见 P.228《"果实可以食用的树木"具有哪些特征？》）。"裁切原木时很顺畅，但干燥时会发生反翘。翘得很厉害"（木材加工业者）。

　　【加工】纤维阻力较大，木工旋床加工比较困难。无油分，砂纸打磨效果佳。不过，如果打磨过度，可能会变成一片焦黑。有逆纹，容易起毛。

　　【木材纹理】年轮不太明显。有较大的瘤纹纹理（因为花纹面积较大，木盒上没有体现出来）。纹理光滑。

　　【颜色】略有些烟熏感的桃色，非常优美。比厚皮香颜色更亮。

　　【气味】加工时气味很好闻（有一股桃子的香气）。制作完成后，几乎无味。

　　【用途】小物件、镶嵌工艺品。树皮可做染料或烧伤药的原料。

秋枫

【别名】赤木
【学名】*Bischofia javanica*
【科名】叶下珠科〔大戟科〕(秋枫属)
　　　　阔叶树(散孔材)
【产地】中国(陕西、江苏、安徽、浙江、江西、福
　　　　建、台湾、河南、湖北、湖南、广东、海南、
　　　　广西、四川、贵州、云南等省区)、日本(冲
　　　　绳)、印度、缅甸、泰国、老挝、柬埔寨、越
　　　　南、马来西亚、印度尼西亚、菲律宾、澳大利
　　　　亚和波利尼西亚等
【相对密度】0.70 ～ 0.80
【硬度】5＊＊＊＊＊＊＊＊＊＊

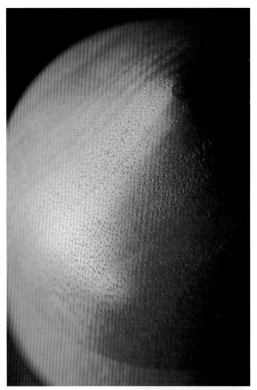

木如其名，木材颜色为红色

　　秋枫的木材特点在于其浓郁的红色，因此
日语中被称为"赤木"。木材表面极其光滑，成
品造型非常漂亮。干燥过程中极易变形。秋枫
在日本冲绳地区属于常见树种，多被用作路旁
的行道树。冲绳本地的木工很喜欢使用秋枫。
"木工旋床加工时，感觉很像红色的日本七叶
树，就是比日本七叶树更硬一些"(河村)。"打
家具时，如果与琉球松搭配使用，色彩对比会
十分漂亮。不过秋枫容易出现裂纹，所以很少
用于面板，大多用作桌子腿或椅子腿"(冲绳本
地的木匠)。

　　【加工】易加工。几乎感觉不到逆纹，木工
旋床加工时，手感非常轻快。木屑呈粉状。感
觉不到韧性。比柳安木的成品表面更光滑，但
又不像日本黄杨那么光滑。

　　【木材纹理】无论是径切面还是弦切面，都
很难看清木材纹理。

　　【颜色】红棕色。色彩均匀。红色比较突出，
但不像帕(拉)州饱食桑(南美血檀)的红色那
么强烈，比日本常绿橡树略红一些。

　　【气味】有一股淡淡的气味。"秋枫气味柔和。
容易令人联想起暴晒在阳光下的干草味道"(七户)。

　　【用途】家具、手工艺品、展示柜(利用树枝)。

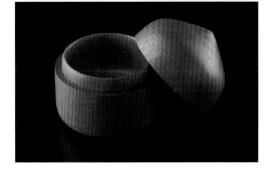

银杏

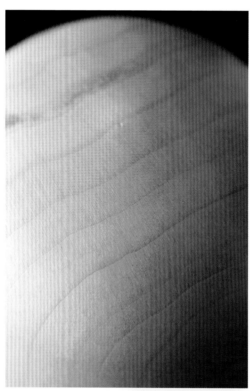

【别名】白果、公孙树
【学名】*Ginkgo biloba*
【科名】银杏科（银杏属）
　　　　裸子植物（针叶树类）
【产地】原产中国（北自东北沈阳，南达广州，东起华东，西南至贵州、云南西部）。日本全国、朝鲜、欧美均有栽培
【相对密度】0.55
【硬度】3 ＊＊＊＊＊＊＊＊＊＊

常被误认为阔叶树的裸子植物，木材纹理不明显

乍一看，银杏很像阔叶树，但其实它属于落叶针叶树。木材纹理很不明显，材质也与阔叶树十分相似。在针叶树中，银杏属于木质较硬的。比日本柳杉容易开裂，但不会出现严重变形。银杏的气味存在个体差异，有些气味浓郁，有些几乎无味。

【加工】切削与刨削作业都不费力。利用木工旋床等进行旋削时，如果刀刃不够锋利，木材表面容易起毛。"如果刀刃不够锋利（没有切实研磨好刀刃），会伤到木材纤维，旋削十分困难"（河村）。旋削手感与木屑的飞散方式都很轻快。

【木材纹理】年轮比较模糊。纹理致密。

【颜色】接近黄色的奶油色。心材与边材的颜色几乎没有差异。

【气味】存在个体差异。味道特别强烈的会有一股白果特有的臭味。"小鞋木豆也有同样的气味。如果单从气味上判断，二者很容易搞混。我很不喜欢这股味道"（河村）。味道比较强烈的木材不适合用作砧板或餐具，需特别注意。加工之前必须确认好有无气味。

【用途】与连香树用途相同（适用于制作木雕、普及版的将棋棋盘或围棋棋盘等）、砧板。

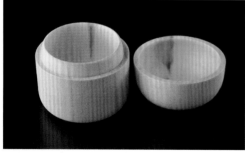

春榆

【学名】*Ulmus davidiana* var. *japonica*
【科名】榆科（榆属）
　　　　阔叶树（环孔材）
【产地】中国（黑龙江、吉林、辽宁、内蒙古、河北、
　　　　山东、浙江、山西、安徽、河南、湖北、陕
　　　　西、甘肃及青海等省区）、日本（优良木材主
　　　　产地为北海道，还分布于本州、四国的部分地
　　　　区，九州的部分地区）、朝鲜、俄罗斯
【相对密度】0.42 ～ 0.71
【硬度】6＊＊＊＊＊＊＊＊＊＊

榆
科

材质类似水曲柳或榉树，
但比较容易变形

　　裂叶榆、榔榆等也属于榆属，但在木材领
域，提到榆木，通常指的都是春榆。不过，市
场上出售的榆木中，有时也会混入一些裂叶榆。
"春榆的纹理非常素雅，而裂叶榆的纹理显得飘
忽不定"（木材加工业者）。春榆具备优美的木
纹、细腻的斑点、硬度高、质地坚韧等成为优
良木材的条件，但由于木材容易变形（干燥后
也会变形），加工成品率很低。这也导致春榆口
碑逐渐下滑。主要用作水曲柳或榉树的代用材。
树瘤部分能够形成瘤纹纹理，也叫"榆木瘿"，
可以单独交易。在日本木材市场上俗称红水曲
柳（与水曲柳并非同一树种，但在日本某些地
区或木材行业内部会这样称呼）。

　　【加工】无论切削还是旋削作业，都有一定
难度。导管较大，木工旋床加工时，能够感受
到纤维，手感嘎吱嘎吱的。无油分，砂纸打磨
效果佳。

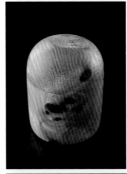

　　【木材纹理】纹理虽不细致，但纹路清晰，
间距均匀。有时，径切面上会出现独特的斑纹
（这是区分春榆与刺楸的标志）。

　　【颜色】心材为略带红色的奶油色。边材颜
色发白，与心材的区别十分明显。

　　【气味】春榆有股淡淡的臭味。榔榆几乎无味。

　　【用途】家具、建筑材料、室内装修材料等。

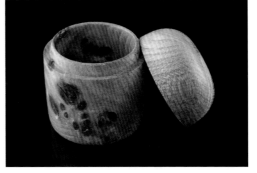

榉树

【别名】光叶榉、鸡油树
【学名】*Zelkova serrata*
【科名】榆科（榉属）
　　　　阔叶树（环孔材）
【产地】中国（辽宁、陕西、甘肃、山东、江苏、安徽、浙江、江西、福建、台湾、河南、湖北、湖南和广东）、日本（本州、四国、九州）和朝鲜
【相对密度】0.47～0.84
【硬度】4～7＊＊＊＊＊＊＊＊＊＊＊

在日本，榉树是阔叶树的代表树种

　　榉树属于大径木，树干通直。木材质地优良，耐久性较强。榉树的硬度存在个体差异，可以根据自己的用途与喜好进行挑选，是一种非常便利的木材。是否变形这个问题也存在较大的个体差异。榉树自古以来就被用于制作家具和主房梁柱等，深深扎根于民众的日常生活之中。在日本，榉树是阔叶树的代表树种。

　　【加工】加工难易度方面也存在个体差异。通过观察榉木的横切面，大致可以了解该木材的质地。

　　• 年轮细致：木质比较软。硬度4。易加工，木纹优美。木工旋床加工时手感轻快。价格较高。

　　• 年轮粗重：木质相当硬。硬度7。木工旋床加工时感觉嘎吱嘎吱的。可能会崩断刀刃。

　　【木材纹理】年轮周围有一圈较大的导管，因此，年轮显得十分清晰。

　　【颜色】心材为橙色，边材为淡淡的浅黄色。心材与边材的区别十分明显。

　　【气味】有一股榉木特有的刺鼻气味。"旋削时，我会被呛得打喷嚏"（河村）。

　　【用途】家具、建筑材料、和式房间的壁龛装饰柱、木雕、工艺品等。可以根据工艺品的特点选择不同材质的榉木。

　　• 木雕→柔软松脆的木材
　　• 旋削制品→年轮适中、木性质朴的木材
　　• 传统工艺品→有瘤纹纹理的木材

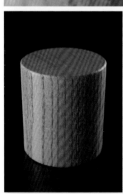

榔榆

【**别名**】秋榆、小叶榆、石榉、白榉
【**学名**】*Ulmus parvifolia*
【**科名**】榆科（榆属）
　　　　阔叶树（环孔材）
【**产地**】中国的华中、华南、华北地区，日本的本州中
　　　　部地方以西、四国、九州、冲绳，朝鲜
【**相对密度**】0.76**
【**硬度**】6强＊＊＊＊＊＊＊＊＊＊

材质比春榆略硬，
心材与边材的颜色对比十分优雅

　　榔榆秋季开花，所以也被称为"秋榆"（春榆在春季开花）。材质比春榆略硬。"木工旋床加工时，似乎比春榆略硬一些"（河村）。榆木都比较容易变形，榔榆也不例外，不过它的变形没有春榆那么严重。树形与树叶形状都与榉树（红榉）有些相似（榔榆的树高与叶片都偏小），由于材质较硬，别名"石榉"。"榔榆的感觉有点接近质地较硬的朴树（青榉）"（河村）。

　　【**加工**】木工旋床加工时，能够感受到纤维与阻力，旋削手感比较脆。无油分，砂纸打磨效果佳。成品表面光滑。

　　【**木材纹理**】径切面会出现独特的斑点图案（春榆也有同样的图案）。

　　【**颜色**】心材为暗棕色。边材颜色发白。心材与边材的区别十分明显，两种颜色对比非常优雅。榔榆的颜色不同于春榆，反而更接近鬼胡桃。

　　【**气味**】几乎无味。春榆有股淡淡的臭味。

　　【**用途**】过去多用于制造车轴和各种木棒。榔榆非常适合木工使用，但在现代社会，几乎已无用武之地。

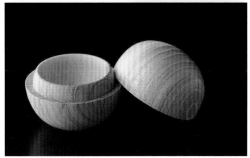

椿叶花椒

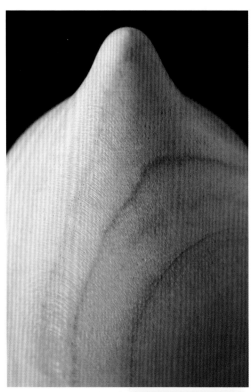

【别名】食茱萸
【学名】*Zanthoxylum ailanthoides*
【科名】芸香科（花椒属）
　　　　阔叶树（散孔材）
【产地】中国（长江以南）、日本（本州、四国、九州、冲绳）
【相对密度】0.45**
【硬度】4 * * * * * * * * * *

虽然是一款鲜为人知的木材，但色彩优美，加工性良好

虽然椿叶花椒在中国的长江以南、日本的本州到冲绳分布广泛，但却很少作为木材在市场上流通。其实，椿叶花椒木质轻软，便于加工，很适合用于小工艺品的制作。"色彩如此优美、又很好加工的木材并不多。把椿叶花椒的板材放到刨床上时，如果有光照下来，就会看到亮晶晶的反光。椿叶花椒给人的印象总是不过不失，其实它是一款非常好的木材"（河村）。

【加工】易加工。木工旋床加工时，手感十分轻快。不过，如果刀刃不够锋利（没有切实研磨好刀刃），表面容易起毛。无油分，砂纸打磨效果佳。

【木材纹理】木材纹理与年轮都不清晰。

【颜色】偏黄的奶油色。"木材表面有一些偏黄绿色的条纹。色彩非常优美。有一股淡淡的日本风"（河村）。心材与边材的区别不明显。

【气味】几乎无味。

【用途】各种器具、小工艺品。椿叶花椒的木材色彩清淡柔和，属于奶油色系，与毛泡桐的木材颜色十分相似，因此，过去曾被当做毛泡桐的代用材，用于制作木屐（在日本某些地方的方言里，椿叶花椒又被称为"木屐木"）。

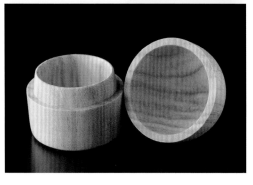

柑橘

【学名】*Citrus* spp.

【科名】芸香科（柑橘属）
　　　　阔叶树（散孔材）

【产地】原产亚洲东南部及南部。中国主产地在秦岭南坡以南。日本主产地为本州（关东地区以南气候温暖地区）、四国、九州

【相对密度】0.80

【硬度】5＊＊＊＊＊＊＊＊＊＊

适合制作小物件，
木材的黄色十分优雅

　　柑橘木材纹理十分光滑，硬度适中，有韧性，木材颜色明亮优雅，具有典型的果木特征（参见 P.228《"果实可以食用的树木"具有哪些特征？》）。非常适合制作手工餐具等小物件。很难获取大型木材。

　　【加工】易加工。木工旋床加工时，手感轻快，操作方便。逆纹较多，但不影响旋削。不过，偶尔会起毛刺。无油分，砂纸打磨效果佳。

　　【木材纹理】年轮较细，不是很清晰。纹理致密光滑。"如果用柑橘木材做成的小勺吃布丁，肯定特别美味"（河村）。

　　【颜色】整体呈一种明亮而清爽的黄色（柠檬色）。并非单一色彩，白色与黄色不均匀地交织在一起，形成颜色对比。

　　【气味】基本无味。

　　【用途】镶嵌工艺品、寄木细工、小工艺品、手工餐具。木纹通直的木材适合制作锤子的手柄（不过，这种木材比较难获得）。

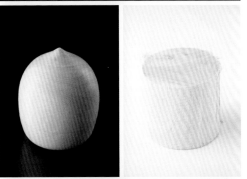

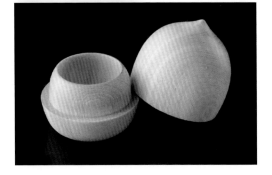

228

"果实可以食用的树木"具有哪些特征?

—纹理光滑、气味清香—

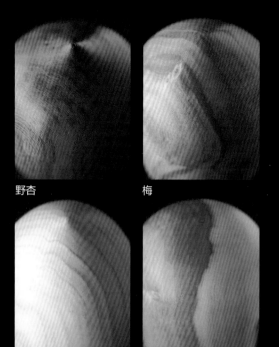

野杏   梅

石榴   枣

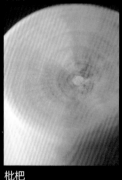

枇杷   柑橘

杨梅   苹果

野杏、梅、柿、樱花、石榴、枣、枇杷、杜果、柑橘、杨梅、苹果，这些都是本书中介绍过的"果实可以食用的树木"（除了环孔材的日本栗以外）。

尽管每种树的特点并不完全相同，但这些果木都有一些共同的特征。

1）材质致密、纹理光滑

这些果木的纤维密度较高，材质仿佛全都凝聚到了一起。由于它们都属于散孔材，在加工过程中，几乎感觉不到导管。成品表面非常光滑。

2）木工旋床加工比较容易

由于材质比较致密，使用木工旋床或旋盘等进行旋削加工时，操作方便，手感顺滑。不过，有些果木的木质较硬，如果使用凿子或小刀进行切削或雕刻，就会比较费力（红山樱和胡桃比较适合雕刻）。与其他适合做建筑材料的木料相比，使用锯子或刨子进行操作时，果木需要花费较长时间。

3）气味清香

果木的气味容易令人联想到它们的果实。特别是原木，气味更加强烈。如野杏木、柿木、杨梅木、苹果木等。梅木的味道甜甜的，比起梅子来似乎更容易令人联想到樱桃。枇杷木与柑橘木几乎没有气味。

上文没有提到的鬼胡桃，虽然也属于散孔材，不过导管较大。无论是旋削、刨削还是用凿子进行木雕，操作都很方便。

胡椒木

【学名】*Zanthoxylum piperitum*
【科名】芸香科（花椒属）
　　　　阔叶树（散孔材）
【产地】原产日本，分布于北海道至九州。中国有引种
　　　　栽培
【相对密度】0.78
【硬度】4 * * * * * * * * * * *

木材的黄色比较抢眼，
纹理光滑，出乎意料地好用

　　胡椒木属于小径木，树高 3 ～ 5m。果实、树叶、嫩芽都可作为调料使用。木材质地结实，不易磨损，因此常被用来制作擂槌。材质（硬度、颜色、可加工性等）与西南卫矛十分相似。干燥非常容易，不易开裂，加工方便。出乎意料地好用。

　　【加工】易加工。木工旋床加工时，手感轻快顺滑。不过，如果刀刃不够锋利（没有切实研磨好刀刃），表面容易起毛。无油分，砂纸打磨效果佳。成品表面非常漂亮。

　　【木材纹理】年轮模糊。纹理致密光滑。

　　【颜色】偏黄的奶油色。比西南卫矛颜色更黄。"胡椒木的颜色就像颜色稍浅的日本黄杨。与柑橘木也比较接近"（河村）。

　　【气味】几乎无味。不会有胡椒味。

　　【用途】擂槌、茶碗、茶托、酒杯、寄木细工。

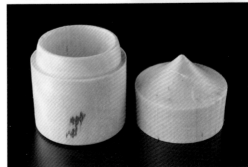

黄檗

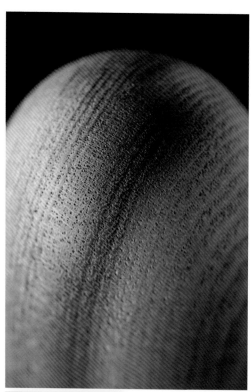

【别名】檗木、黄檗木、关黄柏、黄柏
【学名】*Phellodendron amurense*
【科名】芸香科（黄檗属）
　　　　阔叶树（环孔材）
【产地】中国（主产于东北和华北各省，河南、安徽北部、宁夏也有分布，内蒙古有少量栽种）、日本（北海道至九州）、朝鲜、俄罗斯（远东）、中亚和欧洲东部
【相对密度】0.48
【硬度】4 ＊＊＊＊ ＊＊＊＊＊＊

用途广泛，色彩柔美，木质较软

　　在阔叶树中，黄檗属于木质比较轻软的树种。干燥很容易，极好处理。耐湿性能良好，既可制作家具，也可入药，用途十分广泛。土黄色的心材与浅黄色的边材，色彩对比极具特点。也会被用来仿榉树或仿桑树。

　　【加工】易加工。木工旋床加工时，手感轻快松脆。感觉不到逆纹。无油分，砂纸打磨效果佳。"年轮线条比较细，所以旋削手感很顺畅"（河村）。

　　【木材纹理】年轮清晰。导管较大。

　　【颜色】心材与边材的颜色截然不同。心材为接近灰色的土黄色。随着时间的流逝，颜色会越来越深。边材为浅黄色。不过，颜色的个体差异比较明显。

　　【气味】加工过程中，能闻到一股淡淡的甜味。

　　【用途】家具、榫卯结构的木制品、工艺品、药物（黄檗自古以来就被用来制作药物）、仿榉树或仿桑树。

楝叶吴萸

【别名】楝叶吴茱萸

【学名】*Tetradium glabrifolium*
（*T.glabrifolium* var. *glaucum*）

【科名】芸香科（吴茱萸属）
阔叶树（环孔材）

【产地】中国（台湾、福建、广东、海南、广西及云南
南部）、日本（本州的纪伊半岛、四国、九州、
冲绳）

【相对密度】0.48[**]

【硬度】4 ＊＊＊＊＊＊＊＊＊＊

褐色系木材，酷似桑，旋削手感轻快，易加工

在中国，楝叶吴萸生于海拔 500~800 米或平地常绿阔叶林中，在山谷较湿润地方常成为主要树种。在日本，楝叶吴萸主要生长在冲绳等气候温暖的海岸线附近，或是洼地至山地等土壤肥沃的地区。木材硬度与黄檗十分相似。色彩独特，是褐色系木材（其他还包括桑、毛叶怀槐等）。"楝叶吴萸的木材乍一看，与桑特别像"（河村）。

【加工】易加工。木工旋床加工时，几乎感觉不到纤维或逆纹（多少会有一些逆纹）。旋削手感与黄檗十分相似，非常轻快松脆。"楝叶吴萸材质偏软，很好操作。干燥也不成问题，不会开裂，也不会有严重变形"（木材经销商）。

【木材纹理】径切面有虎纹状花纹，光线反射下会出现银光纹理（Silver grain），横切面有辐射状条纹。

【颜色】心材介于金褐色与焦褐色之间。随着时间的流逝，颜色会越来越深。边材为黄褐色。心材与边材的区别十分明显。

【气味】有一丝甜味。"与黄檗的气味有点像。就是那种从中药铺门前经过时会闻到的味道"（河村）。

【用途】家具（单块面板的大型台面等）、建筑材料。在日本冲绳地区使用广泛。

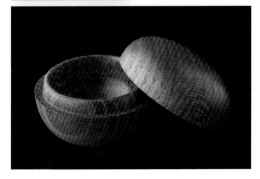

帕拉芸香

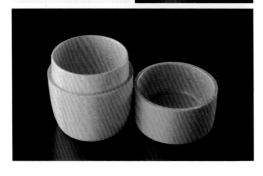

【别名】良木芸香、黄心木（Yellow heart）、
黄檀木（Pau amarello）

※Pau amarello 是葡萄牙语。pau 是树的意思，amarello（表示树种名称时有两个"l"）是黄色的意思。在巴西，很多树种名称都带有"amarello"字样，注意不要混淆。

【学名】*Euxylophora paraensis*

【科名】芸香科（嘉黄木属）
阔叶树（散孔材）

【产地】巴西（亚马逊河下游一带）

【相对密度】0.80

【硬度】7 ＊＊＊＊＊＊＊＊＊＊

成品表面十分光滑的
"黄色木材"

在巴西，通常被称为黄檀木（Pau amarello）；在中国的国家标准《中国主要进口木材名称》（GB/T 18513—2001）中，被称为"良木芸香"；在日本则多被称为黄心木。木材表面会反光，一闪一闪的，如同蝴蝶翅膀一样，十分优美。成品表面光滑漂亮。干燥非常简单，不易开裂。干燥后极少变形，非常稳定。

【加工】易加工。虽然有一些逆纹，但木工旋床加工时，手感十分轻快，操作方便。不过，能强烈感受到纤维的硬度。旋削时会出现大量粉状木屑，进入口中会感觉到一股苦味。无油分，砂纸打磨效果佳。成品表面极富光泽，非常美观。

【木材纹理】纹理细致。横切面的辐射状条纹比较明显。

【颜色】心材为明亮的鲜黄色。边材颜色发白。

【气味】隐约能感觉到味道。

【用途】地板、工具（木槌等）手柄、印刷用的木版等，与黄杨木（Boxwood）的用途相同。

朝鲜木姜子

【别名】鹿皮斑木姜子
【学名】*Litsea coreana*
【科名】樟科（木姜子属）
　　　　阔叶树（散孔材）
【产地】中国（台湾中部）、日本（本州、四国、九州、冲绳）、朝鲜
【相对密度】0.71**
【硬度】5＊＊＊＊＊＊＊＊＊＊

油分适中，易加工，气味清爽

　　朝鲜木姜子在成长过程中，树皮会出现鱼鳞状剥落，形成斑点图案，看上去很像鹿皮，因此也被称为"鹿皮斑木姜子"。"如果斑纹漂亮的话，很容易出手"（木材经销商）。硬度与红楠相同。油分适中，易加工，有一股淡淡的柑橘味，气味十分清爽。

　　【加工】易加工。木工旋床加工时，几乎感觉不到纤维阻力，木屑很光滑。油分适中，因此刀感很好，成品表面非常光滑。在含有油分的木材里，属于砂纸打磨效果比较好的。

　　【木材纹理】年轮清晰。看上去感觉很像红楠。

　　【颜色】奶油色，略有些发红。

　　【气味】气味清爽，有一股淡淡的柑橘系味道。"这是我个人特别喜欢的味道。做成带盖的木盒后，气味能持续很长时间"（河村）。

　　【用途】部分建筑材料、小物件。在日本已经出版的木材书籍（《日本经济林木效用篇》等）中，很多会在其用途一栏标注"鼓身"。但经与相关从业人员（制鼓师、乐器研究者等）确认，目前还没有使用朝鲜木姜子制鼓的记录。

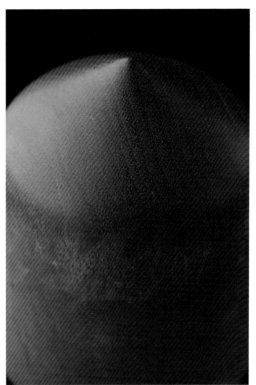

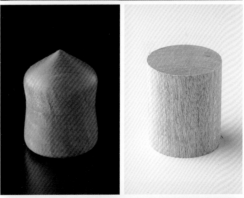

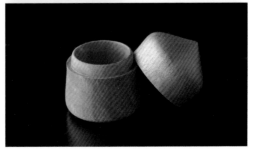

大叶钓樟

【学名】*Lindera umbellata*
【科名】樟科（山胡椒属）
　　　　阔叶树（散孔材）
【产地】中国（长江中、下游各省，以及河南、山西、
　　　　陕西、甘肃），日本（本州、四国、九州）
【相对密度】0.85
【硬度】5强＊＊＊＊＊＊＊＊＊＊

大叶钓樟是高级牙签的代名词

　　大叶钓樟属于灌木，树高 5～6m，很难获取大型木材。在日本，很多人一听到大叶钓樟这个名字，就会联想到高级牙签。大叶钓樟硬度适中，加工起来非常轻松。它的致密性与硬度与红山紫茎比较接近，闻起来有一股柑橘系的气味，很有特色。

　　【加工】木工旋床加工时，手感平滑顺畅。旋削感觉很像髭脉桤叶树，能够感受到纤维。加工面容易起毛，如果直接上漆，表面会变成一片乌黑。几乎感觉不到油分，砂纸打磨效果佳。

　　【木材纹理】没有明显的特色。纹理光滑。

　　【颜色】奶油色。制作牙签或小水果刀时，可以留下黑色的树皮，与白色的木材颜色形成对比。

　　【气味】有一股浓郁的柑橘系气味。带有薄荷香味。"大叶钓樟的味道很沉稳，但又有一点酸味，稍有点刺鼻"（七户）。"用打磨器打磨一遍后，房间里会飘满大叶钓樟的香味，久久不散"（小岛）。

　　【用途】高级牙签、小水果刀、木质雪鞋。

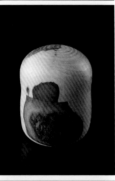

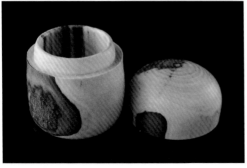

红楠

【学名】*Machilus thunbergii*
【科名】樟科（润楠属）
　　　　阔叶树（散孔材）
【产地】中国（山东、江苏、浙江、安徽、台湾、福建、
　　　　江西、湖南、广东、广西）、日本（本州的中
　　　　部地区以南、关东东北地区的沿海地带、四
　　　　国、九州、冲绳）、朝鲜
【相对密度】0.55～0.77
【硬度】5＊＊＊＊＊＊＊＊＊＊

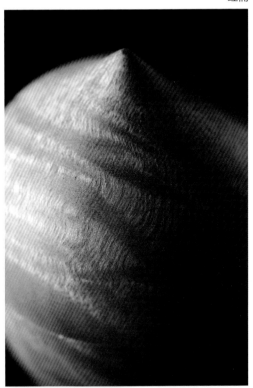

木材表面有波浪状皱缩条纹，干燥难度大，酷似樟

　　红楠的木材纹理等特点与樟（相对密度0.52、硬度4）十分相似，不过木质比樟略硬。木材颜色存在个体差异。通常，颜色偏红的木材叫做红楠（如图），奶油色系的木材叫做白楠。红楠价格较高。干燥比较困难，收缩率很高。木材容易开裂变形。由于树径粗大，很容易出现瘤纹纹理。

　　【加工】由于瘤纹纹理较多，刀刃必须保持锋利（切实研磨好刀刃）。木工旋床加工时，如果不小心，就会彻底破坏木材纤维。用锯子或刨子加工都比较困难。油分较少。砂纸打磨效果尚可。

　　【木材纹理】纹理与樟类似。容易出现波浪状皱缩条纹或较大的同心圆花纹等。具有交错木纹。

　　【颜色】红楠为红褐色，随着时间的流逝，红色会越来越深。白楠为浅米色，随着时间的推移，变化不大。

　　【气味】有一股药味。气味有别于樟。

　　【用途】家具、利用瘤纹纹理制作的装饰品。

牛樟

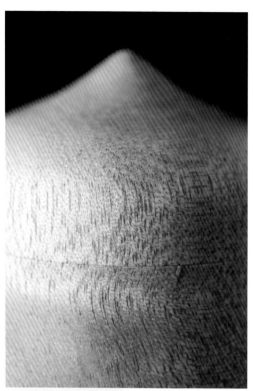

【别名】台湾牛樟
【学名】*Cinnamomum kanehirae*
【科名】樟科（樟属）
　　　　阔叶树（散孔材）
【产地】中国台湾
【相对密度】0.54*
【硬度】4 * * * * * * * * * *

有一股独特的气味，
很像压片糖的味道

　　牛樟属于大径木，有些树高能达到50m。牛樟没有本樟的那股樟脑味，它的气味更像压片糖。整体颜色均匀，个体差异较小。材质均衡。干燥很容易，不易开裂。瘤纹纹理较少，小物件上几乎看不出花纹。"与樟比起来，油分较少。芳樟（P.267）木材颜色偏红，而牛樟则偏黄"（河村）。

　　【加工】易加工。木工旋床加工时手感轻快，操作简单。虽然能感觉到油分，但砂纸打磨仍有一定的效果。

　　【木材纹理】年轮模糊。木材表面比较粗糙，但并不扎手。有时会出现不太明显的同心圆花纹。

　　【颜色】偏黄的奶油色，黄色较深。色彩均匀。而樟的颜色比较复杂，红、黄、绿等多种不同颜色交杂在一起。

　　【气味】味道比较浓郁，有一股柠檬般的香气，很好闻。"牛樟的气味很容易令人回想起压片糖的味道"（河村）。

　　【用途】木雕、薄木贴面板、神社寺庙建筑等。

天竺桂

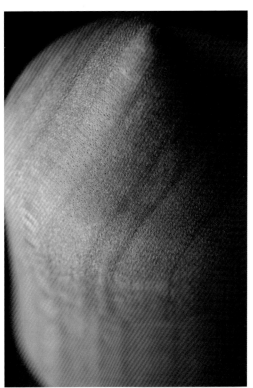

【学名】*Cinnamomum japonicum*
（*C.tenuifolium*）

【科名】樟科（樟属）
阔叶树（散孔材）

【产地】中国（江苏、浙江、安徽、江西、福建及台湾）、日本（本州宫城县以南、四国、九州、冲绳）、朝鲜

【相对密度】0.56

【硬度】4 弱 ＊＊＊＊＊＊＊＊＊＊

加工难度较大，
但木材的橙色十分优雅

　　樟属的树种有300种以上，肉桂等的树皮经常被用作调料或药材。天竺桂树高15～20m，直径能达到1m。虽然能裁切出比较大型的木材，但却很少在市场上流通。天竺桂的特点在于木材的橙色。硬度与纤维质感都与水胡桃十分相似。干燥过程中变形严重。"天竺桂变形十分严重。将原木旋成4cm厚的木板放置一年后，会出现严重扭曲。然后再将它裁切成板材，去掉反翘的部分后，会变得比较稳定"（木材加工业者）。

　　【加工】加工难度较大。木工旋床加工时，虽然感觉不到导管，但纤维的阻力较大。如果刀刃不够锋利，横切面会凹凸不平。虽然没有油分，但不宜用砂纸打磨（可能由于纤维比较细致，容易堵塞砂纸缝隙）。

　　【木材纹理】只能看出大致的年轮轮廓。没有瘤纹纹理。

　　【颜色】心材为橙色，略带一丝棕色。边材颜色发白。

　　【气味】靠近树皮的部位有一股强烈的肉桂味。心材部分几乎无味。

　　【用途】镶嵌工艺品、寄木细工。种子可以榨油。

细孔绿心樟

Imbuia

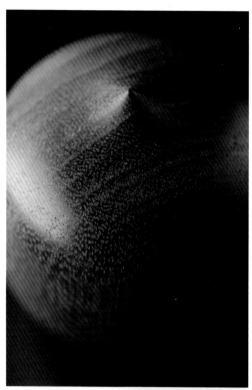

【别名】细孔甜樟

※ 市场俗称：巴西胡桃（与胡桃科的胡桃并非同一树种）

【学名】*Ocotea porosa*（*Phoebe porosa*）

【科名】樟科（甜樟属）

　　　　阔叶树（散孔材）

【产地】巴西南部

【相对密度】0.59 ～ 0.76

【硬度】5 ＊＊＊＊＊＊＊＊＊＊＊

一种大直径的木材，
色彩等特性酷似胡桃木

　　细孔绿心樟树高 40m，胸高直径能达到 2m，属于大径木，可以获取大型木材。耐久性强。色彩与便于加工等特点均与胡桃十分相似，因此，在木材市场上，会被称为"巴西胡桃"，然而细孔绿心樟属于樟科，与胡桃（胡桃科）并非同一树种。

　　【加工】虽然木质较硬，但木性质朴，易加工。机械加工也很容易。无油分，砂纸打磨效果佳。成品表面光滑。"旋削时的纤维感觉与胡桃基本相同。不过细孔绿心樟略硬一些"（河村）。

　　【木材纹理】通常木纹通直。不过，也可能会出现波浪状条纹或交错纹理。还会出现瘤纹纹理。

　　【颜色】心材为暗褐色（偏黑的橄榄绿色）。边材为灰色系。

　　【气味】略有一丝药味。"有一点点甜，让人感觉很舒服。有点像肠胃药的味道"（七户）。

　　【用途】家具等。与胡桃木的用途相同。

樟

【别名】本樟
【学名】*Cinnamomum camphora*
【科名】樟科（樟属）
　　　　阔叶树（散孔材）
【产地】中国（南方及西南各省区）、日本（本州的关
　　　　东地区以南、四国、九州）、越南、朝鲜
【相对密度】0.52
【硬度】4＊＊＊＊＊＊＊＊＊＊

有一股浓郁的樟脑香味，
瘤纹纹理极具特点

　　樟属于大径木，可以获取大型木材。在阔叶树中，樟木质地较软（硬度与日本七叶树相同）。它的特点是：气味浓郁、花纹特殊、色彩复杂。虽然硬度不高，但有时会出现明显的逆纹，加工难度较高。干燥过程中，木材容易变形。樟是制造赛璐珞（硝化纤维塑料）和樟脑的原料。

　　【加工】樟木的某些部分会出现瘤纹纹理，木材纤维的情况又各不相同，因此，加工难度较大。逆纹较多。木工旋床加工时，同一块木料手感也会发生变化，状态极不稳定。"有时旋削手感很轻快，有时又感觉嘎吱嘎吱的"（河村）。木材中含有油分，不宜用砂纸打磨。"樟木比较润泽，手感不那么干巴巴，所以刀刃能使得上劲儿"（榫卯匠人）。

　　【木材纹理】木材表面会出现波浪状皱缩条纹或较大的同心圆花纹。心材与边材的区别不明显。具有交错木纹。

　　【颜色】色彩比较复杂。偏白的底色里混杂着黄色、红色、绿色等多种色系。有时红色会比较深。

　　【气味】气味浓郁。有一股扑鼻的樟脑香味。

　　【用途】佛像、木雕、家具、室内装修材料、和式房间的壁龛装饰柱、和式房间里隔扇上方与顶棚之间的格窗（栏间）、樟脑的原料。

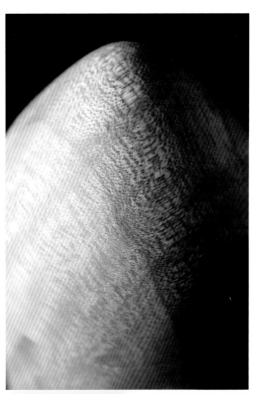

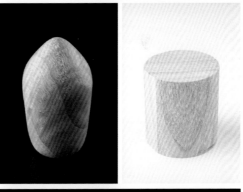

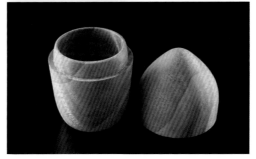

白绿叶破布木

Bocote

紫草科

【别名】墨西哥玫瑰木（Mexican Rosewood）、玛雅
　　　　玫瑰木（Mayan Rosewood）
※市场俗称：黄金檀、墨西哥黄金檀
【学名】*Cordia elaeagnoides*
【科名】紫草科（破布木属）
　　　　阔叶树（散孔材）
【产地】中美洲（墨西哥）
【相对密度】0.80
【硬度】7 * * * * * * * * * *

黄色底色上夹杂着黑色条纹
图案令人印象深刻

　　白绿叶破布木的色彩十分鲜艳，易加工，
耐水性强，有韧性，是一款优点众多的优良木
材。从制作贴面板到制作念珠，用途十分广泛。
虽然树脂较多，但并不感觉油腻。

　　【加工】易加工。特别是木工旋床加工时，
操作十分容易。旋削时有一股松脂味。感觉不
到逆纹。用砂纸打磨效果欠佳（因为树脂会堵塞
砂纸缝隙）。

　　【木材纹理】条纹图案非常美观。心材与边
材的区别十分明显。

　　【颜色】黄色中夹杂着黑色条纹。木材表面有
很多小小的圆形图案（类似虎眼斑纹 /Tiger eye）。

　　【气味】有一股松脂味。"旋削时有一股浓浓
的松脂味。过几天后，气味会逐渐变弱"（河村）。

　　【用途】佛龛、念珠、高级刀柄、高级餐筷、
圆形花架、乐器零件、室内装修材料。

厚壳树

【别名】松杨
【学名】*Ehretia acuminata*（*E.thyrsiflora*）
【科名】紫草科（厚壳树属）
　　　　阔叶树（环孔材）
【产地】中国（西南、华南、华东、华北等地）、日本
　　　　（本州、四国、九州、冲绳）、越南
【相对密度】0.45**
【硬度】5＊＊＊＊＊＊＊＊＊＊

材质类似日本栗和刺楸，
少数木料酷似黑柿木

　　厚壳树在日语里叫做"莴苣木"，有说法认为，这是因为它的嫩叶可以食用，味道与菊科蔬菜莴苣很像。在日本，厚壳树别名"柿木魂"，这是因为它的树叶与树皮等都很像柿。木材质感（旋削手感、硬度等）与日本栗和刺楸十分相似。横切面上偶尔会出现一些黑色条纹，很像黑柿木。

　　【加工】木工旋床加工时，感觉不到韧性或纤维，旋起来咔嚓咔嚓的，没有阻力，也没有逆纹。旋削手感与日本栗和刺楸一样。"如果蒙着眼睛操作，很可能会把它当成日本栗或刺楸"（河村）。无油分，砂纸打磨效果佳。切削加工也很方便。

　　【木材纹理】导管十分清晰，很像日本栗和刺楸。

　　【颜色】通常为偏黄的奶油色。有些原木中心部位会出现类似黑柿木的花纹图案，不过不太常见。这些带图案的木材价格都很高（有时也会被当成黑柿木销售）。

　　【气味】几乎无味。

　　【用途】器具，有类似黑柿木图案的木材可用作装饰材料。

十二雄蕊破布木
Ziricote

【别名】暹罗柿（日本）
【学名】*Cordia dodecandra*
【科名】紫草科（破布木属）
　　　　阔叶树（散孔材）
【产地】墨西哥南部至南美洲北部（危地马拉附近）
【相对密度】0.65～0.85
【硬度】7＊＊＊＊＊＊＊＊＊＊

木纹十分优美，
黑柿木的代用材

　　十二雄蕊破布木涂漆后很容易被误认为是黑柿木。木材表面有非常优美的花纹。干燥比较困难，容易开裂。干燥后比较稳定。在日本又被称为"暹罗柿"，但并不属于柿科。暹罗是泰国的古称，而十二雄蕊破布木的产地在中南美一带，与泰国并没有任何关系。在木材行业内部俗称"破布木"。"破布木上如果出现孔雀羽毛状花纹，价格会扶摇直上"（进口木材经销商）。

　　【加工】个体差异较大，有些木材里含有大量石灰成分，木工旋床加工时会变成一片白色，对刀刃有钝化效果。不含石灰成分的木材加工比较方便。成品表面很漂亮，极富光泽。含有油分，不宜用砂纸打磨。

　　【木材纹理】俯视木材表面时，能看到菊花般不可思议的纹样。"有人说很像黑胡桃木的波浪状花纹，不过我觉得不太像"（河村）。

　　【颜色】深褐色的底色上有黑色条纹。

　　【气味】基本无味。

　　【用途】和式房间的壁龛装饰柱、佛龛、花架、乐器、薄木贴面板。

重蚁木

Lapacho

【别名】依贝木（Ipe）
【学名】*Tabebuia* spp.（*T. serratifolia* 齿叶蚁木等）
【科名】紫葳科（蚁木属）
　　　　阔叶树（散孔材）
【产地】中美洲、南美洲
【相对密度】0.91～1.20
【硬度】8＊＊＊＊＊＊＊＊＊＊

耐久性强，
适合用于户外

　　重蚁木是生长在中南美地区的大约 20 种蚁木属树木的总称。对于这些树木，不同的地区称呼不同。Lapacho 主要是阿根廷等地的叫法。木质厚重坚硬，耐久性与耐水性都很强。抗白蚁性强，因此常被用于室外建筑（无需防虫处理）。

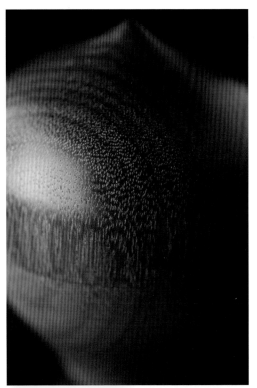

　　【加工】木质很硬，钉子都很难钉进去，但木工旋床加工并不困难（因为纤维结构并不复杂）。不过，由于具有精细的交错木纹，旋起来嘎吱嘎吱的。木屑呈粉状。"操作过程中，如果不戴口罩，鼻子会很痒"（河村），因此，容易过敏的人需特别注意。切削和刨削作业难度较大。

　　【木材纹理】木纹密集。具有交错木纹。整体遍布导管。

　　【颜色】心材为黄绿色。一段时间后会发生氧化，变成偏红的焦褐色。"给木盒做透明涂装时，毛刷会变成红色"（河村）。

　　【气味】基本无味。

　　【用途】建筑材料、桥梁（码头的栈桥等）、木质露台、室外长椅。在产地属于重要木材，被广泛用于对耐久性、耐水性要求较高的领域。

槟榔

【学名】*Areca catechu*
【科名】棕榈科（槟榔属）
　　　　单子叶植物
【产地】印度尼西亚、马来西亚
【相对密度】0.68
【硬度】8 * * * * * * * * * *
※ 木工旋床加工时的手感比相对密度值硬。

纤维较多，加工难度较大，椰子的同类

　　槟榔与椰子都属于棕榈科，生长速度较快。干燥过程中容易开裂。虽然材质较硬，但由于它本身是一块纤维的集合体，容易吸收大量涂料。涂装后，会变得非常重。"原木的中心比较空。完全是一种空洞化的状态"（木材经销商）。"空洞的四周比较脆，干巴巴的。木质就像刺猬身上的刺。加工时，手指可能会被刺到。那些刺又粗又硬，扎上后特别疼"（河村）。

　　【加工】切割纤维时会感觉嘎吱嘎吱的。木工旋床加工时，要注意躲避刀刃，否则纤维会被剥离。边缘容易缺损，需特别注意。无油分，砂纸打磨效果佳。不过，由于纤维较硬，很难把角磨掉。木屑呈粉状。

　　【木材纹理】槟榔是纤维的集合体，因此没有年轮。木材表面会出现独特有趣的花纹。

　　【颜色】巧克力色。横切面上会出现奶油色与黑色的纤维。"成品就像一块很好吃的巧克力蛋糕"（河村）。

　　【气味】基本无味。

　　【用途】亚洲风情杂货等小工艺品（盘子、碗等）。

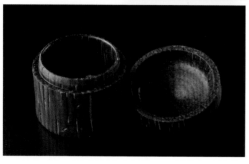

棕榈

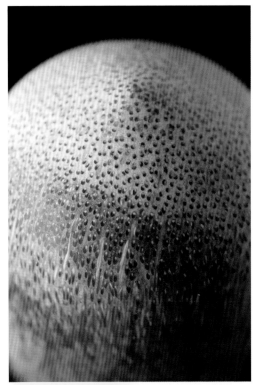

棕榈科

【学名】*Trachycarpus fortunei*

【科名】棕榈科（棕榈属）
　　　　单子叶植物

【产地】原产中国，分布于长江以南各省区。日本也有
　　　　分布，主要分布于九州

【相对密度】0.47

【硬度】4 ＊＊＊＊＊＊＊＊＊＊

虽然木材仿佛是纤维的集合体，
但却比较容易加工

　　棕榈木比外表看上去要结实得多。常被用作寺庙里撞钟的木棒。收缩率较高。干燥后可能会生虫。拿到原木后，必须将树干四周的毛剥掉，这道工序比较花费精力。"我曾经把一块原木干燥了半年以后，再用剪刀把毛剪掉。然后将木材切成小块，放上木工旋床进行加工。当时那些毛就像罩了 10 个装橘子的网兜一样，需要特别大的力气才行，感觉很辛苦"（河村）。

　　【加工】虽然棕榈木就像一团纤维的集合体，但加工起来却非常容易，只是在加工过程中，纤维会不断磨损刀刃，因此，必须切实研磨好刀刃。不太适合精细创作。

　　【木材纹理】看不见年轮。木材纹理的特征是有很多圆形的孔。

　　【颜色】奶油色中混杂着很多黑色纤维。

　　【气味】基本无味。

　　【用途】敲钟棒（比硬木敲出的声音更柔和，钟声不死板，有余韵）、和式房间的壁龛装饰柱（带皮的风化木）。树皮可以用来做绳子或刷帚，树叶可以编起来做垫子。

其他木材

橙心木

水杉
Metasequoia

【别名】曙杉
【学名】*Metasequoia glyptostroboides*
【科名】柏科〔杉科〕（水杉属）
　　　　针叶树
【产地】原产中国（四川省、湖北省）。世界各地均有
　　　　种植
【相对密度】0.31～0.36
【硬度】2＊＊＊＊＊＊＊＊＊

　　在20世纪40年代中期自然生长的水杉被发现之前，人们只有通过化石才能确认水杉的存在，因此，水杉也被称为"活化石""树中的空棘鱼[1]"。水杉生长速度极快，年轮间距较大。硬度介于日本柳杉与毛泡桐之间。用手指按压会有凹陷。加工难度较大。木工旋床加工时，必须保持刀刃锋利。木材很少在市面流通。

---

1 空棘鱼：起源于三亿六千万年前，活跃于三叠纪的淡水及海水中。至今仍存活于印度洋深海中的始祖鱼。树中的空棘鱼意为活化石。

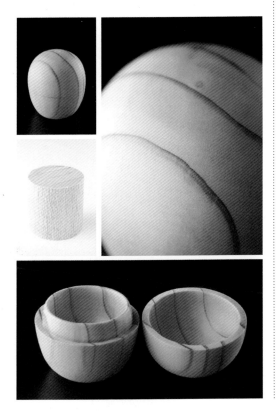

云南石梓
Gmelina

【别名】石梓、山根（Yamane）
【学名】*Gmelina arborea*
【科名】唇形科（石梓属）
　　　　阔叶树（散孔材）
【产地】印度、缅甸、印度尼西亚等。热带地区各地均
　　　　有种植（纸浆原料）
【相对密度】0.40～0.58
【硬度】3强＊＊＊＊＊＊＊＊＊

　　木性平实，适合雕刻。对于木雕来讲，材质稍硬，但成品表面非常漂亮。材质与小脉夹竹桃比较接近。耐久性较差。"云南石梓是一种令人捉摸不定的木材，说不好它的加工难度大不大。木材表面有一层蜡膜一样的东西"（河村）。木工旋床加工时感觉不到逆纹，手感非常轻快。切削作业比较容易，但加工完毕前的微调整比较复杂。

螺穗木

Tamboti

【学名】*Spirostachys africana*
【科名】大戟科
　　　　阔叶树（散孔材）
【产地】非洲东南部
【相对密度】0.96 ～ 1.04
【硬度】8 * * * * * * * * * *

　　油分很多，木质厚重坚硬。特征是有一股甜苦味。"螺穗木有一种古旧的味道，很像孩提时期闻到过的、奶奶家里的化妆品或香水的气味"（七户）。主要用于制作念珠和木雕等，用途与檀香相同，有时木材市场上也会把它以"楝"的名称来销售。木质较硬，但感觉不到逆纹或纤维，木工旋床加工非常方便。木屑呈粉状，油性较大，比较润泽。不宜用砂纸打磨。切削作业比较困难。裁切木材时刀刃很快就会无法使用。颜色很深，颇具高级感。

欧洲冬青

Holly

【学名】*Ilex aquifolium*（枸骨叶冬青）、
　　　　I. opaca（美国冬青）等
【科名】冬青科（冬青属）
　　　　阔叶树（散孔材）
【产地】枸骨叶冬青：欧洲、西亚
　　　　美国冬青：北美
【相对密度】0.58 * *
【硬度】6 * * * * * * * * * *

　　欧洲冬青的材质与加工时的感觉与具柄冬青十分相似（木材颜色白中带绿、有韧性，材质致密，成品表面光滑，易加工等）。年轮模糊。心材与边材几乎没有区别。基本无味。主要用于旋削制品和乐器制作等。"纹理细致，十分光滑。非常适合旋削加工"（河村）。

美国冬青

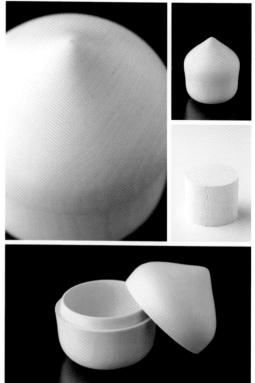

橙心木
Orangeheart

【别名】查科蒂硬木（Chakte Viga）、阔裂片柯特尔豆
【学名】*Caesalpinia platyloba*
【科名】豆科
　　　　阔叶树（散孔材）
【产地】墨西哥
【相对密度】0.9～1.25
【硬度】9＊＊＊＊＊＊＊＊＊＊

　　材质与制作小提琴琴弓的巴西苏木（*Caesalpinia echinata*）非常相似，可用作巴西苏木的代用材。木质较硬，但木性质朴（逆纹较少，木纹通直）。木工旋床加工非常方便，但切削作业比较困难。"刨床加工时，木材会梆梆地蹦起来"（河村）。无油分，砂纸打磨效果佳。木材表面非常光亮。木纹与颜色的个体差异较小。木材颜色为橙色，老化后变得比较接近红棕色。

刺片豆
Arariba amarelo

【别名】金丝雀木（Canarywood）、Putumuju
【学名】*Centrolobium* spp.
【科名】豆科（刺荚豆属）
　　　　阔叶树（散孔材）
【产地】南美洲（巴西）
【相对密度】0.73～0.84
【硬度】6＊＊＊＊＊＊＊＊＊＊

　　耐久性强，木材为黄色和橙色，色彩十分美观。中南美地区生长着多种刺荚豆属（*Centrolobium*）树木，每个地区的叫法各不相同。与橄榄科橄榄属（*Canarium*）的金丝雀木并非同一树种。木工旋床加工时，虽然能够感受到细小纤维的阻力，但旋削手感比较轻松光滑。多少能感觉到一些油分，但不影响砂纸打磨效果。木材表面极富光泽。有一股淡淡的甜味。

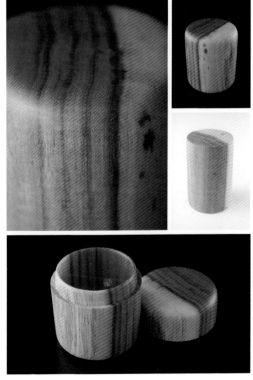

凤凰木

【别名】凤凰花、红花楹、火树
【学名】*Delonix regia*
【科名】豆科（凤凰木属）
　　　　阔叶树（散孔材）
【产地】原产马达加斯加，世界热带地区常栽种。中国云南、广西、广东、福建、台湾等省栽培。日本冲绳有栽培
【相对密度】0.39**
【硬度】3 强 ＊＊＊＊＊＊＊＊＊＊

　　凤凰木是热带、亚热带地区常见的行道树。在日本冲绳地区，主要种植在学校校园里。木质较软，在日本产的阔叶材中，柔软程度仅次于刺桐与毛泡桐。木工旋床加工时感觉不到阻力，旋削很容易。木材表面不会起毛，成品表面非常光滑。颜色为明亮的奶油色。"木材中容易滋生细菌，会形成蓝纹奶酪般的色彩与花纹"（河村）。

合欢

【别名】绒花树
【学名】*Albizia julibrissin*
【科名】豆科（合欢属）
　　　　阔叶树（环孔材）
【产地】中国（东北至华南及西南部各省区）、日本（本州、四国、九州、冲绳）、非洲、中亚、北美
【相对密度】0.50 ～ 0.60
【硬度】4 ＊＊＊＊＊＊＊＊＊＊

　　合欢是一种杂木，树高 10m，直径能达到 50cm。木质比较轻柔。干燥很容易。加工比较方便。木工旋床加工时，几乎感觉不到硬度，能够感受到一些纤维，旋起来咔哧咔哧的，难度不大（旋削质感与日本栗比较接近）。无油分，砂纸打磨效果佳。成品表面很漂亮。心材为焦褐色，略带一丝土黄色，色彩十分罕见。基本无味。可制作各种小物件或工具手柄。树皮可入药。

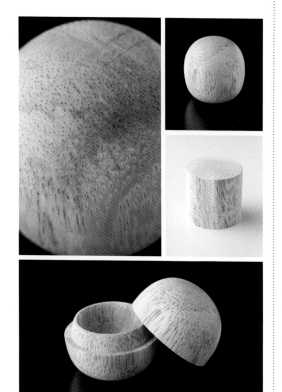

黑椰豆
Cocuswood

【别名】牙买加乌木（Jamaican Ebony）
【学名】*Brya ebenus*
【科名】豆科
　　　　阔叶树（散孔材）
【产地】古巴、牙买加
【相对密度】0.90
【硬度】8 ＊＊＊＊＊＊＊＊＊＊

　　黑椰豆并非乌木（Ebony）的同类，但却具有乌木的特点，因此被称为牙买加乌木（Jamaican ebony）。相对密度接近 1，木质厚重坚硬。19 世纪生产的长笛大多是用黑椰豆制作的（因为音色较美）。虽然木质较硬，但木工旋床加工十分方便。油分较少。木屑并非粉末状，但也不会连在一起。随着时间的流逝，木材颜色逐渐由深绿色变为焦褐色。基本无味。

可乐豆
Mopane

【别名】可乐豆木（Mopane wood）
【学名】*Colophospermum mopane*
【科名】豆科
　　　　阔叶树（散孔材）
【产地】非洲南部（莫桑比克等）
【相对密度】1.08
【硬度】9 ＊＊＊＊＊＊＊＊＊＊

　　可乐豆的木材纹理密集，材质较硬。有逆纹，加工难度较大。木工旋床加工时，感觉嘎吱嘎吱的，不过成品表面平顺光滑。有一股独特的气味。"可乐豆木的气味很像正露丸。在日本，可以直接叫它正露丸木"（河村）。棕色的木材表面上夹杂着黑色条纹。色调很像枣木。在木材市场上流通量很小，主要是乐器制作者在使用（竖笛等木管乐器）。

豆科

栗豆树
Blackbean

【学名】*Castanospermum australe*
【科名】豆科（栗豆树属）
　　　　阔叶树（散孔材）
【产地】澳大利亚东部
【相对密度】0.75**
【硬度】6 强 ＊＊＊＊＊＊＊＊＊＊

　　栗豆树就是童话故事《杰克与豆茎》中的那棵树，是著名的观叶植物。加工比较方便。"木工旋床加工时，虽然能够感觉到硬度，但韧性不明显，木性平实"（河村）。干燥过程中容易开裂。年轮模糊。有时，横切面上会出现深浅不一的条纹。心材为略带暗黑色的橄榄绿色。边材颜色发白，与心材的区别十分明显。主要用于雕刻和制作薄木。"气味淡淡的，有点像抹茶，涩味中带有一丝甜味"（七户）。

马达加斯加酸枝木
Madagascar rosewood

【学名】*Dalbergia maritima*（海岸黄檀, Bois de Rose）、
　　　　D. baronii（巴隆黄檀）等
【科名】豆科（黄檀属）
　　　　阔叶树（散孔材）
【产地】马达加斯加
【相对密度】1.08**
【硬度】9 ＊＊＊＊＊＊＊＊＊＊

　　马达加斯加酸枝木是玫瑰木中材质最重最硬的（与伯利兹黄檀同一等级）。气味较弱。纹理十分致密。有黑色条纹。市场上名叫马达加斯加酸枝木的木材不止一种。其中海岸黄檀褐色中带有紫色，颇具高级感。巴隆黄檀为棕褐色，材质较软，多用于乐器行业（吉他的零件等）。

海岸黄檀

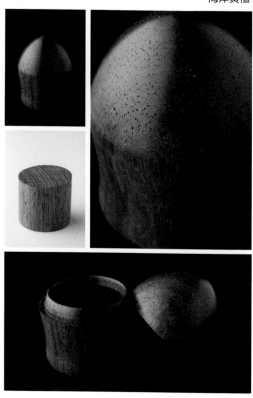

赛鞋木豆

Beli

【学名】*Paraberlinia bifoliolata*
【科名】豆科
　　　　阔叶树（散孔材）
【产地】赤道附近的西非国家（加蓬等）
【相对密度】0.75 ～ 0.85
【硬度】7 * * * * * * * * * *

　　木材市场上有时会将赛鞋木豆与小鞋木豆混在一起销售。虽然它们的硬度与花纹非常相似，但并非同一树种。赛鞋木豆上也会出现闪电条纹，好像斑马纹。逆纹较多，加工难度较大。木工旋床加工时，能够感受到纤维阻力，旋削时需避开刀锋。刨床操作需谨慎。木材颜色为偏黄的奶油色，上面有棕色条纹。条纹的边线比较模糊（小鞋木豆的非常清晰）。基本无味。主要用于制作薄木贴面板。

斯图崖豆木

Panga panga

【学名】*Millettia stuhlmannii*
【科名】豆科（崖豆藤属）
　　　　阔叶树（散孔材）
【产地】非洲东南部（坦桑尼亚等）
【相对密度】0.80
【硬度】7 * * * * * * * * * *

　　与非洲崖豆木相比，斯图崖豆木的木材颜色略浅，木质稍软。材质光滑。主要特征与铁刀木十分相似（硬度、颜色、旋削手感、无味），二者放在一起很难分辨。加工比较方便，不过由于纤维容易剥离，边缘极易缺损。"切割木材时，会出现逆角，尖刺容易扎手"（河村）。黑色与棕色的木纹色彩对比明显。

红厚壳

【别名】胡桐、琼崖海棠树、照叶木（日本）
【学名】*Calophyllum inophyllum*
【科名】红厚壳科〔藤黄科〕（红厚壳属）
　　　　阔叶树（散孔材）
【产地】中国（海南、台湾）、印度、日本（冲绳、小笠原群岛）、斯里兰卡、中南半岛、马来西亚、印度尼西亚（苏门答腊）、安达曼群岛、菲律宾群岛、波利尼西亚、马达加斯加和澳大利亚
【相对密度】0.64 ～ 0.71
【硬度】7 ＊＊＊＊＊＊＊＊＊＊

　　南洋木材中的一种，木纹细致，十分美观。主要生长在东南亚地区及太平洋群岛一带，最北至日本冲绳。树叶有一层美丽的光泽，因此在日本又被称为"照叶木"。木质较硬，有一定的强度，是一种高品质的上等木材，常被用于制作家具或漆器坯体等。逆纹较多，加工时需谨慎。木工旋床加工时，手感比较轻快。砂纸打磨效果佳。木材颜色为亮棕色，略带一丝粉色，有反光。

红桤木

Alder

【别名】赤杨（Red alder）、美国桤木、美国赤杨
【学名】*Alnus rubra*
【科名】桦木科（桤木属）
　　　　阔叶树（散孔材）
【产地】美国西海岸
【相对密度】0.45 ～ 0.53
【硬度】4 强 ＊＊＊＊＊＊＊＊＊＊

　　红桤木与日本桤木同属于桤木属，主要用作建筑材料和胶合板的板芯。木纹与旋削成品的感觉与连香树非常接近。抗冲击性较弱，耐久性差。硬度适中，没有逆纹，切削和刨削作业比较容易。木工旋床加工时，如果刀刃不够锋利，表面会有污点。"旋削时要特别小心。加工过程中，纤维容易飞起，不太适合木工旋床加工"（河村）。

破斧盾籽木

【学名】*Aspidosperma* spp.
【科名】夹竹桃科（白坚木属）
　　　　阔叶树（散孔材）
【产地】巴西、阿根廷
【相对密度】0.70 ～ 0.85
【硬度】6 ＊＊＊＊＊＊＊＊＊＊

　　生长在巴西一带的白坚木属（*Aspidosperma*）树木被称为盾籽木，在当地，不同颜色的盾籽木会有不同的称呼。黄色系的木材被称为破斧盾籽木，橙色系的木材被称为红盾籽木（P.088）。破斧盾籽木收缩率较高，作品加工完毕后也有可能开裂。虽然木性不够友好，但木材本身的黄色十分漂亮，仿佛鲜嫩的香蕉一样，可以用于制作木镶嵌工艺品和乐器零件。与红盾籽木相比，破斧盾籽木的木纹比较粗糙。木工旋床加工时，手感平滑顺畅。

白梧桐

【别名】伞白桐、阿尤斯木（Ayous，喀麦隆一带的叫法）、非洲白木（Obeche，尼日利亚的称呼）
【学名】*Triplochiton scleroxylon*
【科名】锦葵科
　　　　阔叶树（散孔材）
【产地】西非（科特迪瓦等）
【相对密度】0.32 ～ 0.49
【硬度】3 ＊＊＊＊＊＊＊＊＊＊

　　白梧桐属于大径木，树高能达到 50m 左右。可以裁切较长的大型木材。木质较轻，易加工，几乎没有个体差异，因此很适合用作建筑材料。也很适合雕刻。木工旋床加工时，手感比较松脆。虽然材质较软，但木纹密集，纤维不容易遭到破坏，因此横切面比较整齐。加工时，会有细碎的木粉四处飞散。一定要戴好口罩。

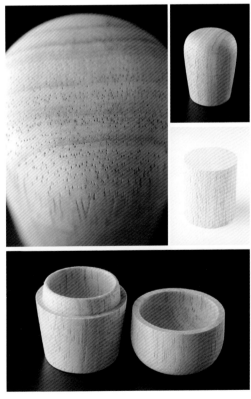

大果翅苹婆
Koto

【学名】*Pterygota macrocarpa*（*P. bequaertii*）
【科名】锦葵科
　　　　阔叶树（散孔材）
【产地】西非（科特迪瓦等）
【相对密度】0.56～0.65
【硬度】4强＊＊＊＊＊＊＊＊＊＊

　　大果翅苹婆看上去就像颜色发白的铁刀木。加工过程中感觉不到阻力，材质均匀，这一点与邦卡棱柱木比较接近。成品表面富有光泽。易加工，木工旋床手感非常轻快。"加工过程中有很多细碎的木粉四处飞散，令人联想起清理除尘器时飞舞的灰尘"（河村）。木材表面会出现非常细小的竹笋花纹，也会出现波痕条纹和银光纹理。颜色为偏白的奶油色。基本无味。

美洲椴
Basswood

【学名】*Tilia americana*
【科名】锦葵科〔椴树科〕（椴属）
　　　　阔叶树（散孔材）
【产地】北美洲中部至东部
【相对密度】0.41
【硬度】3＊＊＊＊＊＊＊＊＊＊

　　在阔叶树中，美洲椴比较轻盈柔软。适合木雕。整体感觉与华东椴特征相似，如二者硬度相同、木材颜色都偏红、木性都很质朴等。干燥比较容易，干燥后也很稳定。耐久性较差。由于木质较软，木工旋床加工时必须使用锋利的刀刃，否则加工效果欠佳。旋削感觉与针叶树相同，不过，不像小脉夹竹桃那样容易旋削。基本无味。由于木质轻柔，常被用于制作百叶窗和包装材料等。

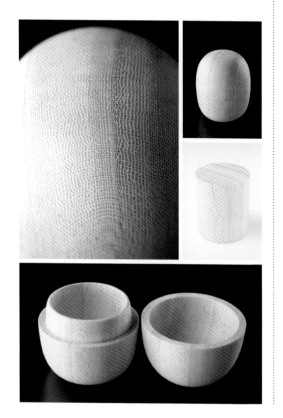

臭椿

【别名】樗、神树、庭漆
【学名】*Ailanthus altissima*
【科名】苦木科（臭椿属）
　　　　阔叶树（环孔材）
【产地】原产中国，除黑龙江、吉林、新疆、青海、宁
　　　　夏、甘肃和海南外，各地均有分布。世界各地
　　　　广为栽培
【相对密度】0.66**
【硬度】5 强 ＊＊＊＊＊＊＊＊＊＊

　　臭椿原产中国，自明治时代起传入日本，作为行道树，遍植于日本各地。后来，逐步开始野生化。臭椿在日语中叫做"庭漆"，但与漆树科的漆并非同一树种。别名"神树"，这是日本由德语名 Götterbaum 直译过来的。臭椿硬度适中，适合加工，旋削时咔哧咔哧的，材质与楝十分接近。无油分，砂纸打磨效果佳。年轮清晰。心材为偏黄的奶油色。边材为明亮的黄白色。基本无味。

多花蓝果树
Tupelo

【别名】黑橡胶树（Blackgum）、美国紫树
【学名】*Nyssa sylvatica*
【科名】蓝果树科（蓝果树属）
　　　　阔叶树（散孔材）
【产地】美国东部
【相对密度】0.50 ～ 0.56
【硬度】4 强 ＊＊＊＊＊＊＊＊＊＊

　　多花蓝果树看上去就像颜色发白的日本黄杨。整体感觉与黄桦十分相似。"致密感与硬度不如山茶"（河村）。木质不软不硬，有韧性，抗冲击性强。耐久性较差。干燥过程中容易扭曲变形，需特别注意。具有交错木纹，易加工，成品表面漂亮光滑。边角不易缺损。油分少，砂纸打磨效果佳。

龙脑香科·木兰科

异翅香
Mersawa

【学名】*Anisoptera* spp.
【科名】龙脑香科（异翅香属）
　　　　阔叶树（散孔材）
【产地】东南亚、太平洋群岛
【相对密度】0.53～0.74
【硬度】5＊＊＊＊＊＊＊＊＊＊

　　异翅香是所有生长于东南亚一带的异翅香属树木的总称。大约有十几种，不同地区的叫法不同。主产地位于印度尼西亚附近。木材表面有优美的银光纹理，是极具装饰价值的建筑材料。虽然木材内可能含有无定形的二氧化硅，需特别注意，但加工难度并不大。木工旋床加工时，手感平滑顺畅。木屑上有小尖刺，有时会刺激喉咙。

皱叶木兰

【别名】日本辛夷
【学名】*Magnolia praecocossima*
　　　　（*Yulania kobus*，*Magnolia kobus*）
【科名】木兰科（木兰属）
　　　　阔叶树（散孔材）
【产地】产于日本的北海道、本州、四国、九州和朝鲜南部。中国有栽培
【相对密度】0.52＊＊
【硬度】4 弱＊＊＊＊＊＊＊＊＊＊

　　整体感觉与日本厚朴和北美鹅掌楸十分相似。比日本厚朴木质略软，颜色更加明亮（偏黄绿色的奶油色）。木工旋床加工时，必须保持刀刃足够锋利，才能保证成品的表面效果。纤维细致，旋削手感十分轻快。无油分，砂纸打磨效果佳。年轮比较清晰。纹理细致均匀。心材与边材的区别不明显。几乎无味。带树皮的细木桩常被用作茶室里的壁龛装饰柱。"不存在个体差异，木性非常稳定"（河村）。

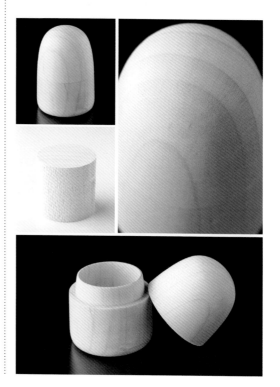

丹桂

【别名】金木犀
【学名】*Osmanthus fragrans* var. *aurantiacus*
【科名】木犀科（木犀属）
　　　　阔叶树（散孔材）
【产地】原产中国，各地广泛栽培。日本各地也有种植，主要用于庭院绿化
【相对密度】0.71*
【硬度】6＊＊＊＊＊＊＊＊＊＊

　　丹桂的材质与锥木十分相似（硬度比锥木软）。二者的相似点包括：横切面都会出现细小裂缝般的独特花纹，木工旋床加工时纤维的感受、刀刃碰到木材后的质感等相似。纤维触感强劲，嘎吱嘎吱的，刀刃能够感觉到阻力，不过旋削难度不大。无油分，砂纸打磨效果佳。木材颜色为偏黄的奶油色，几乎无味（丹桂花有一股甜香）。主要用于庭院绿化，作为木材的市场流通量很小。

髭脉桤叶树

【学名】*Clethra barbinervis*
【科名】桤叶树科（桤叶树属）
　　　　阔叶树（散孔材）
【产地】中国（山东、安徽、浙江、江西、福建和台湾）、日本（北海道南部至九州）、朝鲜
【相对密度】0.74
【硬度】5＊＊＊＊＊＊＊＊＊＊

　　木材纹理光滑，材质整体感觉与山茶比较相似。易加工，木工旋床加工时非常顺滑，感受不到纤维。成品表面很漂亮，极富光泽。无油分，砂纸打磨效果佳。收缩率很低，不易变形。木材颜色为接近白色的奶油色，几乎无味。树皮为焦褐色，比较光滑，常被用于制作和式房间的壁龛装饰柱。也有的木匠会用它来制作椅背。

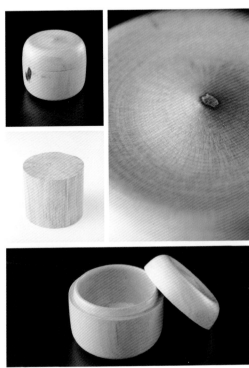

石榴

【学名】*Punica granatum*
【科名】千屈菜科〔石榴科〕（石榴属）
　　　　阔叶树（散孔材）
【产地】原产巴尔干半岛至伊朗及其邻近地区，全世界的温带和热带都有种植
【相对密度】0.67*
【硬度】6＊＊＊＊＊＊＊＊＊＊

　　石榴的红花与果实都令人印象深刻。石榴木虽然很少在木材市场上流通，但它硬度适中，材质致密光滑，色彩美观，是一款优良木材。偶尔一些带皮或去皮的原木会被用作和式房间的壁龛装饰柱。可加工性强，适合制作各种小物件。木工旋床加工时，虽然感觉较硬，但手感十分顺滑（旋削手感与山茶相似）。木材颜色为偏黄的石灰绿色。原木有一股淡淡的气味。

大叶桂樱

【别名】大叶野樱、驳骨木、黑茶树、黄土树、大叶稠李
【学名】*Laurocerasus zippeliana*
【科名】蔷薇科（桂樱属）
　　　　阔叶树（散孔材）
【产地】中国（甘肃、陕西、湖北、湖南、江西、浙江、福建、台湾、广东、广西、贵州、四川、云南）、日本（本州关东地区南部以南至冲绳）、越南北部
【相对密度】0.74**
【硬度】5＊＊＊＊＊＊＊＊＊＊

　　大叶桂樱为常绿乔木，主要生长在石灰岩山地阳坡杂木林中或山坡混交林下，以及气候比较温暖的海岸地带。大叶桂樱在日语中被称为"赌徒树"，据说是因为给大叶桂樱剥树皮的样子很像赌徒输了以后被人剥光衣服的样子（树名起源说法不一）。木材硬度适中，色彩优美，易加工，是非常适合木工使用的一款优良木材。几乎没有逆纹。木工旋床加工时，刀感介于樱花与梅之间，旋削手感轻快顺滑。心材为偏红的奶油色。几乎无味。

厚叶石斑木

【别名】车轮梅
【学名】*Rhaphiolepis umbellata*
（*R.indica* var. *umbellata*）
【科名】蔷薇科（石斑木属）
阔叶树（散孔材）
【产地】中国的浙江（普陀、天台），日本本州（东北
地区南部以南）至冲绳
【相对密度】0.94[**]
【硬度】6 * * * * * * * * * *

　　厚叶石斑木的花朵与木材质感都与梅十分相
似。虽然相对密度较大、木质较硬，但可按自己
的意愿随意加工。木工旋床加工时，手感顺滑，
旋削手感与梅和野杏相似。旋起来十分顺滑，刀
刃似乎一直在滑动。成品表面很漂亮，边角突出
（极少缺损）。无油分，砂纸打磨效果佳。木材纹
理致密光滑。颜色为奶油色，略带淡粉色。基本
无味。在日本的奄美大岛地区，树皮可作大岛绸[1]
的染料。

――――――――
1 大岛绸：奄美大岛的传统纺织工艺品，采用泥染工艺制成，拥有
华丽的光泽和豪华的重垂感，是和服的上佳布料，日本三大绸之一。

枇杷

【学名】*Eriobotrya japonica*
【科名】蔷薇科（枇杷属）
阔叶树（散孔材）
【产地】原产中国，分布于甘肃、陕西、河南、江苏、
安徽、浙江、江西、湖北、湖南、四川、云南、
贵州、广西、广东、台湾、福建等省区。日本
（本州中部地区以西、四国、九州）、印度、越
南、缅甸、泰国、印度尼西亚也有栽培
【相对密度】0.86
【硬度】7 强 * * * * * * * * * *

　　枇杷的顺纹抗压强度与相对密度数值都比较
高，厚重坚硬，木质强韧。干燥后，硬度还会增
加，有韧性，抗冲击力强。这些特点使得枇杷在
日本一直被用于制作木刀或长刀。此外，枇杷的
木材色彩高雅，纹理致密光滑，制作小物件时边
角很少磨损，因此，也很适合制作小工艺品。木
工旋床加工时，虽然木质较硬，但纹理密集，旋
削手感比较顺滑。木材颜色为偏黄的奶油色。

青冈

【别名】青冈栎、粗栎、铁橹
【学名】*Cyclobalanopsis glauca*（*Quercus glauca*）
【科名】壳斗科（青冈属）
　　　　阔叶树（辐射孔材）
【产地】中国（陕西、甘肃、江苏、安徽、浙江、江西、
　　　　福建、台湾、河南、湖北、湖南、广东、广西、
　　　　四川、贵州、云南、西藏等省区）、日本（本州
　　　　东北地区南部以南至冲绳）、朝鲜、印度
【相对密度】0.94**
【硬度】8 弱 * * * * * * * * ☆ ☆

　　青冈木材有韧性、厚重坚硬，但在壳斗科木材中材质仍偏软。木工旋床加工时，能感觉到木材的韧性与硬度，嘎吱嘎吱的，有一定的阻力，不过，旋削手感还算顺滑。但是，根据刀锋的锐利程度不同，旋削手感也会明显不同。木材表面有壳斗科木材特有的斑纹，横切面上有辐射状条纹。木材颜色为带有飞白的奶油色，类似小叶青冈。心材与边材的区别不明显。树叶的前半部分呈锯齿状。

杂交构树

【学名】*Broussonetia kazinoki* × *B. papyrifera*
【科名】桑科（构属）
　　　　阔叶树（环孔材）
【产地】分布于中国大部分地区。也见于日本（本州、
　　　　四国、九州、冲绳）、越南
【相对密度】0.85*
【硬度】5 * * * * * * * * * *

　　有名的和纸原料。树径较小（直径 10cm 左右），因此很难获取大型木材，几乎不会作为木材在市场上流通。不过，杂交构树的纹理光滑、色泽高雅、硬度与韧性适中，是一款难得的优良木材。杂交构树的硬度与光泽感与髭脉桤叶树的质感非常接近（颜色有所差异，杂交构树为奶油色）。可用于小物件的制作。感觉不到逆纹，易加工。木工旋床加工时手感顺滑。无油分，砂纸打磨效果佳。

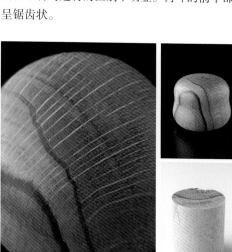

红山紫茎

【别名】假山茶、伪山茶、夏椿、沙罗
【学名】_Stewartia pseudocamellia_
【科名】山茶科（紫茎属）
阔叶树（散孔材）
【产地】原产日本，分布于本州（福岛县以南）、四国、
九州。中国有引种栽培
【相对密度】0.64～0.88
【硬度】7＊＊＊＊＊＊＊＊＊＊

　　红山紫茎树皮光滑，树形与髭脉桤叶树十分相似。很难获取大型木材，比较适合制作小物件。带皮的原木也可用于和式房间的壁龛装饰柱。木质致密，纹理光滑，与山茶十分相似。成品表面极富光泽。木材颜色灰中带红，非常优美。木工旋床加工时，能够感受到纤维的硬度，需谨慎操作。最后一道工序如果没做好，很容易起毛，涂漆后，会变成一片乌黑。

日本紫茎

【别名】姬沙罗
【学名】_Stewartia monadelpha_
【科名】山茶科（紫茎属）
阔叶树（散孔材）
【产地】日本的本州（箱根山以西）、四国、九州
【相对密度】0.75～0.89
【硬度】5强＊＊＊＊＊＊＊＊＊＊

　　木材纹理致密光滑。质感类似山茶，十分高雅。木性平实，很适合加工。红褐色的树皮非常光滑，带树皮的原木经常被用作和式房间的壁龛装饰柱。"日本紫茎比较容易生虫，需特别注意"（木材加工业者）。常被用于制作印章或漆器坯体。木工旋床加工时，旋削手感与髭脉桤叶树十分相似。无油分，砂纸打磨效果佳。木材颜色为奶油色，略带一丝粉白色。基本无味。

蕾丝木

Lacewood

【学名】*Euplassa pinnata*
【科名】山龙眼科（南美榛属）
　　　　阔叶树（散孔材）
【产地】巴西
【相对密度】0.82*
【硬度】6 * * * * * * * * * *

　　名叫"蕾丝木"的木材有很多种。在欧美地区，通常是指悬铃木科的二球悬铃木（*Platanus acerifolia*）。巴西产的 *Panopsis* spp. 也叫蕾丝木。澳大利亚产的条纹银桦（*Grevillea striata*）和银桦（*Grevillea robusta*）等树木表面也会出现与蕾丝木非常相似的细小斑纹，十分优雅。蕾丝木表面没有逆纹，木工旋床加工时，手感轻快顺滑。木屑呈粉末状。"加工时粉末四处乱飘，呛得很"（河村）。

番石榴

【别名】鸡矢果
【学名】*Psidium guajava*
【科名】桃金娘科（番石榴属）
　　　　阔叶树（散孔材）
【产地】原产热带美洲。中国华南各地有栽培，北达四川西南部的安宁河谷。日本西南群岛以及小笠原群岛有野生的番石榴
【相对密度】0.64**
【硬度】4 * * * * * * * * * *

　　番石榴的果实非常有名，常被用来制作饮料或果冻。木工旋床加工时手感很脆，不过，如果刀刃不够锋利，成品表面容易起毛，不太光滑。"在果实可以食用的树木当中，番石榴的木质干巴巴的，不够细腻"（河村）。木材颜色为浅褐色，略带一丝暗紫红色。心材与边材的区别不明显。几乎无味。主要用于制作旋削制品等。

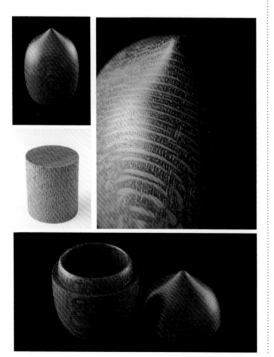

菲岛福木

【别名】福木、福树
【学名】*Garcinia subelliptica*
【科名】藤黄科（藤黄属）
　　　　阔叶树（散孔材）
【产地】中国（台湾南部的高雄和火烧岛，台北市）、
　　　　日本（冲绳、奄美大岛）、菲律宾、斯里兰卡、
　　　　印度尼西亚（爪哇）
【相对密度】0.70
【硬度】6 * * * * * * * * * *

　　菲岛福木在日本冲绳地区常被用作防风林。木质较硬，耐久性强。其木材的特点在于卡仕达酱般的淡黄色与细致的木纹。干燥比较困难，容易开裂。"干燥后也很容易变形，盒盖常常会打不开"（河村）。"木纹比较密集，十分美观，不过木材容易生虫。我曾经遇到过木材充分干燥后仍旧生虫的情况。比较适合制作小物件"（冲绳当地的木匠）。木工旋床加工时，没有阻力，手感十分轻快。成品表面光滑。

西南卫矛

【学名】*Euonymus hamiltonianus*
　　　　（*E.sieboldianus*）
【科名】卫矛科（卫矛属）
　　　　阔叶树（散孔材）
【产地】中国的甘肃、陕西、四川、湖南、湖北、江西、安徽、浙江、福建、广东、广西，日本的北海道至九州（含屋久岛），印度
【相对密度】0.67
【硬度】5 * * * * * * * * * *

　　西南卫矛在日语中被称为"真弓"，据说这是由于它的树枝又结实，弹性又好，过去常被用来制作弓箭。西南卫矛木材的材质致密，纹理光滑，有光泽。与山茶的质感十分相似。硬度适中，有一定的韧性。易加工，很适合做木雕。木工旋床加工时，手感轻快顺滑，不过，如果刀刃不够锋利，表面很容易起毛。木材颜色为略微发黄的白色。基本无味。用途包括制作将棋棋子、木头玩偶、印刷用木版、印章等。

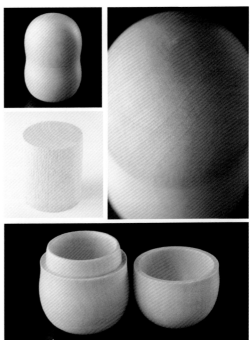

荔枝
Lychee

【学名】*Litchi chinensis*
【科名】无患子科（荔枝属）
　　　　阔叶树（散孔材）
【产地】原产中国。热带、亚热带地区均有种植。
【相对密度】0.96**
【硬度】7 强 * * * * * * * * * *

　　荔枝属于"果实可以食用的树木"中材质最硬的树种。硬度及加工时的手感与枇杷非常接近。"荔枝的木质才真叫致密、光滑。虽然木性平实，但韧性较强，旋削时，感觉刀刃会被带着走"（河村）。不容易起毛，边角极少缺损。非常适合旋削，不适合手工加工。颜色为偏暗的桃红色。

扁实柠檬

【别名】平实柠檬、酸桔仔、台湾香檬
【学名】*Citrus depressa*
【科名】芸香科（柑橘属）
　　　　阔叶树（散孔材）
【产地】原产中国台湾，日本吐噶喇列岛、冲绳有栽培
【相对密度】0.77**
【硬度】6 * * * * * * * * * *

　　扁实柠檬是冲绳最具代表性的柑橘类树种。木质较硬，但木工旋床加工时，旋削手感十分顺滑。"我感觉比梅和野杏更为顺滑。很少有旋削手感这么舒服的木料。用来做小勺，肯定没有人会不喜欢"（河村）。木纹清晰。纹理致密。颜色为亮黄色，也给人一种光滑感，非常漂亮。木材本身没有柑橘类的气味。

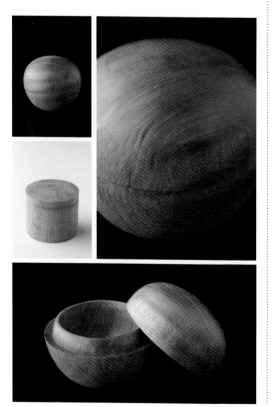

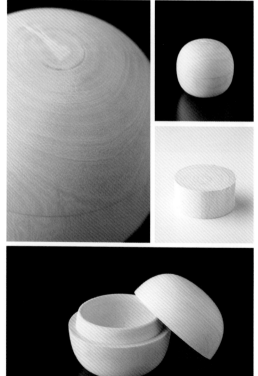

芳樟

【学名】*Cinnamomum camphora* var. *linaloolifera*
【科名】樟科（樟属）
　　　　阔叶树（散孔材）
【产地】原产中国。日本的冲绳等地有栽培
【相对密度】0.51**
【硬度】4 * * * * * * * * *

　　原产中国。外形与樟（本樟）很难区分。但香味成分不同。芳樟的气味十分柔和。不像樟那样，有一股刺鼻的樟脑味道。"芳樟的气味十分清爽，是我最喜欢的树。过一段时间后，它会变成一股黑胡椒的气味"（河村）。易加工，虽然有逆纹，但木工旋床加工的手感十分轻快，旋起来很顺手。虽然含有油分，但砂纸打磨仍比较有效。年轮清晰。木材颜色为偏红的肤色。

坤甸铁樟木

Ulin，Belian

【别名】坤甸铁木、婆罗洲铁木（Borneo ironwood）
【学名】*Eusideroxylon zwageri*
【科名】樟科（铁樟属）
　　　　阔叶树（散孔材）
【产地】东南亚（印度尼西亚等）
【相对密度】0.83 ~ 1.14
【硬度】8 * * * * * * * * * *

　　坤甸铁樟木的耐水性、耐腐蚀性都很强。防虫性也不错，抗白蚁性强。因此，主要被用作室外建筑材料。加工难度不大。在厚重坚硬的木材中，旋削属于比较容易的。使用带锯加工时，能够明显感觉到木材硬度很高（硬度为8）。无油分，虽然木质较硬，但砂纸打磨仍有一定效果。木纹较粗，但手感并不觉得粗糙。基本无味。

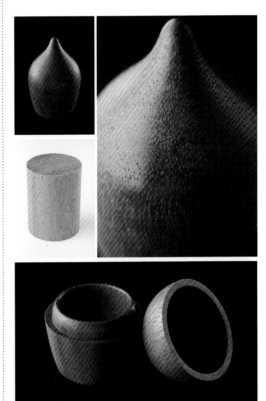

日本肉桂

【学名】*Cinnamomum sieboldii*
【科名】樟科（樟属）
　　　　阔叶树（散孔材）
【产地】原产印度尼西亚
【相对密度】0.61*
【硬度】4 弱 ＊＊＊＊＊＊＊＊＊＊

　　日本肉桂并不因其木材而出名，人们更多地把它用于园艺绿化或食用。肉桂的树皮可食用。木质比天竺桂稍硬。只要刀刃足够锋利，加工基本不会出现问题。不过，由于纤维破碎后容易起毛，必须要切实研磨好刀刃。涂漆后，木材会变黑。砂纸打磨效果佳。木材颜色白里透黄。树皮附近有肉桂的香味。靠近芯部的位置无味。

月桂
Laurel

【学名】*Laurus nobilis*
【科名】樟科（月桂属）
　　　　阔叶树（散孔材）
【产地】原产地中海沿岸，中国浙江、江苏、福建、台湾、四川及云南等省有引种栽培
【相对密度】0.60*
【硬度】5 强 ＊＊＊＊＊＊＊＊＊＊

　　使君子科的榄仁的俗称也是月桂（Laurel），但二者并非同一树种。月桂的叶子干燥后可以用作香料和调味料。木材质地比较致密，手感光滑。易加工，木工旋床加工时，手感平滑顺畅（与髭脉桤叶树手感相同）。几乎感觉不到油分，砂纸打磨效果佳。年轮模糊。木材颜色为浅绿色。木材本身也有一股淡淡的月桂叶气味。

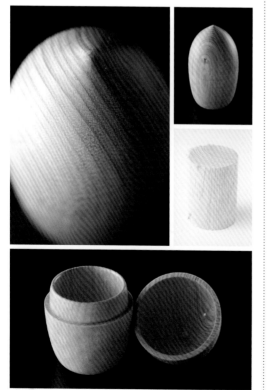

神代木

在日本，所谓神代木，指的是那些在地下掩埋多年，颜色已经变成黑褐色等古朴厚重之色的树木的通称。也叫阴沉木。有些人认为，只有被掩埋了 1000 年以上的树木才能被称为神代木，只掩埋了几百年的树木还不行，不过关于这一点，目前还没有统一的定义。神代木里既有榉树、连香树等阔叶树中的大径木，也有针叶树中的日本柳杉、日本榧树等。它们被称为神代日本柳杉、神代连香树等，是十分贵重的木材，价格高昂。

神代木往往是在平整土地或改造河流时被偶然挖掘出来的。由于这些树木长期处于河流附近比较潮湿的地层里，湿气适度，又不接触氧气，因此，一直也不会腐烂，得以长期保存。不过，虽然不会腐烂，却会发生炭化，当它们刚被发掘出来时，表面都很脆弱，并且含有很多水分。因此，干燥时必须十分小心。不同的树种，表面状态和变形程度均有所不同。

神代木的木材颜色十分古朴雅致，经常被用于房屋装修或工艺品制作。日本木工艺界获得"人间国宝"称号的大师的作品中有很多都是用神代木制作的。其中比较著名的作品包括黑田辰秋的《神代榉雕花装饰柜》（1974 年）、冰见晃堂的《神代榉造金银缩线镶嵌装饰柜》（1964 年）等。

日本遗迹发掘现场刚刚出土的神代木。据推定，它们已在地下掩埋了 1000 年以上。

神代连香树

连香树本身就比较软，材质比较脆弱。神代连香树的材质则更脆弱。木工旋床加工时，刀刃能够感受到木材的弹力，软软的。"刀刃要轻轻地，一点点地往木料上靠"（河村）。木材颜色为深灰色。有时会出现深绿色或棕色的花纹，颜色反差较大。

神代樟

神代樟的硬度与樟本身并没有太大不同，只是略有些变软。樟特有的那股刺鼻气味，在成为神代樟后变得温和醇厚。散发出一种芳醇的香气。木材颜色也由绿色变成绿褐色（与日本厚朴颜色接近），色彩更加优美。干燥过程中变形严重。虽含有油分，但砂纸打磨仍有一定的效果。

神代日本栗

干燥过程中会严重变形开裂。"有时开裂现象会很严重"（木材经销商）。干燥后，比原本的日本栗要硬很多。原本日本栗的硬度为5，干燥后的神代日本栗硬度能达到7强。虽然很硬，但木工旋床加工并不困难。木材颜色变深，几乎为黑色。基本无味。

神代榉树

原本就厚重坚硬的木材，变成神代木后硬度不会发生变化。而原本轻盈柔软的木材，变成神代木后材质会变脆。神代榉树的颜色属于深绿色系（如图），或焦褐色系。气味仍残留着榉树的那股臭味。"天然干燥过程中会严重变形。木料变得弯弯曲曲的，开裂现象也很严重"（木材经销商）。

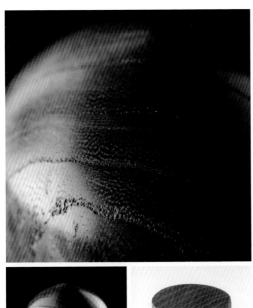

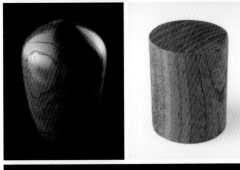

神代樱花

樱花木比较有韧性，边缘很少缺损。变成神代木后，韧性消失，材质变脆，边缘也很容易缺损。"神代樱花木有股特殊的味道，在红山樱那股杏仁豆腐味儿的基础上，又添了一股肉桂味，让人不由想起京都的八桥饼。这种气味是判定神代樱花木的关键"（河村）。木材颜色仍保留着樱花木原有的韵味，不过变成了淡淡的焦褐色。

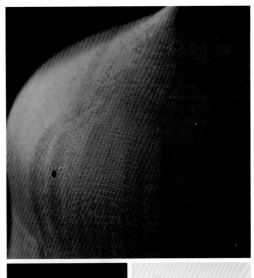

神代日本柳杉

原本日本柳杉的材质就很软，变成神代木后仍旧很软。可以说已经达到"脆弱"的极限。用指甲一按就会凹陷一块。"年轮粗糙的木材旋削难度都很大。年轮细致的话还好办"（河村）。木材颜色为优雅的灰色（不像神代连香树颜色那么深）。感觉不到油分，原本日本柳杉的那种润泽感已经消失。

神代水曲柳

硬度与色彩存在个体差异。尤其是硬度，既有很硬的木材，也有很脆的木材，差别较大。木工旋床加工时感觉咔哧咔哧的。颜色基本为灰色，不过从灰褐色到深灰色，颜色变化幅度较大。有股独特的气味。"很像是衣服在衣柜里放了很长时间之后，再拿出来时的那种陈旧味道"（河村）。

神代山茶

山茶变成神代木后，木质劣化严重。硬度消失，木材变得非常脆弱，容易起毛。"散孔材的劣化程度要比环孔材更为严重。其他木材（特别是环孔材）变成神代木后，多少还能保留一些原木材的特征。而山茶成为神代山茶后，则完全变成了另外一种木材。成品的感觉与日本栲木十分接近"（河村）。木材颜色为偏灰的焦褐色。

神代日本七叶树

日本七叶树在阔叶树中属于木质较软的。变成神代木后木质变得更软。纤维劣化，非常容易起毛，加工难度很大。木工旋床加工时，必须使用非常锋利的刀刃，并且要随时关注刀刃角度，否则会影响成品效果。"这是一款非常考验木工技术的木材"（河村）。颜色为鼠灰色。

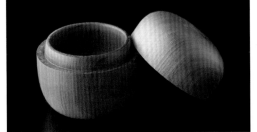

神代栎

干燥过程中变形严重，容易开裂。干燥后，除了开裂部分以外，硬度等特性与原来的栎木基本相同，木质并没有劣化。"蒙古栎变成神代木后有时会比原来更硬"（河村）。木材颜色为灰黑色。栎、日本栗等富含单宁的木材，从地里挖掘出来后，颜色常常会变深并发黑。

神代榆

榆木板材本身就容易反翘、开裂、变形，变成神代木后，这些问题依旧没有改变。"神代榆比神代榉树好处理"（木材经销商）。硬度也没有发生变化。木材颜色为灰色，不过色彩不太均匀。从深灰色到棕色，颜色变化幅度较大。有一股淡淡的独特气味（与神代水曲柳十分接近）。

环孔材、散孔材、辐射孔材

— 阔叶材根据导管的排列方式的分类 —

阔叶树中有一种组织叫做导管，主要起输导水分的作用。按照导管的排列方式，阔叶树可以分成几种不同的类型。掌握好这种分类方式，在确定树种和进行涂装时会很有帮助。

1）环孔材

直径较大的导管沿着年轮线（年轮的分界线）排列（这个区域叫做孔圈）。年轮图案清晰可见。按照孔圈外部小导管的排列方式，又可分为 3 类。

① 环孔波状材

孔圈外的小导管沿着年轮连成波浪状。如刺楸、榉树、春榆、毛叶怀槐等。

② 环孔散点材

孔圈外的小导管散落成星星点点的形状。如水曲柳、象蜡树等。

③ 环孔辐射材

孔圈外的小导管看起来仿佛与年轮交叉排列。如蒙古栎、日本栗等。

2）散孔材

导管散布在整个横切面上，年轮大多模糊不清。来自南方的进口木材几乎全都属于散孔材。根据年轮的清晰程度，又可大致分为 2 类。

① 能够隐约看出年轮

横切面比较光滑。导管直径小。如日本黄杨、华东椴、连香树、山茶、日本厚朴、肉桂等。

② 没有年轮或几乎看不出年轮

导管直径比①略大。如乌木、交趾黄檀、印度紫檀、缅茄、轻木等。

3）辐射孔材

导管以树心为中心呈辐射状排列。如锥木（栲木）、小叶青冈等。

1）-① 刺楸
（环孔波状材）

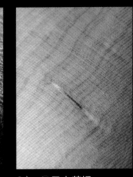

2）-① 日本黄杨
（散孔材）

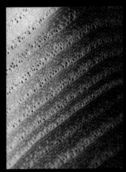

1）-② 水曲柳
（环孔散点材）

2）-② 轻木
（散孔材）

1）-③ 蒙古栎
（环孔辐射材）

3）-锥木（栲木）
（辐射孔材）

千变万化的木材颜色

只看树皮包裹着的树木外观，很难了解里面木材的颜色，但是，经过木工旋床加工之后，不同树种就会显示出不同的色彩。木材的颜色五彩缤纷，有红色、黄色、绿色、黑色、紫色等。利用这些木材色彩的特点，可以制作出寄木细工、木镶嵌工艺品等。在此，谨将本书中所介绍的木材按同色系进行分组，呈现给各位。

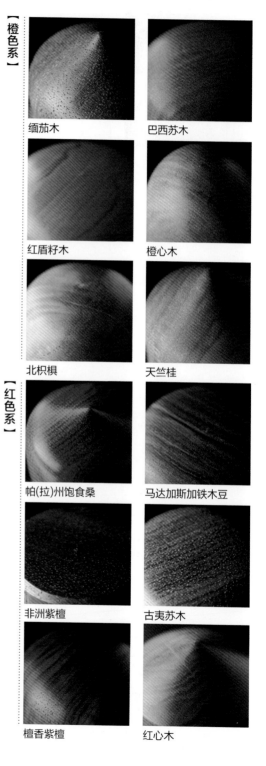

【橙色系】

缅茄木

巴西苏木

红盾籽木

橙心木

【粉色系】

黑樱桃

绒毛黄檀

葱叶状铁木豆

蔡赫氏勾儿茶

西洋梨

梅

钟花樱桃

日本桤木

北枳椇

天竺桂

【红色系】

帕(拉)州饱食桑

马达加斯加铁木豆

非洲紫檀

古夷苏木

檀香紫檀

红心木

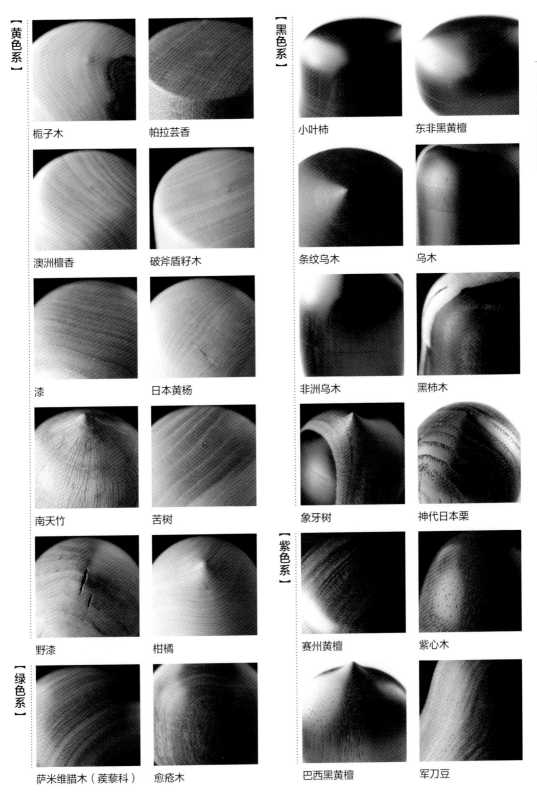

【黄色系】

栀子木

帕拉芸香

澳洲檀香

破斧盾籽木

漆

日本黄杨

南天竹

苦树

野漆

柑橘

【绿色系】

萨米维腊木（蒺藜科）

愈疮木

【黑色系】

小叶柿

东非黑黄檀

条纹乌木

乌木

非洲乌木

黑柿木

象牙树

神代日本栗

【紫色系】

赛州黄檀

紫心木

巴西黑黄檀

军刀豆

树种名称索引

※按拼音顺序

- 粗体字：目录中的树种及所在页数。
- 细体字：目录以外（【别名】栏或正文等处）出现的树种及所在页数。目录中的树种出现在专栏里的页数。

学名索引

※按字母顺序

288

木材硬度一览表

※ 树种介绍里的【硬度】排行表。河村寿昌进行木工旋床加工时感受到的硬度，有可能与相对密度的数值不对应。硬度存在个体差异（如【硬度】4～7）的树种，选择较低的数值。

10	风车木、木麻黄、沙漠铁木
9强	乌冈栎、象牙树
9	奥氏黄檀、巴西苏木、伯利兹黄檀、蔡赫氏勾儿茶、橙心木、大理石豆木、东非黑黄檀、交趾黄檀、可乐豆、马达加斯加酸枝木、绒毛黄檀、萨米维腊木、蛇桑、檀香紫檀、蚊母树、乌木、愈疮木
8强	日本常绿橡树
8	白背栎、白花崖豆木、槟榔、非洲乌木 (8~9)、非洲崖豆木、枹栎、古夷苏木、黑椰豆、红栎、军刀豆、坤甸铁樟木、榄仁、螺穗木、麻栎、美洲白栎、日本黄杨、赛州黄檀、树状欧石南、栓皮栎、条纹乌木、铁刀木、微凹黄檀、小叶青冈、小叶柿、尤卡坦阔变豆、重蚁木、锥木（栲木）
8弱	青冈
7强	昌化鹅耳枥、槲树、荔枝、枇杷、真桦
7	爱里古夷苏木、澳洲坚果、白绿叶破布木、斑纹桦木、苍月乌木、桫椤斑纹漆、刺槐、葱叶状铁木豆、东非木犀榄、红厚壳、红山紫茎、厚皮香、咖啡、马达加斯加铁木豆、绵毛桦、帕（拉）州饱食桑、帕拉芸香、日本樱桃桦、赛鞋木豆、色木槭、山茶、十二雄蕊破布木、斯图崖豆木、小鞋木豆、悬铃木、杨梅、栀子木
7弱	全缘冬青、日本女贞
6强	花曲柳、鸡桑、椆榆、栗豆树、梅、美国白桦、缅茄木、山核桃、水曲柳、象蜡树
6	阿林山榄、巴西黑黄檀、扁实柠檬、糙叶树、翅荚香槐、春榆、刺片竹、大美木豆、丹桂、毒籽山榄、菲岛福木、红淡比、红盾籽木、红心木、厚叶石斑木、具柄冬青、阔叶黄檀、蕾丝木、木犀榄、欧洲冬青、破斧盾籽木、染井吉野樱、三角槭、石榴、柿、索诺克凌（阔叶黄檀）、台湾相思、条纹银桦、夏威夷寇阿相思、野漆、野杏、印茄木、硬槭木、岳桦、枣、柊树、钟花樱桃、紫心木 (6~7)
6弱	无患子
5强	北海道稠李、臭椿、大叶钓樟、黄桦、楝、日本水青冈、日本紫茎、山皂荚、铁木、月桂
5	北加州黑胡桃、北枳椇、朝鲜木姜子、刺楸、大叶桂樱、非洲紫檀、柑橘、黑樱桃、红楠、红山樱、厚壳树、槐、苦树、毛叶怀槐、蒙古栎、鸟眼槭木 (5~6)、欧亚槭、苹果、朴树、秋枫、日本栗、日本荞草、日本桤木、软槭木、水青冈、驼峰楝、西南卫矛、西洋梨、细孔绿心樟、香椿、野茉莉、异翅香、印度紫檀、印度紫檀瘿、杂交构树、髭脉桤叶树
5弱	银桦
4强	大果翅苹婆、灯台树、多花蓝果树、红桤木、黄兰、交让木、杜果（野生）、梧桐
4	澳洲檀香、北美七叶树、椿叶花椒、大理石木、大叶桃花心木、番石榴、芳樟、鬼胡桃、合欢、黑胡桃、黑柿木（柿）(4~8)、猴子果、胡椒木、黄檗、榉树 (4~7)、连香树、楝叶吴萸、罗汉松、纳托山榄、牛樟、葡萄、日本厚朴、日本落叶松、日本七叶树、筒状非洲楝、洋椿、柚木、雨树、樟、竹柏、棕榈
4弱	白桦、邦卡棱柱木、杜松、黄花柳、黄槿、柳安木（红柳安木、白柳安木）、南天竹、日本肉桂、日本桃叶珊瑚、天竺桂、皱叶木兰、钻天杨
3强	北美鹅掌楸、东北红豆杉、侧柏、凤凰木、黑松、库页云杉、琉球松、鱼鳞云杉、云南石梓
3	阿拉斯加扁柏、白梧桐、北美红杉、贝壳杉、笔管榕、沉香橄榄木、赤松、地锦、花旗松、华东椴、金松、库页冷杉、罗汉柏、美洲椴、漆、日本榧树、日本冷杉、日本五针松、榕树、水胡桃、台湾扁柏、小脉夹竹桃、异叶铁杉、银杏、圆柏
3弱	日本铁杉
2	北美乔柏、美国扁柏、日本扁柏 (2~3)、日本柳杉、日本香柏、水杉、屋久杉、西加云杉
1	刺桐、毛泡桐、轻木、日本花柏

参考文献

书名	作者名	出版社	发行时间
A Glossary of Wood	Thomas Corkhill	Stobart Davies Ltd	2004
The Wood Handbook	Nick Gibbs	Apple Press	2012
THE COMMERCIAL WOODS OF AFRICA	Peter Phongphaew	Linden Publishing Inc.	2003
WOOD IDENTIFICATION & USE	Terry Porter	GMC Publications	2012
WORLD WOODS IN COLOUR	William A. Lincoln	Stobart Davies Ltd	2006
カラーで見る世界の木材 200 種	須藤彰司	産調出版	1997
カラー版 日本有用樹木誌	伊藤隆夫、佐野雄三、安倍久など	海青社	2011
木と日本人	上村武	学芸出版社	2001
木の事典	平井信二	かなえ書房	1979 ～ 1987
木の大百科	平井信二	朝倉書店	1996
原色インテリア木材ブック	宮本茂紀（編）	建築資料研究社	2000
原色木材大図鑑（改訂版）	貴島恒夫、岡本省吾、林昭三	保育社	1986
新版 北海道樹木図鑑	佐藤孝夫	亜璃西社	2002
世界木材図鑑	エイダン・ウォーカーなど、乙須敏紀（訳）	産調出版	2006
増補改訂 原色 木材大事典 185 種	村山忠親、村山元春（監修）	誠文堂新光社	2013
大日本有用樹木効用編（復刻版）	諸戸北郎	林業科学技術振興所	1984
南洋材	須藤彰司	地球出版	1970
南洋材 1000 種	農林省林業試験場 木材部（編）	日本木材加工技術協会	1965
南洋材の識別	緒方健	日本木材加工技術協会	1985
日本の樹木	林弥栄（編）	山と渓谷社	2002
熱帯有用樹木解説	伊東信once、呉柏堂	農林統計協会	1992
熱帯の有用樹種	農林省熱帯農業研究センター	大日本山林会	1978
北米の木材	須藤彰司	日本木材加工技術協会	1987
木材活用ハンドブック	ニック・ギブス、乙須敏紀（訳）	産調出版	2005
木材の組織	島地謙、須藤彰司、原田浩	森北出版	1976

※ 此外，本书还参考了各种词典及研究机构等的网站。

华盛顿公约的贸易管制规定

华盛顿公约（CITES）禁止或限制野生物种的国际贸易，旨在保护濒危野生动植物物种。该公约根据物种的稀有程度及贸易的影响力，将管制物种分为三类，分别记录在条约附录（Ⅰ～Ⅲ）中。本书介绍的树种中，也有一些公约中规定的管制对象，如巴西黑黄檀（附录Ⅰ）等。在 2017 年 1 月 2 日起生效执行的华盛顿公约附录修订中，黄檀属所有种（阔叶黄檀、赛州黄檀等。附录Ⅰ里的种除外）以及古夷苏木属三个种均被列入附录Ⅱ。公约中规定的管制对象会随时更新，请通过华盛顿公约官网进行查询。

［协作伙伴］

相富木材加工、Inaba International Co., Ltd.、宇田吉江、海老名树里、角间泰宪、河村有轨、KINMOKU、木心庵、Woody Plaza 木材店、森长木雕屋、古我知毅、小室宣昭、齐藤建工、三谷杂木工房、DAIKIN、武田木材加工、竹中木工工具馆、田子铭木店、立岛铭木店、栃尾骏弥、中北哲雄、长栋真继、野原铭木店、马场铭木、平野木材、平山照秋、保谷麻奈美、北海道大学埋藏文化财产调查室、丸井木材、丸苏松井木材店、丸善木材、丸万、村山元春、木木、安田纪子、山田木材工业、渡部隆

※ 此外，还有很多相关人员为我们提供了宝贵信息。在此，向各位表示衷心的感谢！

新国标《红木》（GB/T 18107—2017）5 属 8 类 29 种材一览表

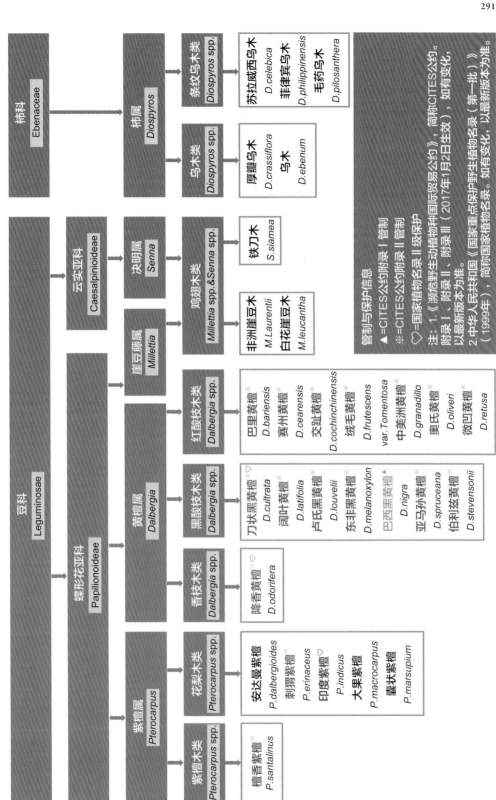

审校感言

这是一本独特的木材图鉴，里面附有河村寿昌先生制作的的木盒图片与解说。市面上关于木材的图鉴有很多，但介绍手工操作时真实体会的书籍还从未出现。而本书中，木匠用自己的语言记录了旋削时手执工具的感觉，如"手感轻快""咔哧咔哧""嘎吱嘎吱"等。刨床加工时，"木材会梆梆地蹦起来"，这种感受只有亲手制作的人才能体会。

几乎所有树木的细胞都按照枝干伸展的方向排列，每年新长出的部分外侧又会长出新的细胞，并逐渐变粗。方向不同，细胞的排列方式也会不同。因此，介绍木材的照片通常都会显示三个断面——横切面、弦切面与径切面。而本书的图片显示的是旋削作品的曲面，可以看到木材从横切面到弦切面、径切面的连续变化，这是我们平时很少会注意到的，很有意思。另外，木材被切开后会有一股特殊的气味。本书在描述这些气味时，用的都是非常独特的表达方式，如"很像从超市买回的袋装豆芽菜开封时的味道"，令人立刻就能联想到该种气味。

本书中的作品使用了大量树种。平时，我见到建筑材料、家具材料等经济林木的机会比较多，但在这里，我还见到了用地锦和棕榈科的棕榈等平时不属于木材范畴的树木制作的木盒，令人十分惊讶。我还第一次发现葡萄木有很粗的辐射状条纹。以前，我以为比较轻软的木材和年轮密度差较大的木材都不太适合旋削，没想到河村先生还制作了轻木与日本花柏的作品。通过这本图鉴，不仅可以仔细了解这些木材的加工性，还可以通过曲面来欣赏每种木材的木纹、质感、色彩等。很高兴能够担任本书的审校。这次体验令我对这些常年接触的木材又有了新的发现，这也令我感到十分欣喜。

北海道大学农学部木材工学研究室
小泉章夫

后记

自从我在山中木工旋床研修所（石川县加贺市）进修开始，我就在不断收集木材。多年来，我一直在各地不同类型的木材店进行采买，目前，我所收集的木材已超过300种。

收集到的木材越多，我就越想更多地了解这些树木。于是，只要有时间，我就开始阅读关于树木的书籍。我会对照着书籍资料，从各种不同角度来研究我收集到的木材。另外，我还有很多机会与各地专业的木材鉴定师见面，他们与树木打了好几十年交道，经验丰富，我可以从他们的亲身体验里学到很多宝贵的知识。

研修所的学习结束后，我开设了自己的木工工坊。自从真正开始切削木料，制作各种器皿或小木盒后，我切实地感受到，每种木材都具有自己的个性。木工旋床加工时，我会感觉到木材相对密度值所体现不出的硬度，还能闻到木材独特的气味……加工过程中，我时常能感受到木材色彩的各种变化，红色的，黄色的，十分优美。

基于这些经验，我开始按照自己的感觉给木材硬度划分等级，同时也开始尝试描述木材的颜色、气味、旋削手感以及刨床加工等感受。

在此基础上，作为编辑，西川先生又加入了他对木材行业相关人员、木匠以及研究人员等进行采访的内容，我们共同完成了这本书。书中简要介绍了约300种树木的主要特征，而用作样品示范的正是我制作的小木盒，这令我感到不胜荣幸。

如果本书能够在您进行木工创作或选择装修材料时提供一些帮助，我们将深感荣幸。希望本书不仅可以为业界相关人士提供参考，更能为所有喜好木工的朋友带来乐趣。

本书能够得以出版，离不开从研修生阶段开始就一直给我多方关照的各位木材同业者的大力协助。如果没有大家的帮助，我肯定无法收集到300多种木材。在此，我要向研修所的各位老师深表谢意。我30岁以后才入所研修，而各位老师不仅接收了我，而且从木工旋床技术到造型设计，无不倾心传授，令我感恩备至。

最后，请允许我向摄影师渡部健五先生、审校小泉章夫先生，以及从企划到编辑无不尽心尽力的西川荣明先生等多位相关人员，再次表示衷心感谢！

河村寿昌

作者简介

河村寿昌

1968年出生于日本爱知县。木工艺师。早年在石川县木工旋床技术研修所学习木工旋床技术与涂漆工艺，而后开设木工工坊。自研修时期开始收集木材，现已收集了约300种木材。主要利用这些木材从事木盒及木质器皿的制作，并在画廊或百货商店等地举办个展或联展。作品曾入选高冈工艺展、朝日现代工艺展、日本工艺展等各大展演。

西川荣明

1955年出生于日本神户市。编辑、椅子研究家。主要从事编辑与创作活动，内容以森林、木工艺及木育等树木主题为主。主要作品包括《树木与木材图鉴——日本的101种经济林木（樹木と木材の図鑑－日本の有用種101）》《探访木工制作（木のものづくり探訪）》《手作木凳（手づくりする木のスツール）》《这把椅子超赞（この椅子が一番！）》《图解名椅的由来（名作椅子の由来図典）》《陪伴一生的木制家具与器皿（一生ものの木の家具と器）》等。合著包括《Y椅的秘密（Yチェアの秘密）》《温莎椅大全（ウィンザーチェア大全）》《漆器髹涂·装饰·修缮技法全书（漆塗りの技法書）》《木育之书（木育の本）》等。

小泉章夫

1955年出生于日本京都市。北海道大学农学部森林科学系木材工学研究室教授。研究领域为木质科学、森林科学。研究课题包括经济林木的材质、树木耐风性评估等。合著包括《简明木材百科（コンサイス木材百科）》《木质科学实验指南（木質科学実験マニュアル）》《森林的科学（森林の科学）》等。审校作品有《树木与木材图鉴——日本的101种经济林木（樹木と木材の図鑑－日本の有用種101）》。

编辑：西川荣明　摄影：渡部健五　装帧·设计：佐藤akira